plurall

Parabéns!
Agora você faz parte do **Plurall**, a plataforma digital do seu livro didático!
Acesse e conheça todos os recursos e funcionalidades disponíveis para as suas aulas digitais.

Baixe o aplicativo do **Plurall** para Android e IOS ou acesse **www.plurall.net** e cadastre-se utilizando o seu código de acesso exclusivo:

AAAEW9C78

Este é o seu código de acesso Plurall.
Cadastre-se e ative-o para ter acesso aos conteúdos relacionados a esta obra.

CB026448

@plurallnet

@plurallnetoficial

SOMOS EDUCAÇÃO

Projeto **Ápis**

LUIZ ROBERTO DANTE

Livre-docente em Educação Matemática pela Universidade Estadual Paulista "Júlio de Mesquita Filho" (Unesp-SP), *campus* de Rio Claro.
Doutor em Psicologia da Educação: Ensino da Matemática pela Pontifícia Universidade Católica de São Paulo (PUC-SP).
Mestre em Matemática pela Universidade de São Paulo (USP).
Licenciado em Matemática pela Unesp-SP, Rio Claro.
Pesquisador em Ensino e Aprendizagem da Matemática pela Unesp-SP, Rio Claro.
Ex-professor do Ensino Fundamental e do Ensino Médio na rede pública de ensino.
Autor de várias obras de Educação Infantil, Ensino Fundamental e Ensino Médio.

MATEMÁTICA

5º ANO

Ensino Fundamental

editora ática

editora ática

Presidência: Mario Ghio Júnior

Direção de soluções educacionais: Camila Montero Vaz Cardoso

Direção editorial: Lidiane Vivaldini Olo

Gerência editorial: Viviane Carpegiani

Gestão de área: Ronaldo Rocha

Edição: Carlos Eduardo Marques e Luana Fernandes de Souza (editores), Darlene Fernandes Escribano (assistente editorial)

Planejamento e controle de produção: Flávio Matuguma, Juliana Batista, Felipe Nogueira e Juliana Gonçalves

Revisão: Kátia Scaff Marques (coord.), Brenda T. M. Morais, Claudia Virgilio, Daniela Lima, Malvina Tomáz e Ricardo Miyake

Arte: André Gomes Vitale (ger.), Catherine Saori Ishihara (coord.), Claudemir Camargo Barbosa (edição de arte)

Diagramação: Typegraphic

Iconografia e tratamento de imagem: André Gomes Vitale (ger.), Claudia Bertolazzi e Denise Durand Kremer (coord.), Evelyn Torrecilla (pesquisa iconográfica), Fernanda Crevin (tratamento de imagens)

Licenciamento de conteúdos de terceiros: Roberta Bento (ger.), Jenis Oh (coord.), Liliane Rodrigues, Flávia Zambon e Raísa Maris Reina (analistas de licenciamento)

Ilustrações: Estúdio Felix Reiners, Lima, Ricardo Chucky e Rubens Gomes

Cartografia: Eric Fuzii (coord.) e Robson Rosendo da Rocha

Design: Erik Taketa (coord.) e Talita Guedes da Silva (proj. gráfico e capa)

Ilustração de capa: Barlavento Estúdio

Logotipo: Saulo Dorico

Dados Internacionais de Catalogação na Publicação (CIP)

```
Dante, Luiz Roberto
   Projeto Ápis : Matemática : 1º ao 5º ano / Luiz
Roberto Dante. -- 4. ed. -- São Paulo : Ática, 2020.
   (Projeto Ápis ; vol. 1 ao 5)


   Bibliografia


   1. Matemática (Ensino fundamental) Anos iniciais I.
Título II. Série

20-1345                                    CDD 372.7
```

Angélica Ilacqua - Bibliotecária - CRB-8/7057

2024

Código da obra CL 750418

CAE 721304 (AL) / 721305 (PR)

ISBN 9788508195763 (AL)

ISBN 9788508195770 (PR)

4ª edição

7ª impressão

De acordo com a BNCC.

Impressão e acabamento: Bercrom Gráfica e Editora

Código da op: 250088

Uma publicação

Apresentação

Como você viu nos quatro primeiros anos, a Matemática é parte importante de sua vida. Ela está presente na escola, em sua casa e em todo lugar.

Neste ano você vai conhecer mais um pouquinho o mundo dos números, das operações, das sequências, das figuras geométricas, das grandezas e medidas, das tabelas e dos gráficos: o mundo da Matemática.

Aqui, você vai encontrar atividades, jogos, brincadeiras, desafios e problemas para pensar, inventar e resolver. Com isso, você descobrirá cada vez mais a beleza do mundo da Matemática.

Espero que você goste, pois este livro foi feito para você com muito carinho.

Ele encerra a primeira parte do Ensino Fundamental.

Um abraço bem forte.

O autor

Ilustrações: Estúdio Félix Reiners/ Arquivo da editora

Conheça seu livro

Veja a seguir como seu livro de Matemática está organizado. Depois, com um colega, folheie o livro e descubra tudo o que está apresentado nestas páginas.

Abertura de Unidade

Este livro é dividido em 10 unidades.

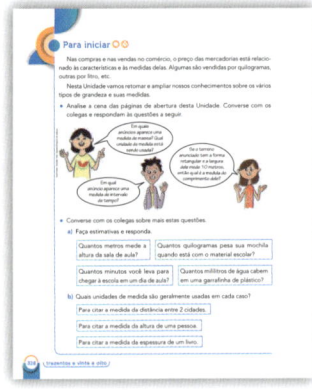

Para iniciar

Atividades que possibilitam a você um primeiro contato com o que será estudado na Unidade.

Explorar e descobrir

Atividades concretas e de experimentação que o incentivam a investigar, refletir, descobrir, sistematizar e concluir as situações propostas.

Tecendo saberes

Seção interdisciplinar que incentiva a reflexão sobre a importância da sua atuação como cidadão participativo e integrado à sociedade.

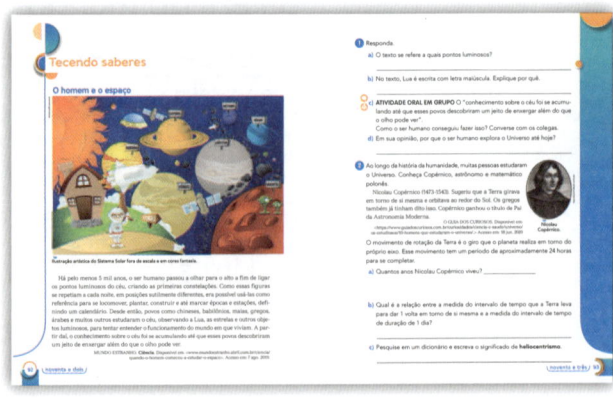

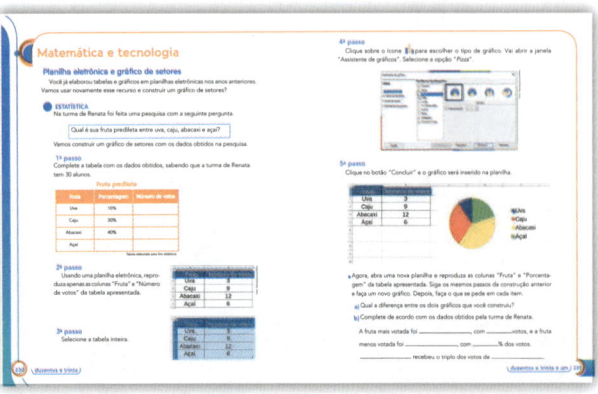

Matemática e tecnologia

Seção para explorar a tecnologia, introduzindo o uso de calculadora e de *softwares* livres.

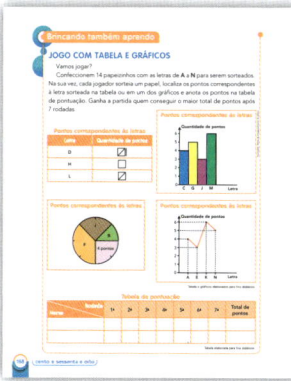

Brincando também aprendo

Incentiva o trabalho cooperativo por meio de atividades lúdicas.

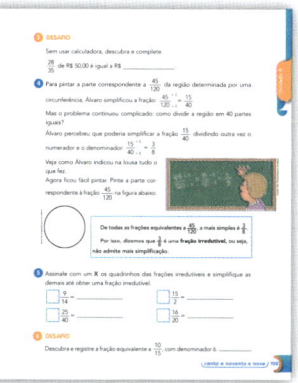

Com a palavra...

Entrevista com um profissional que usa conceitos da Matemática no dia a dia.

Desafio

Atividades de maior complexidade para testar seu conhecimento e sua criatividade.

Glossário

Pequeno dicionário ilustrado de termos matemáticos para você consultar sempre que precisar.

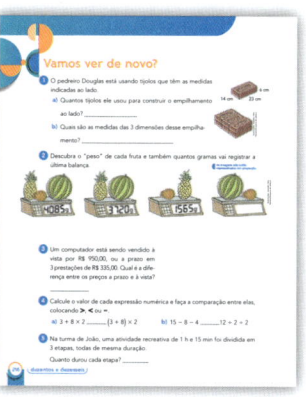

Vamos ver de novo?

Atividades para rever e fixar conceitos estudados na Unidade e em Unidades anteriores.

Material complementar

Acompanha o Livro do Aluno:

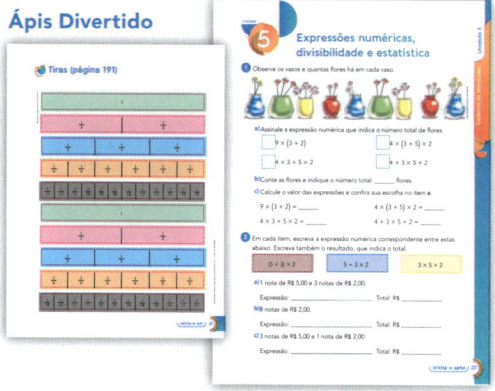

Caderno de Atividades

Ápis Divertido

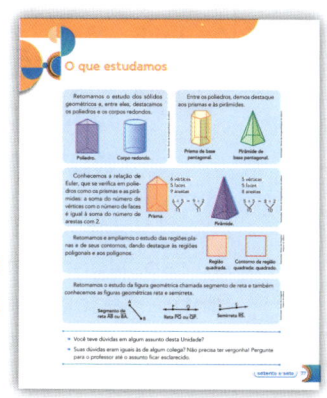

O que estudamos

Resumo dos principais conteúdos da Unidade.

Ápis Divertido

Materiais para destacar, montar, manipular, aprender e se divertir.

Caderno de Atividades

Apresenta atividades para aprender melhor os conteúdos de cada Unidade.

Ícones

Atividade em grupo

Atividade em dupla

Pesquise

Atividade oral

Calculadora

Sumário

Estúdio Félix Reiners/Arquivo da editora

Estúdio: Félix Reiners/Arquivo da editora

Estúdio Félix Reiners/Arquivo da editora

nove 9

O mundo da Matemática

Você já tem uma boa ideia do que se estuda em Matemática: **números**, **operações**, **figuras geométricas**, **grandezas e medidas**, **tabelas**, **gráficos**, entre outras coisas.

- Registre aqui, do seu jeito, algo que você estudou no ano passado. Depois, mostre aos colegas o que você fez e veja o que eles fizeram.

Estúdio Félix Reiners/Arquivo da editora

- O que você acha que vai aprender neste ano?

_____

_____

_____

Eu e a Matemática

Meu nome completo é:

____.

No meu nome há ________ letras.

Meu endereço é: ______________________________

____

Maria Magalhães/Arquivo da editora

Minha foto 3 × 4.

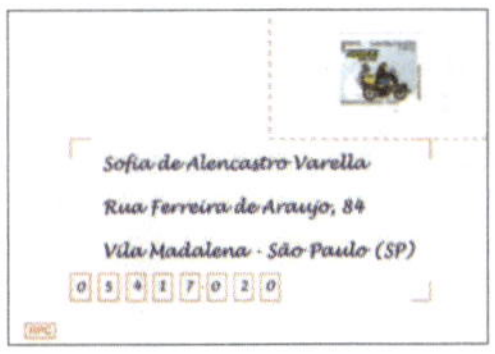

Número: _____ Casa/Apartamento: ________________

Cidade: ____

As imagens não estão representadas em proporção.

Eduardo Santaliestra/Arquivo da editora

Menina em uma balança.

Estado: ________________ CEP: ____________.

Meu telefone é: (____) ______________________.

O dia do meu nascimento é: _____ de ____________ de _____.

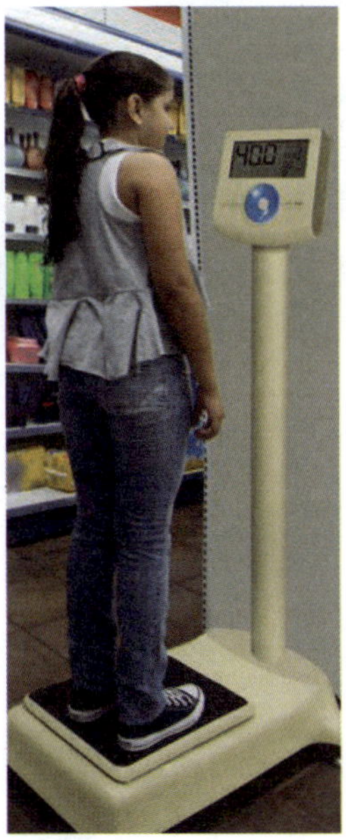

Minha idade é: _____________.

O "peso" com que nasci é: _____ quilogramas e _____ gramas.

O "peso" que tenho agora é: _____ quilogramas e _____ gramas.

Minha altura mede: _____ metro e _____ centímetros.

O número do meu sapato é: _____.

Na minha casa moram _____ pessoas, contando comigo.

Há _____ alunos na minha turma.

O número de que mais gosto é o _____.

Desenhe ao lado um objeto de seu dia a dia que tenha a forma circular.

Depois, mostre aos colegas o que você desenhou.

Unidade

1 Sistema de numeração decimal

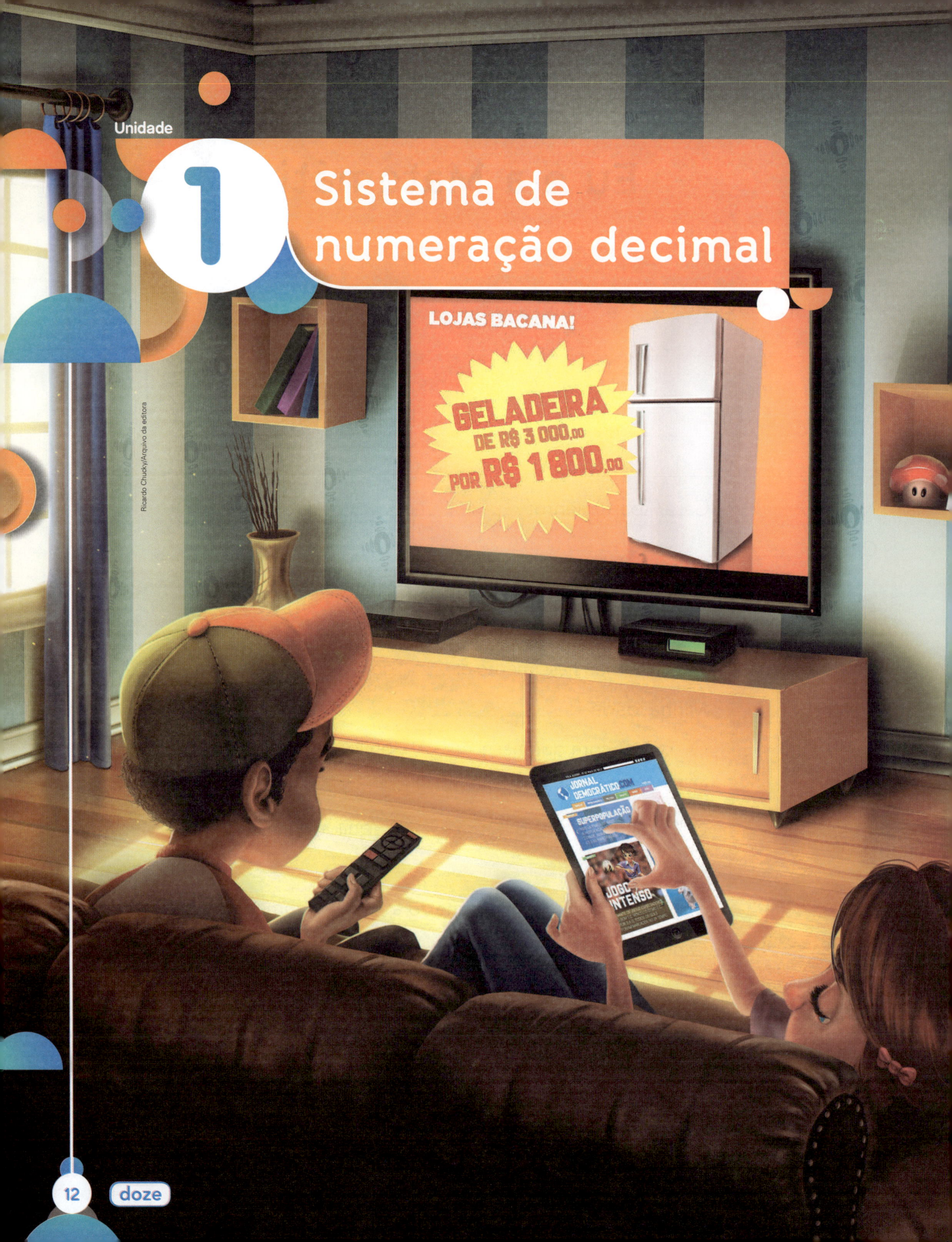
LOJAS BACANA!
GELADEIRA
DE R$ 3 000,00
POR R$ 1 800,00
JORNAL DEMOCRÁTICO.COM
SUPERPOPULAÇÃO

Ricardo Chucky/Arquivo da editora

VILA ALEGRE, 12 DE MAIO DE 2019

JORNAL DEMOCRÁTICO.COM

EDIÇÃO 345

POPULAR · ENTRETENIMENTO · POLÍTICA · ESPORTE · MUNDO · MODA

POPULAR

SUPERPOPULAÇÃO

NOS ÚLTIMOS 10 ANOS A POPULAÇÃO DE NOSSA CIDADE AUMENTOU EM 23 500 HABITANTES.

ESPORTE

JOGO INTENSO

DIANTE DE 28 537 ESPECTADORES, O BOM F.C. VENCEU O ÓTIMO F.C. POR 3 A 0. TODOS OS GOLS FORAM MARCADOS NO 2º TEMPO.

POPULAR

VACINAÇÃO

GOVERNO LIBERA 30 MILHÕES DE REAIS PARA A CAMPANHA DE VACINAÇÃO.

- O que você vê nesta cena?
- Quais meios de comunicação são vistos nesta cena?
- Que notícias e produtos você já viu nesses meios de informação?
- Que outros meios de comunicação você conhece?

Para iniciar

Os números aparecem constantemente nas informações que recebemos. Por isso, é muito importante conhecê-los bem para entender o significado deles nas notícias transmitidas e nos produtos anunciados nos diferentes meios de comunicação.

Nesta Unidade prosseguimos o estudo dos números no sistema de numeração decimal.

- Analise a cena das páginas de abertura desta Unidade. Converse com os colegas e respondam às questões a seguir.

No cabeçalho da página de notícias, o que o número 12 indica?

Na notícia sobre esportes, o número 3 está indicando contagem ou medida? O que indica o algarismo 8 no número 28 537?

Como se escreve o valor que o governo liberou para a campanha de vacinação com todos os algarismos?

Qual número que aparece na cena está indicando uma ordenação?

Estúdio Félix Reiners/Arquivo da editora

- Converse com os colegas sobre as questões seguintes.

    a) Qual é o significado destas expressões?

    | dezena | unidade de milhar |

    | centena | dezena de milhar |

    b) Qual número obtemos ao fazer a composição 5 000 + 600 + 9?

    c) Como podemos obter a quantia de R$ 210,00 com 4 notas?

Números naturais até 100 000 (cem mil)

Quando contamos um a um o número de degraus ao subir uma escada ou quantos lápis há em um estojo, estamos usando a sequência dos números naturais:

0, 1, 2, 3, 4, …

A sequência dos números naturais começa com o 0 (zero). Os demais números são obtidos pela adição de 1 unidade ao número anterior:

0

$0 + 1 = 1$

$1 + 1 = 2$

$2 + 1 = 3$, e assim por diante.

> Os três pontinhos (as reticências) no final da sequência indicam que ela continua indefinidamente, ou seja, é infinita.

> O conjunto formado por esses números é chamado **conjunto dos números naturais** e é representado assim:
>
> $\mathbb{N} = \{0, 1, 2, 3, 4, 5, 6, 7, 8, 9, 10, 11, 12, …\}$

1 SUCESSOR E ANTECESSOR DE UM NÚMERO NATURAL

Observe a foto e complete o que se pede.

As imagens não estão representadas em proporção.

▶ Chaves numeradas.

a) O sucessor de 104 é _____.

b) _____ é o antecessor de 105.

c) O antecessor de 23 740 é o número _____.

d) Doze mil e vinte é o _____ de doze mil e dezenove.

e) O número do ano em que estamos é _____. Seu antecessor

é _____ e seu sucessor é _____.

2 Leia o texto a seguir, sobre os planetas no Sistema Solar.

As teorias que buscam explicar como ocorreu a formação do Sistema Solar começaram a surgir no século XVI. E, até alguns anos atrás, havia 9 planetas no Sistema Solar: Mercúrio, Vênus, Terra, Marte, Júpiter, Saturno, Urano, Netuno e Plutão.

Mas em 29 de julho de 2005 foi anunciada a descoberta de um astro situado a mais de 14 bilhões de quilômetros do Sol. Como ele tem características muito parecidas com Plutão, os 3 pesquisadores que o descobriram argumentaram que seria, então, o 10º planeta do Sistema Solar. Esse astro foi posteriormente chamado de planeta Éris, nome da deusa grega da discórdia, porque desde sua descoberta gerou discussão entre os astrônomos sobre o que é um planeta.

Em 2006, a União Astronômica Internacional aprovou uma nova definição de planeta. De acordo com essa definição, Plutão deixou de ser considerado planeta e passou a ser conhecido como planeta-anão, assim como Éris.

Fonte de consulta: Revista **Ciência Hoje das Crianças**. Disponível em: <http://chc.org.br/quantos-planetas-existem-no-sistema-solar/>. Acesso em: 6 jun. 2020.

Zem Liew/Shutterstock

Sol — Mercúrio — Vênus — Terra — Marte — Júpiter — Saturno — Urano — Netuno — Plutão — Éris

O Sol, os planetas e os planetas-anões Plutão e Éris. Imagem fora de escala e em cores fantasia.

a) Você já estudou que os números podem ter vários usos. Localize no texto as informações e indique o que se pede.

- 2 números que indicam contagem: _____

- 1 número que indica medida: _____

- 1 número que indica posição ou ordem: _____

b) Nesse texto, o número escrito com algarismos romanos é _____, que no nosso sistema de numeração é escrito como _____ .

c) Escreva quantos e quais são os planetas do Sistema Solar.

_____

Dos 8 planetas do Sistema Solar, a Terra é o 4º com menor medida do diâmetro.

 **3** **ATIVIDADE ORAL**

a) Todo número tem sucessor na sequência dos números naturais 0, 1, 2, 3, …?

b) Todo número tem antecessor na sequência dos números naturais 0, 1, 2, 3, …?

4 **NÚMEROS PARES E NÚMEROS ÍMPARES**

ATIVIDADE ORAL EM GRUPO Converse com os colegas e responda.

a) Quando um número natural é par?

_____

b) E quando é ímpar?

_____

c) Em que ano você nasceu? Esse número é par ou ímpar?

_____

5 No texto da página anterior, pinte de azul 2 números pares e de verde 2 números ímpares.

6 **COMPARAÇÃO DE NÚMEROS NATURAIS**

Além de Éris e Plutão, outro planeta-anão é Ceres. Observe as medidas dos diâmetros desses planetas-anões na tabela.

Escreva esses números em ordem decrescente.

_____, _____, _____.

Informações sobre os planetas-anões

Planeta-anão	Medida do diâmetro
Éris	3 094 km
Ceres	914 km
Plutão	2 320 km

Fonte de consulta: **Planetário UFSC**. Disponível em: <www.planetario.ufsc.br/o-sistema-solar/>. Acesso em: 7 jan. 2020.

7 A linha verde na figura da direita indica o diâmetro da esfera.

a) Você sabe quantos quilômetros tem a medida do diâmetro da Terra? Descubra fazendo esta composição:

$10000 + 2000 + 700 + 50 + 6 =$ _____

b) Escreva como se lê o número obtido.

_____

As imagens não estão representadas em proporção.

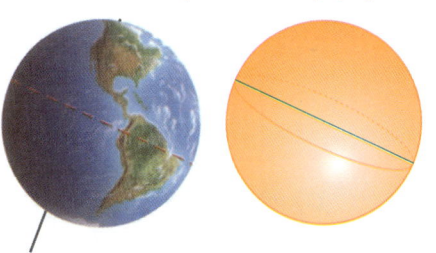

Representação artística da Terra fora de escala e em cores fantasia.

8 Observe os dados e escreva o nome dos 8 planetas do Sistema Solar de modo que a medida de seus diâmetros fique em ordem decrescente.

Informações sobre os planetas

Planeta	Diâmetro (km)	Planeta	Diâmetro (km)
Mercúrio	4879	Júpiter	142984
Vênus	12104	Saturno	120536
Terra	12756	Urano	51118
Marte	6794	Netuno	49538

Fonte de consulta: **Planetário UFSC**. Disponível em: <www.planetario.ufsc.br/o-sistema-solar/>. Acesso em: 7 jan. 2020.

_____, _____, _____, _____, _____,

_____, _____, _____.

9 Complete cada item com > (é maior do que), < (é menor do que) ou = (é igual a).

a) 14 _____ 104

b) 2300 _____ 230

c) 516 _____ 561

d) 88 _____ 888

e) 374 _____ 374

f) 5007 _____ 507

g) sucessor de 4 _____ antecessor de 6

h) 6116 _____ 6161

i) sucessor de 10 _____ antecessor de 13

j) 8762 _____ 8672

k) 9999 _____ 10000

l) 7208 _____ 728

m) 5923 _____ 5923

n) 629356 _____ 630200

o) 4239 _____ 42390

p) 420000 _____ 42000

q) 3008 _____ 20001

r) 60000 _____ 60000

10 Você já viu que um número natural pode ser usado para indicar uma contagem, uma medida, uma posição (ou ordem) ou um código.
Escreva o que cada número está indicando, ou seja, seu uso.

a) A senha do cartão de crédito de Paulo é 96761. _____

b) Na turma de Roberta há 36 alunos. _____

c) Maura comprou 3 metros de tecido. _____

d) O time de Juca ficou em 2º lugar no campeonato escolar. _____

A representação dos números naturais

1 Isso você já viu.

a) Para representar qualquer número natural no sistema de numeração decimal, usamos **10 símbolos**, chamados **algarismos** ou **dígitos**. Escreva-os.

_____

b) Ao contar, agrupamos de 10 em 10, como neste exemplo, quando contamos as estrelinhas. Complete.

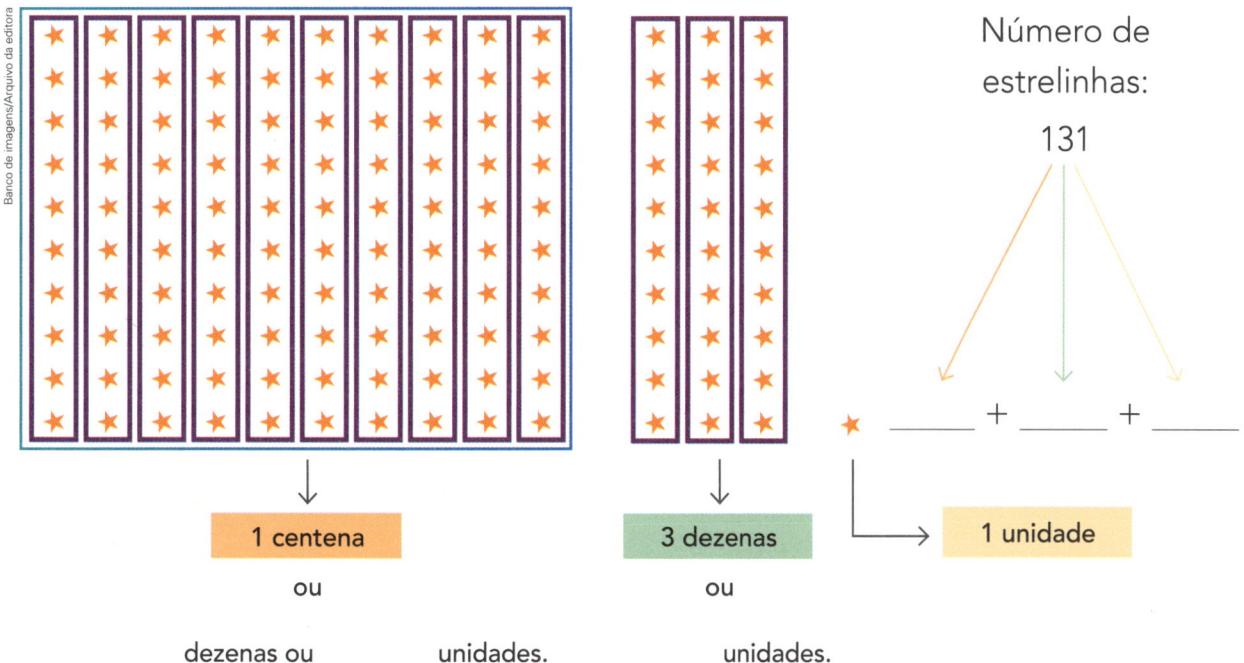

Número de estrelinhas:

131

_____ + _____ + _____

| 1 centena | 3 dezenas | 1 unidade |

ou

ou

_____ dezenas ou _____ unidades.   _____ unidades.

No número 131, o algarismo 1 é usado para representar **1 centena** (100) e também **1 unidade** (1), dependendo da **posição** que esse algarismo ocupa.

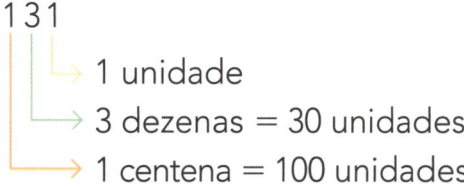

1 3 1
→ 1 unidade
→ 3 dezenas = 30 unidades
→ 1 centena = 100 unidades

> Dizemos então que, no sistema de numeração decimal:
> - utilizamos 10 símbolos (algarismos ou dígitos): 0, 1, 2, 3, 4, 5, 6, 7, 8 e 9;
> - agrupamos de 10 em 10 para fazer contagens;
> - seguimos o **princípio de posição decimal**: o valor que o algarismo representa depende da posição que ele ocupa na representação do número.

Banco de imagens/Arquivo da editora

2 Leia as informações sobre medidas de tempo que o professor Ronaldo escreveu na lousa. Depois, responda às questões usando os números que aparecem nessas informações.

A semana tem 7 dias.
O ano tem 12 meses.
O século tem 100 anos.
A hora tem 3 600 segundos.

Lousa.

a) Quantos algarismos tem o número 12?

_____

b) O que representa o algarismo 6 no número 3 600?

_____

c) Qual dos números é formado por apenas um algarismo? _____

d) Qual dos números corresponde a 1 centena? _____

3 Observe as peças do material dourado e o valor que cada uma representa. Complete.

Milhar	Centena	Dezena	Unidade

Cubo.   Placa.   Barrinha.   Cubinho.

_____ milhar ou   _____ centena ou   _____ dezena ou   _____ unidade

_____ centenas ou   _____ dezenas ou   _____ unidades

_____ dezenas ou   _____ unidades

_____ unidades

4 Assinale o número representado pelo material dourado em cada item.

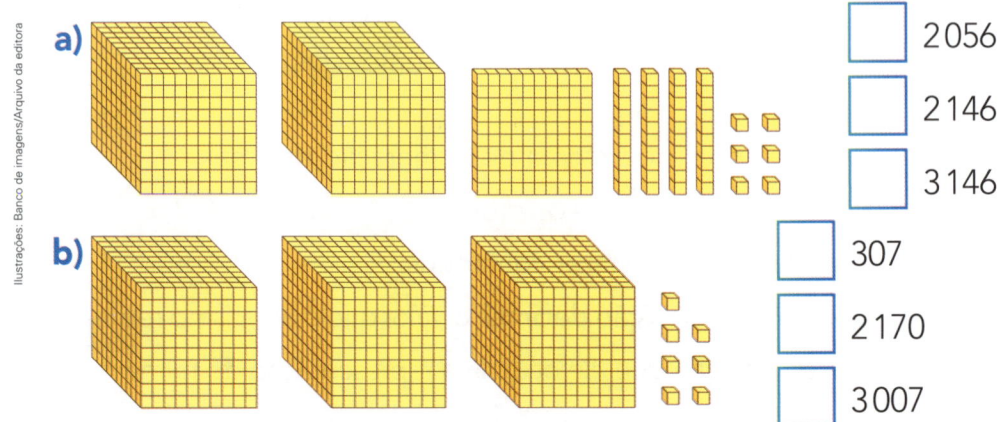

a)
☐ 2 056
☐ 2 146
☐ 3 146

b)
☐ 307
☐ 2 170
☐ 3 007

5 Considere as fichas ao lado e o valor de cada uma.

a) Qual número está representado abaixo delas?

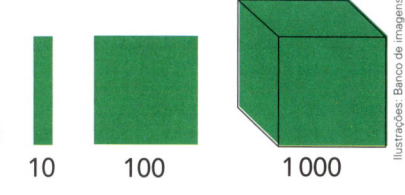

1   10   100   1 000

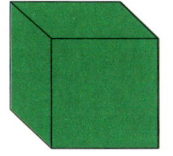

b) Como se representa o número 531 com desenhos de fichas? E o número 245?

6 **ATIVIDADE EM DUPLA** Usem uma folha de papel sulfite para fazer os registros.

a) Um aluno diz um número até 3 000 e o outro faz desenhos de fichas.

b) Um aluno faz desenhos de fichas de um número até 3 000 e o outro escreve o número usando algarismos.

7 Complete os itens considerando a sequência dos números naturais $\mathbb{N} = \{0, 1, 2, 3, 4, 5, ...\}$.

a) Os números naturais de 1 algarismo vão do 0 ao _____.

b) Os números naturais de 2 algarismos vão do _____ ao _____.

c) Os números naturais de 3 algarismos vão do _____ ao _____.

d) Os números naturais de 4 algarismos vão do _____ ao _____.

8 **O QUE VALE MAIS?**

a) 2 dezenas de milhar ou 5 centenas? _____

b) 3 centenas ou 40 dezenas? _____

c) 4 dezenas de milhar ou 40 unidades de milhar? _____

d) 2,5 milhões ou 270 mil? _____

Ordens e classes

1 ATIVIDADE ORAL EM DUPLA

Converse com um colega sobre a luz natural.

a) De onde a luz natural parte? Como ela percorre o caminho dela? O que acontece quando ela é barrada nesse caminho?

b) A velocidade da luz no vácuo mede aproximadamente 299 792 km/s. O que isso significa?

2 Para entender melhor o significado de um número e facilitar a leitura dele, nós o separamos em **ordens** e **classes**. Você já viu que a cada algarismo corresponde uma ordem. Ajude a indicar o valor posicional de cada ordem no número que aparece na atividade 1. Para isso, complete.

Você já sabe também que as ordens são numeradas da direita para a esquerda.

2 9 9 7 9 2

↳ 1ª posição ou 1ª ordem: 2 unidades

→ 2ª posição ou 2ª ordem: 9 dezenas = 90 unidades

→ 3ª posição ou 3ª ordem: 7 _____ = _____ unidades

→ 4ª posição ou 4ª ordem: 9 _____ = _____ unidades

→ 5ª posição ou 5ª ordem: 9 _____ = _____ unidades

→ 6ª posição ou 6ª ordem: _____ = _____ unidades

Podemos fazer um quadro de valor posicional para representar as ordens desse número e o nome dessas ordens.

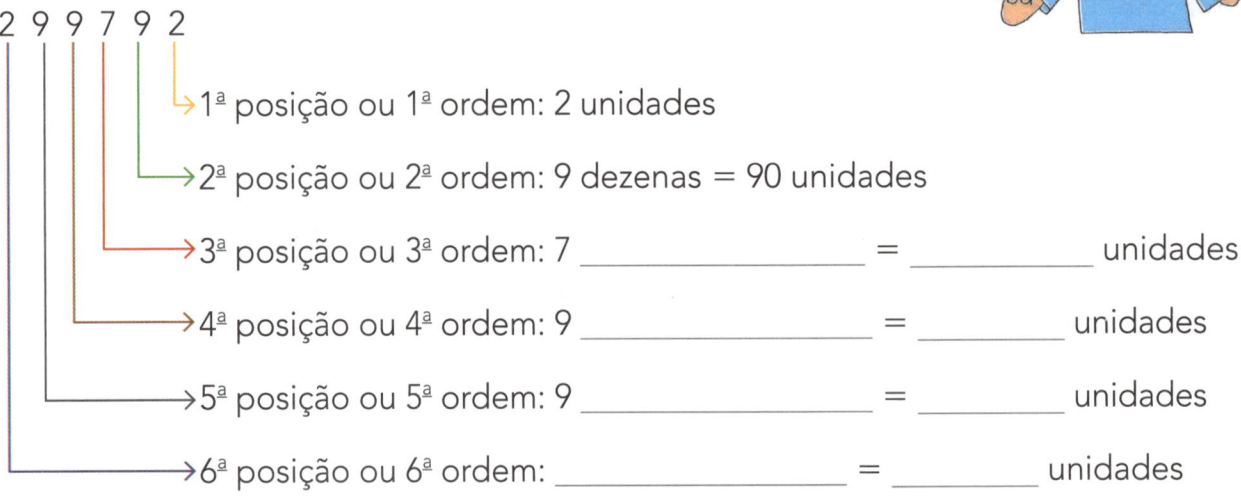

6ª ordem	5ª ordem	4ª ordem	3ª ordem	2ª ordem	1ª ordem
Centena de milhar	Dezena de milhar	Unidade de milhar	Centena	Dezena	Unidade
2	9	9	7	9	2

3 Veja a decomposição do número 299 792 e complete.

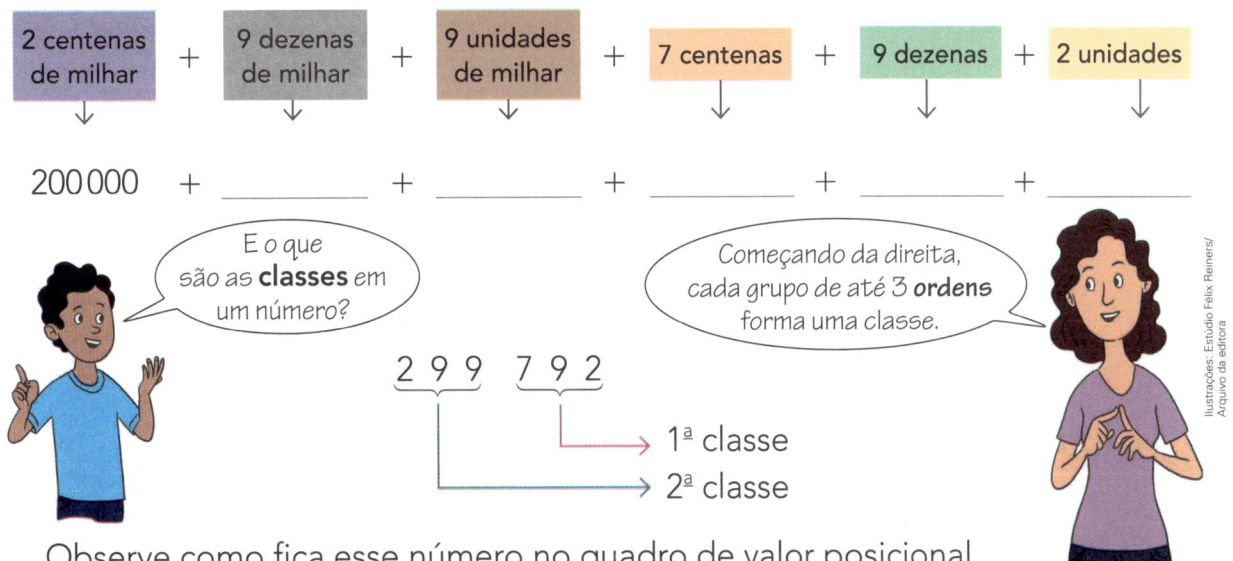

2 centenas de milhar	+	9 dezenas de milhar	+	9 unidades de milhar	+	7 centenas	+	9 dezenas	+	2 unidades

200 000 + _____ + _____ + _____ + _____ + _____

*E o que são as **classes** em um número?*

*Começando da direita, cada grupo de até 3 **ordens** forma uma classe.*

2 9 9   7 9 2

→ 1ª classe
→ 2ª classe

Observe como fica esse número no quadro de valor posicional.

2ª classe ou classe dos milhares			1ª classe ou classe das unidades simples		
6ª ordem	5ª ordem	4ª ordem	3ª ordem	2ª ordem	1ª ordem
2	9	9	7	9	2

Observe agora como a separação em classes facilita a leitura do número.

299 792: duzentos e noventa e nove mil, setecentos e noventa e dois.

4 Leia as informações, faça a decomposição do número destacado em cada item, indique as classes e escreva como é a leitura dele.

⟨ As imagens não estão representadas em proporção.

a) O astrônomo grego Eratóstenes (276 a.C.-194 a.C.) foi o primeiro a obter a medida do diâmetro da Terra próxima da medida conhecida atualmente. Ele mostrou que o diâmetro do planeta media, aproximadamente, **12 713** quilômetros.

Eratóstenes.

_____

_____

b) Claudius Ptolemaeus (Ptolomeu) (90-168), chamado de O Príncipe dos Astrônomos, observou **1 022** estrelas e agrupou-as em 48 constelações.

Ptolomeu.

_____

_____

Fonte de consulta: **O guia dos curiosos**. Disponível em: <https://www.guiadoscuriosos.com.br/curiosidades/ciencia-e-saude/universo/os-estudiosos/10-homens-que-estudaram-o-universo/>. Acesso em: 6 jan. 2020.

A classe dos milhões e outras classes

1 Segundo estimativa do IBGE, a cidade de São Luís, capital do estado do Maranhão, tinha uma população de pouco mais de 1 milhão de habitantes em 2016.

$$1 \text{ milhão} = 1\,000\,000$$

Calcule:

a) 9 + 1 = _____

b) 99 + 1 = _____

c) 999 + 1 = _____

d) 9 999 + 1 = _____

e) 99 999 + 1 = _____

f) 999 999 + 1 = _____

Brasil: Maranhão

Adaptado de: IBGE.
Atlas geográfico escolar.
8. ed. Rio de Janeiro: IBGE, 2018.

2 A medida de área ocupada pelo Brasil tem aproximadamente 8 515 767 quilômetros quadrados. Esse valor apresenta uma nova classe, a **classe dos milhões**.

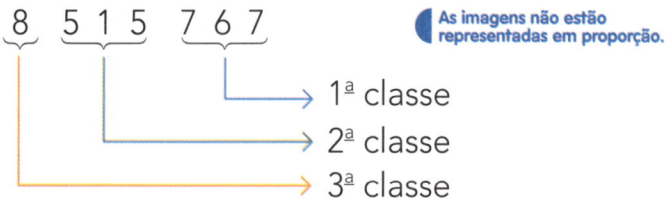

◀ As imagens não estão representadas em proporção.

→ 1ª classe
→ 2ª classe
→ 3ª classe

Na sequência dos números naturais, depois do 999 999 vem o **1 milhão**!

a) Escreva como se lê esse número.

b) Veja o quadro com as ordens e as classes desse número. Depois, complete sua decomposição.

3ª classe ou classe dos milhões			2ª classe ou classe dos milhares			1ª classe ou classe das unidades simples		
9ª ordem	8ª ordem	7ª ordem	6ª ordem	5ª ordem	4ª ordem	3ª ordem	2ª ordem	1ª ordem
Centena de milhão	Dezena de milhão	Unidade de milhão	Centena de milhar	Dezena de milhar	Unidade de milhar	Centena	Dezena	Unidade
		8	5	1	5	7	6	7
↓	↓	↓	↓	↓	↓	↓	↓	↓

8 515 767 = _____ + _____ + ____ + ____ + ____ + ____ + ____

3 Ligue os números correspondentes.

614 390 000	543 milhões e 600 mil
61 439 000	543 mil e 600
543 600 000	614 milhões e 390 mil
543 600	60 000 000 + 1 000 000 + 400 000 + 30 000 + 9 000

4 Os dinossauros habitavam a Terra há cerca de 231 000 000 de anos. Observe esse número e responda.

a) Quantas ordens tem esse número? _____

b) Qual é a ordem do algarismo 1? _____

c) Qual é o algarismo da 8ª ordem? _____

d) Quantas classes tem esse número? _____

e) Como é a decomposição desse número? _____

f) Como é a leitura desse número? _____

g) Qual é o valor posicional do algarismo 3? _____

5 É comum aparecer em meios de comunicação números representados desta maneira: 30 milhões de reais. Veja outros exemplos:

- 14,5 mil para indicar 14 500.

- R$ 6,2 milhões para indicar R$ 6 200 000,00.

a) **ATIVIDADE ORAL EM GRUPO** Converse com os colegas sobre os números abaixo. Depois, escreva esses números com todos os algarismos.

- 8,5 milhões: _____
- 4,2 milhões: _____

- R$ 15,5 milhões: _____
- 77,7 milhões: _____

- R$ 3,7 mil: _____
- R$ 1,4 mil: _____

b) Agora, recorte de jornais ou revistas 2 números escritos dessa maneira. Cole-os no caderno e escreva o significado de cada um.

A classe dos bilhões

1 Responda:

a) Qual é o maior número com 9 ordens? _____

b) E qual é o sucessor desse número? _____

2 Segundo a Organização das Nações Unidas (ONU), a população mundial atingiu 7 bilhões de pessoas em 2011 e continua a crescer. Escreva esse número usando apenas algarismos. _____

3 Escreva como se lê cada número de habitantes, de acordo com a ONU. Depois, indique quantas ordens e classes ele tem.

a) O país mais populoso do mundo em 2015 era a China, com população de aproximadamente 1 376 049 000 habitantes.

_____

_____

_____

_____

China

Adaptado de: IBGE. **Atlas geográfico escolar**. 8. ed. Rio de Janeiro: IBGE, 2018.

b) O segundo país mais populoso do mundo em 2015 era a Índia, com cerca de 1 311 050 527 habitantes.

_____

_____

_____

_____

_____

Índia

Adaptado de: IBGE. **Atlas geográfico escolar**. 8. ed. Rio de Janeiro: IBGE, 2018.

4 Em 2009, a Organização das Nações Unidas estimou que, em 2025, **3 bilhões** de pessoas sofrerão com a falta de água. Escreva o número destacado, usando apenas algarismos. _____

5 Cientistas afirmam que a Terra existe há cerca de 4 bilhões e 600 milhões de anos.

a) Você pode imaginar quanto tempo é isso? O que será que aconteceu durante todo esse intervalo de tempo?

_____

_____

_____

b) Escreva esse número usando apenas algarismos. _____

6 OUTRAS CLASSES

Depois das classes dos milhares, dos milhões e dos bilhões, vêm as classes dos trilhões, dos quatrilhões, dos quintilhões, dos sextilhões, dos setilhões, e assim por diante.

a) Veja quantos zeros têm os números abaixo e complete.

1 mil: 1 000   (3 zeros)

1 milhão: 1 000 000   (6 zeros)

1 bilhão: 1 000 000 000   (9 zeros)

1 trilhão: 1 000 000 000 000   (_____ zeros)

1 quatrilhão: 1 000 000 000 000 000   (_____ zeros)

1 quintilhão: 1 000 000 000 000 000 000   (_____ zeros)

1 sextilhão: 1 000 000 000 000 000 000 000   (_____ zeros)

1 setilhão: 1 000 000 000 000 000 000 000 000   (_____ zeros)

b) ATIVIDADE ORAL Você descobriu alguma regularidade na quantidade de zeros desses números?

Tecendo saberes

A importância da vacinação

Observe o Calendário de Vacinação abaixo e descubra as vacinas que você ainda precisa tomar.

CALENDÁRIO DE VACINAÇÃO 2019 (RECOMENDAÇÃO DA SOCIEDADE BRASILEIRA DE PEDIATRIA)

	IDADE												
	Ao nascer	2 meses	3 meses	4 meses	5 meses	6 meses	7 meses	12 meses	15 meses	18 meses	4 a 6 anos	11 anos	14 anos
BCG ID[1]	●												
Hepatite B[2]	●	●				●							
DTP/DTPa[3]		●		●		●			●		●		
dT/dTpa[4]													●
Hib[5]		●		●		●			●				
VIP/VOP[6]		●		●		●			●		●		
Pneumocócica conjugada[7]		●		●		●		●					
Meningocócica C e A,C,W,Y conjugadas[8]			●		●			●				●	●
Meningocócica B recombinante[9]			●		●			●					
Rotavírus[10]		●		●									
Influenza[11]						●	●						
SCR/Varicela/SCRV[12]								●	●				
Hepatite A[13]								●		●			
Febre amarela[14]	A partir dos 9 meses de idade												
HPV[15]	Meninos e meninas a partir dos 9 anos de idade												
Dengue[16]	Para crianças e adolescentes a partir de 9 anos de idade com infecção prévia (soropositivo)												

Reprodução/Sociedade Brasileira de Pediatria

Fonte: Sociedade Brasileira de Pediatria. Disponível em: <https://www.sbp.com.br/fileadmin/user_upload/21273o-DocCient-Calendario_Vacinacao_2019.pdf>. Acesso em: 7 jan. 2020.

1 Por que precisamos tomar vacinas? Converse com os colegas e o professor.

2 De acordo com o calendário, quantas vacinas você já deveria ter tomado?

_____

3 O que você sabe sobre cada uma dessas doenças? Converse com os colegas e com o professor.

4 Observe o infográfico abaixo.

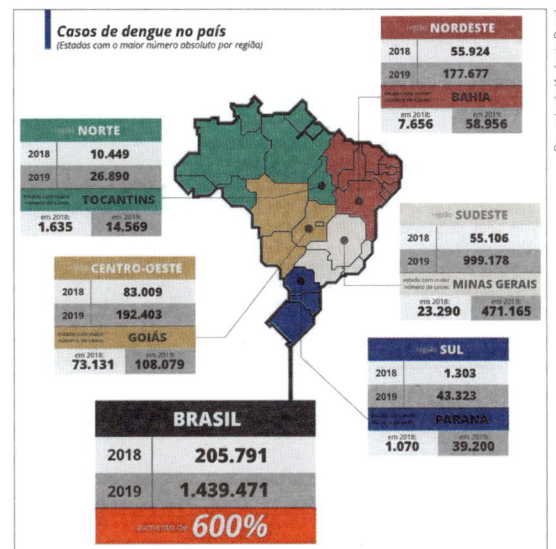

Casos de dengue no país
(Estados com o maior número absoluto por região)

região NORDESTE

2018	55.924
2019	177.677

BAHIA

em 2018:	em 2019:
7.656	58.956

região NORTE

2018	10.449
2019	26.890

TOCANTINS

em 2018:	em 2019:
1.635	14.569

região SUDESTE

2018	55.106
2019	999.178

MINAS GERAIS

em 2018:	em 2019:
23.290	471.165

região CENTRO-OESTE

2018	83.009
2019	192.403

GOIÁS

em 2018:	em 2019:
73.131	108.079

região SUL

2018	1.303
2019	43.323

PARANÁ

em 2018:	em 2019:
1.070	39.200

BRASIL

2018	205.791
2019	1.439.471
aumento de	**600%**

Reprodução/Agência Brasil

Fonte: Agência Brasil. Disponível em: <http://agenciabrasil.ebc.com.br/saude/noticia/2019-09/em-um-ano-incidencia-da-dengue-no-pais-aumenta-600>. Acesso em: 24 jun. 2020.

a) Identifique a quantidade de casos de dengue registrados em 2019 na região em que você vive. Registre o número e escreva-o por extenso.

_____

b) Na região em que você vive houve aumento dos casos de dengue de 2018 a 2019?

_____

c) Em qual região brasileira foi identificado o maior número de casos de dengue no ano de 2019? Quantos casos foram identificados?

_____

d) Quantos casos de dengue foram registrados no Brasil no ano de 2018? E no ano de 2019?

_____

5 Pesquise quais ações devemos tomar para evitar que esses números aumentem ainda mais. Compartilhe suas descobertas com os colegas e o professor.

6 **ATIVIDADE EM GRUPO** Reúna-se com 4 colegas para elaborar uma campanha de prevenção a dengue que use a frase "Dengue, aqui não!".
Apresentem informações sobre a doença e ações que podem ser tomadas para evitar a proliferação dos mosquitos. Mostrem que é importante a participação de todos nessa luta contra a dengue.

Arredondamentos

A medida de distância entre as cidades de São Paulo e do Rio de Janeiro é 429 km.

Vista aérea da marginal do rio Pinheiros e da ponte estaiada Octávio Frias de Oliveira, em São Paulo. Foto de 2016.

Vista aérea do Cristo Redentor, do morro do Pão de Açúcar e da baía de Guanabara, no Rio de Janeiro. Foto de 2016.

Podemos afirmar que a medida de distância é de aproximadamente 430 quilômetros.

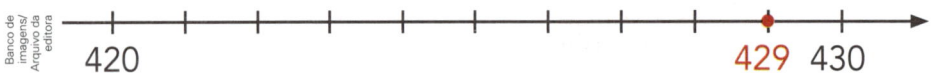

420   **429** 430

O número 4**2**9 foi arredondado para a dezena exata mais próxima.

1 Vamos arredondar **7**35 para a centena exata mais próxima. Observe a reta numerada e veja que o número 735 está entre 700 e 800, porém mais próximo de 700, que é, portanto, o arredondamento dele.

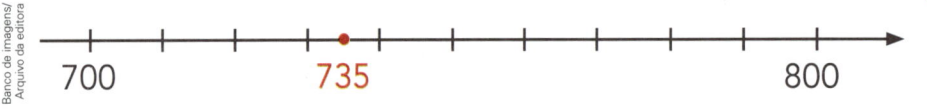

700   **735**   800

Faça os arredondamentos a seguir para a ordem exata mais próxima da indicada pelo algarismo em destaque.

> Quando o algarismo à direita da ordem a ser arredondada é 5, 6, 7, 8 ou 9, arredondamos "para cima". Quando é 0, 1, 2, 3 ou 4, mantemos o algarismo da ordem.

a) **14**830 (para a unidade de milhar exata mais próxima)

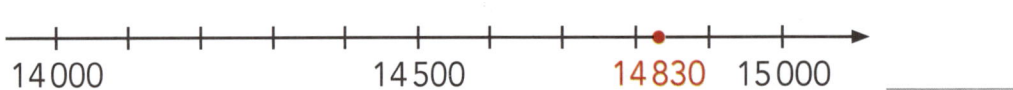

14 000   14 500   **14 830** 15 000   _____

b) **3**1 860 → _____

c) 1 7**6**1 → _____

d) 64**7** 512 → _____

e) 37**5** 241 → _____

f) **1**49 526 → _____

g) **2**2 580 → _____

h) **7**82 500 → _____

i) 8**2**9 368 → _____

j) 645 **0**93 → _____

2 Como você viu na página 17, a medida do diâmetro da Terra é 12 756 km. A medida do diâmetro da Lua é 3 470 km. Faça arredondamentos e responda:

A medida do diâmetro da Terra é, aproximadamente, quantas vezes a medida do diâmetro da Lua: 2 vezes ou 4 vezes?

_____

Representação artística da Terra e da Lua, fora de escala e em cores fantasia.

3 Veja os números relacionados a cada situação e complete com os arredonda-mentos pedidos.

Situação	Número	Arredonde para:		
		a dezena exata mais próxima	a centena exata mais próxima	a unidade de milhar exata mais próxima
Estudantes em uma escola.	2726			
Tijolos em uma parede.	1882			
Quilômetros percorridos por um avião.	13742			
Habitantes de uma cidade.	148529			
Bolas em um depósito.	34647			

Ilustrações: Banco de imagens/Arquivo da editora

Unidade 1

Números ordinais

> Os números ordinais indicam posição ou ordem.

	Outubro					
D	**S**	**T**	**Q**	**Q**	**S**	**S**
			1	2	3	
4	5	6	7	8	9	10
11	12	13	14	15	16	17
18	19	20	21	22	23	24
25	26	27	28	29	30	31

Banco de imagens/Arquivo da editora

Por exemplo, no mês de outubro do calendário ao lado:

- a 1ª segunda-feira é dia 5;
- o 3º sábado é dia 17;
- a 5ª sexta-feira é dia 30;
- o 2º domingo é dia 11.

Observe como se leem alguns números ordinais.

1º	Primeiro	60º	Sexagésimo
2º	Segundo	68º	Sexagésimo oitavo
10º	Décimo	70º	Septuagésimo
11º	Décimo primeiro	79º	Septuagésimo nono
20º	Vigésimo	80º	Octogésimo
23º	Vigésimo terceiro	86º	Octogésimo sexto
30º	Trigésimo	90º	Nonagésimo
40º	Quadragésimo	94º	Nonagésimo quarto
45º	Quadragésimo quinto	100º	Centésimo
50º	Quinquagésimo	101º	Centésimo primeiro
57º	Quinquagésimo sétimo	126º	Centésimo vigésimo sexto

1 000º	Milésimo

1 Indique com algarismos cada número ordinal. Depois, escreva o sucessor do número ordinal por extenso e com algarismos.

a) Décimo sexto: _____

_____: _____

b) Trigésimo primeiro: _____

_____: _____

c) Quinquagésimo quarto: _____

_____: _____

d) Nonagésimo nono: _____

_____: _____

2 Observe a sequência de bandeirinhas. Se ela continuar seguindo o mesmo padrão, então que cor terá a vigésima primeira (21ª) bandeirinha?

_____

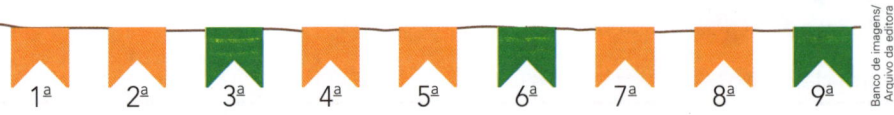

1ª 2ª 3ª 4ª 5ª 6ª 7ª 8ª 9ª

Banco de imagens/Arquivo da editora

Mais atividades e problemas

1 Arredonde para a ordem exata mais próxima indicada. Depois, escreva como se lê o número arredondado.

a) 7 **4**99 325 → _____

b) 7 000 **4**78 → _____

c) 2 **5**75 326 129 → _____

d) 9 060 **9**48 → _____

2 Assinale a maneira incorreta de escrever o valor posicional do algarismo 5 no número 59 307.

☐ 50 milhares ☐ 5 dezenas de milhar

☐ 50 000 ☐ 50 centenas

3 Imagine que você vai girar um clipe no centro da roleta abaixo. Complete cada afirmação com **sempre**, **nunca** ou **às vezes**.

a) _____ vai cair um número ímpar.

b) _____ vai cair um número maior do que 1 000.

c) _____ vai cair um número palíndromo.

d) _____ vai cair um número menor do que 700 000.

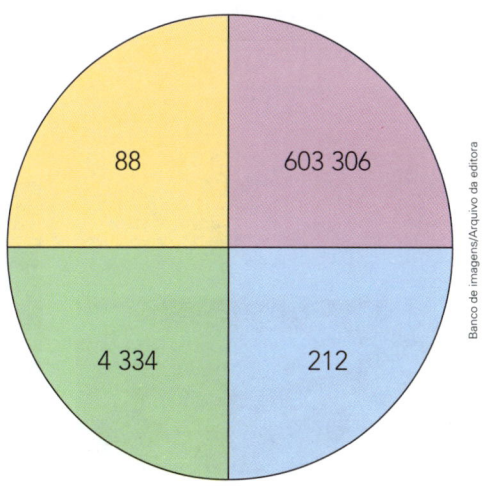

Banco de imagens/Arquivo da editora

4 QUEM SOU EU?

Sou um número entre 600 e 700.

Tirando meu algarismo das centenas, obtém-se um número entre 40 e 50.

Meu algarismo das unidades é igual ao das dezenas. _____

5 Você sabe em que estado fica cada uma das 6 cidades brasileiras das fotos? Descubra associando os números correspondentes dos quadros azuis e verdes. Depois, escreva o nome dos estados.

Vista aérea de Parintins.
Foto de 2016.

Um milhão e doze mil.

Vista aérea de Petrópolis.
Foto de 2015.

1 000 000 + 100 + 20

Vista aérea de Olinda.
Foto de 2019.

100 000 + 1 000 + 2

Estado: _____

Estado: _____

Estado: _____

1 001 200
Bahia

101 020
Goiás

1 012 000
Amazonas

1 000 120
Rio de Janeiro

101 002
Pernambuco

110 200
Rio Grande do Sul

Vista aérea de Ilhéus.
Foto de 2014.

1 unidade de milhão,
1 unidade de milhar
e 2 centenas.

Vista aérea de Anápolis.
Foto de 2015.

1 centena de milhar,
1 unidade de milhar
e 2 dezenas.

Vista aérea de Gramado.
Foto de 2016.

Cento e dez mil e duzentos.

Estado: _____

Estado: _____

Estado: _____

6 A Rússia é o maior país do mundo em extensão territorial (medida de área): 17 075 400 km². Observe esse número e responda.

Moscou, capital da Rússia. Foto de 2016.

a) Quantas ordens esse número tem? E quantas classes? _____

b) Qual é o valor posicional do algarismo 5? _____

c) Qual é a decomposição desse número?

_____

d) Como se lê esse número?

_____

e) Qual é seu arredondamento para a centena de milhar mais próxima?

_____

7 No preenchimento de cheques devemos escrever a quantia de 2 modos: com algarismos e por extenso.

As imagens não estão representadas em proporção.

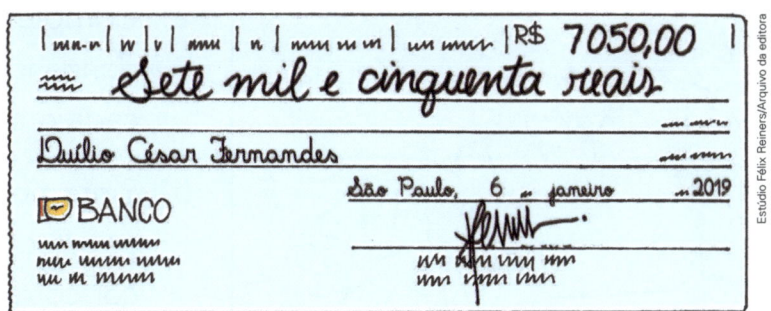

Em cada caso, escreva o modo que falta.

a) R$ 12 090,00 _____

b) Quatrocentos mil e quinhentos reais. _____

c) R$ 425 000,00 _____

d) Um milhão, duzentos e noventa mil reais. _____

e) R$ 3 720 000,00 _____

f) Quatrocentos e cinquenta mil reais. _____

8 Qual é o valor posicional do algarismo 6 em cada número?

a) 124 365 → _____

d) 34 516 → _____

b) 68 723 → _____

e) 683 428 → _____

c) 3 601 → _____

f) 6 491 023 → _____

9 Observe a população aproximada de alguns estados do Brasil, em 2019, de acordo com estimativas do Instituto Brasileiro de Geografia e Estatística (IBGE).

Estimativa da população brasileira em 2019

Estado	População aproximada	Arredondamento para a dezena de milhar	Arredondamento para a unidade de milhão
Alagoas 🔴	3 337 357		
Pará 🟢	8 602 865		
Santa Catarina 🟡	7 164 788		
Rondônia 🔵	1 777 225		
Mato Grosso 🟤	3 484 466		

Fonte de consulta: **IBGE Cidades@**. Disponível em: <https://cidades.ibge.gov.br/>. Acesso em: 6 jan. 2020.

Mapa do Brasil: divisão por estados

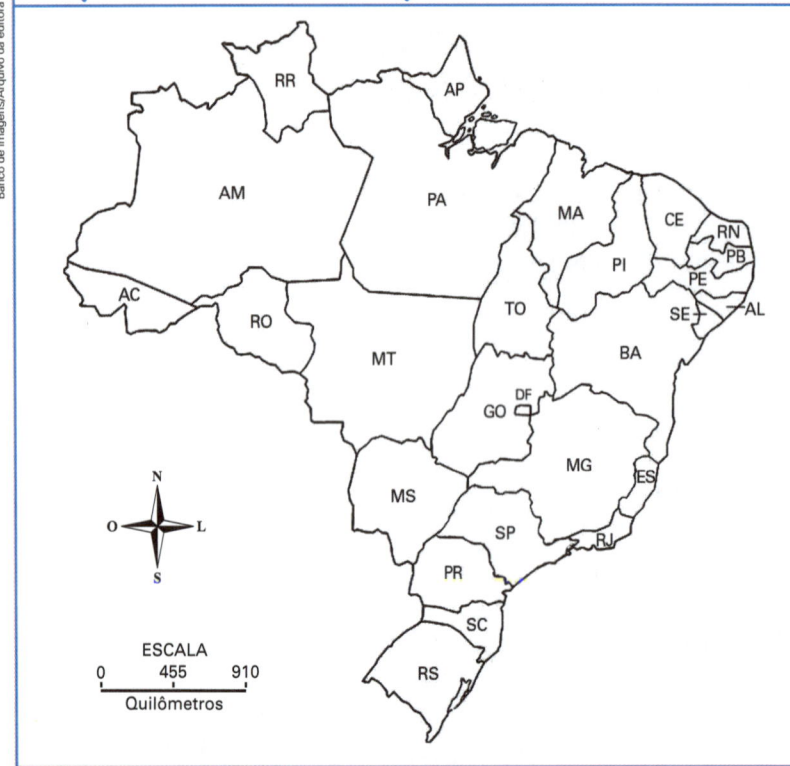

a) Complete a tabela arredondando os números em cada ordem indicada.

b) Pinte no mapa do Brasil os estados citados, com a cor correspondente à legenda indicada na tabela.

Adaptado de: IBGE. **Atlas geográfico escolar**. 8. ed. Rio de Janeiro: IBGE, 2018.

Vamos ver de novo?

1 MENSAGENS CODIFICADAS

Podemos usar os números naturais para codificar e decodificar mensagens.

a) Veja o exemplo e decodifique as mensagens.

A	B	C	D	E	F	G	H	I	J	K	L	M	N	O	P	Q	R	S	T	U	V	W	X	Y	Z
1	2	3	4	5	6	7	8	9	10	11	12	13	14	15	16	17	18	19	20	21	22	23	24	25	26

> Mensagem codificada: 19 15 3 15 18 18 15!
> Mensagem decodificada: **S O C O R R O!**

" ___ ___ ___ ___ ___ ___ ___ ___ ___ ___ ___ ___ ___ ___ ___ ___ ___ ___ ___ ___."
 15   3 21   2 15   20   5 13   4 15 26   5   1 18   5 19 20   1 19

" ___ ___ ___ ___ ___ ___ ___ ___ ___ ___ ___ ___ ___ ___."
  5 21   22   9 22 15   14 15   2 18   1 19   9 12

2 b) **ATIVIDADE EM DUPLA** Agora, use o mesmo código, invente uma mensagem e registre-a no caderno. Depois, passe para um colega decodificar.

2 POSSIBILIDADES

De quantas maneiras diferentes, em relação à ordem, 3 pessoas podem se sentar em um sofá de 3 lugares?

Estúdio Félix Reiners/Arquivo da editora

_____

3 SISTEMAS DE NUMERAÇÃO

Ao longo da história existiram vários sistemas de numeração. Um deles é o sistema de numeração romano, do qual ainda fazemos uso em determinadas situações.

Você se lembra desse sistema de numeração? Vamos recordar.

Complete o quadro usando os números das fichas.

XV	C	CV	X	V	IX	CXII	XXV

10	4	105	5	9	110	100	7	15	1000	25	112
	IV				CX		VII		M		

4 Veja alguns exemplos de números escritos com símbolos romanos.

Ano MCMLII

Ano 1952.

Capítulo XI

Capítulo 11.

9 horas.

a) Você já viu que usando os símbolos I (1), V (5) e X (10) podemos escrever os números naturais de 1 a 9. Complete com os que faltam.

I	II	___	IV	V	___	___	___	___
1	2	3	4 (5 − 1)	5	6 (5 + 1)	7 (5 + 2)	8 (5 + 3)	9 (10 − 1)

b) Usando a mesma lógica, você pode escrever as dezenas exatas com os símbolos X (10), L (50) e C (100). Complete.

X	XX	___	___	___	___	___	___	___
10	20	30	40 (50 − 10)	50	60 (50 + 10)	70 (50 + 20)	80 (50 + 30)	90 (100 − 10)

c) Agora, complete as centenas exatas com os símbolos C (100), D (500) e M (1 000).

C	___	___	___	___	___	___	___	___
100	200	300	400	500	600	700	800	900

d) Para os demais números use a decomposição dos números em centenas exatas, dezenas exatas e unidades.

Lembre-se também de que MM indica 2 000 e MMM indica 3 000.

Veja os exemplos e complete os demais com o que falta.

236 → CC XXX VI	2014 → MM X IV	CM LX III → 963
200 + 30 + 6	2 000 + 10 + 4	900 + 60 + 3

184 → _____

CDL → _____

CCCLXI → _____

812 → _____

1 508 → _____

DLXXXV → _____

O que estudamos

Retomamos as principais características do sistema de numeração decimal.

- Agrupamos de 10 em 10 nas contagens.
- Utilizamos 10 símbolos (algarismos).
- Seguimos o princípio da posição decimal (o valor de cada algarismo depende da posição dele no número).

Vimos as ordens e as classes em um número natural.

- As ordens indicam a posição de cada algarismo e o valor correspondente.

7 3 2 4 7 5

→ 1ª ordem: 5 unidades
→ 2ª ordem: 7 dezenas (70 unidades)
→ 5ª ordem: 3 dezenas de milhar (30 000 unidades)

- As classes agrupam as ordens de 3 em 3, da direita para a esquerda, e facilitam a leitura dos números.

7 3 2 4 7 5

→ 1ª classe: das unidades simples
→ 2ª classe: dos milhares

Setecentos e trinta e dois mil, quatrocentos e setenta e cinco.

Representamos um mesmo número de várias maneiras.

8 427

8 000 + 400 + 20 + 7

Oito mil, quatrocentos e vinte e sete.

Ampliamos o estudo dos números ordinais.

9° → Nono.

10° → Décimo.

34° → Trigésimo quarto.

92° → Nonagésimo segundo.

Fizemos arredondamentos e vimos várias aplicações dos números, como no preenchimento de cheques e na apresentação de informações estatísticas (em tabelas e gráficos).

- Você consegue ler e escrever, com algarismos e por extenso, qualquer número natural com até 6 algarismos?
- Em atividades em grupo, você tem respeitado o momento de os colegas falarem? Lembre-se: quem respeita é respeitado.

2 Geometria

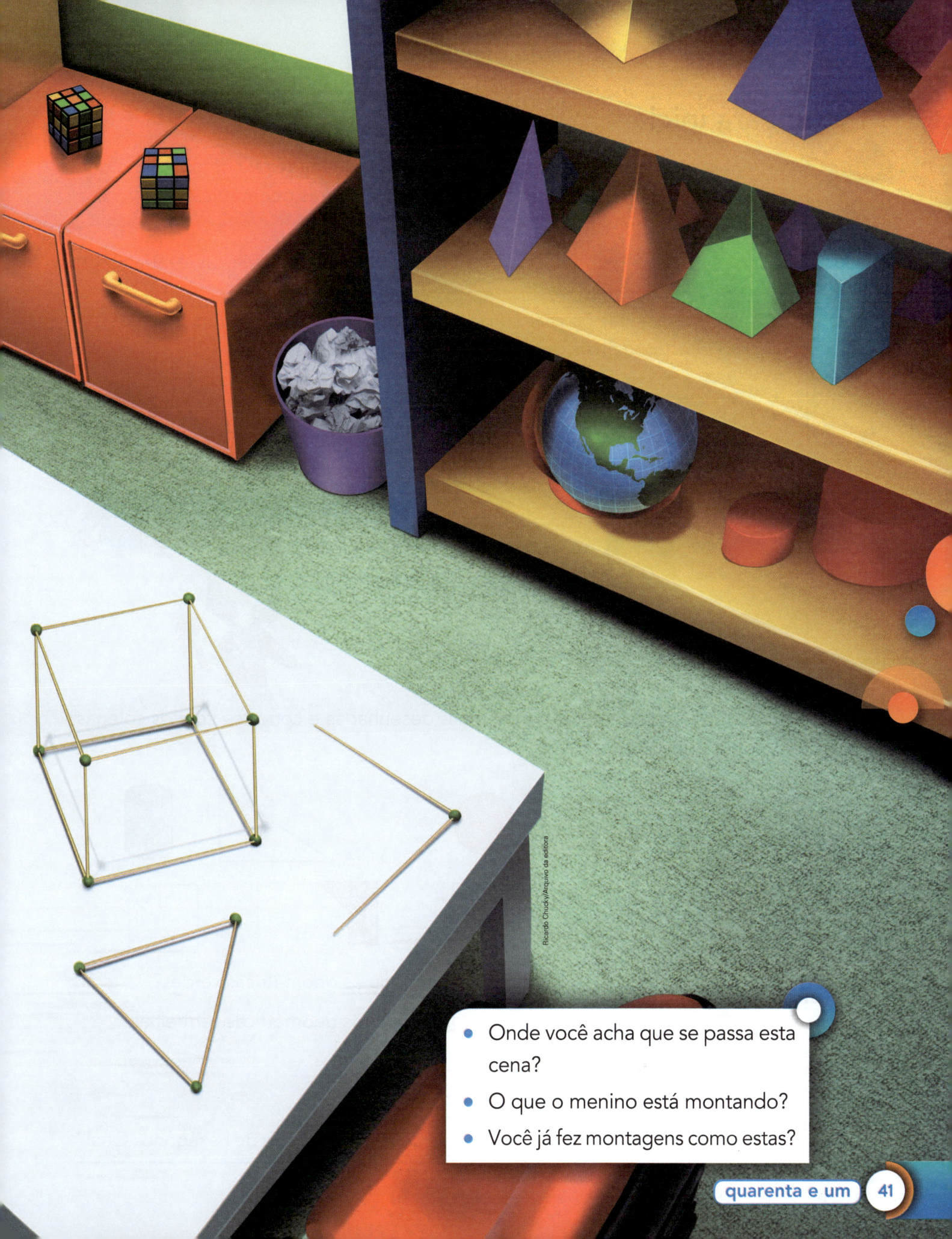

Ricardo Chudsky/Arquivo da editora

- Onde você acha que se passa esta cena?
- O que o menino está montando?
- Você já fez montagens como estas?

Para iniciar

Raul fez algumas construções usando palitos de madeira, como o palito que ele está segurando. Essas construções lembram figuras geométricas que você já estudou nos anos anteriores.

Nesta Unidade vamos retomar e ampliar o estudo de muitas figuras geométricas, além de conhecer outras.

- Analise a cena das páginas de abertura desta Unidade. Converse com os colegas e respondam às questões a seguir.

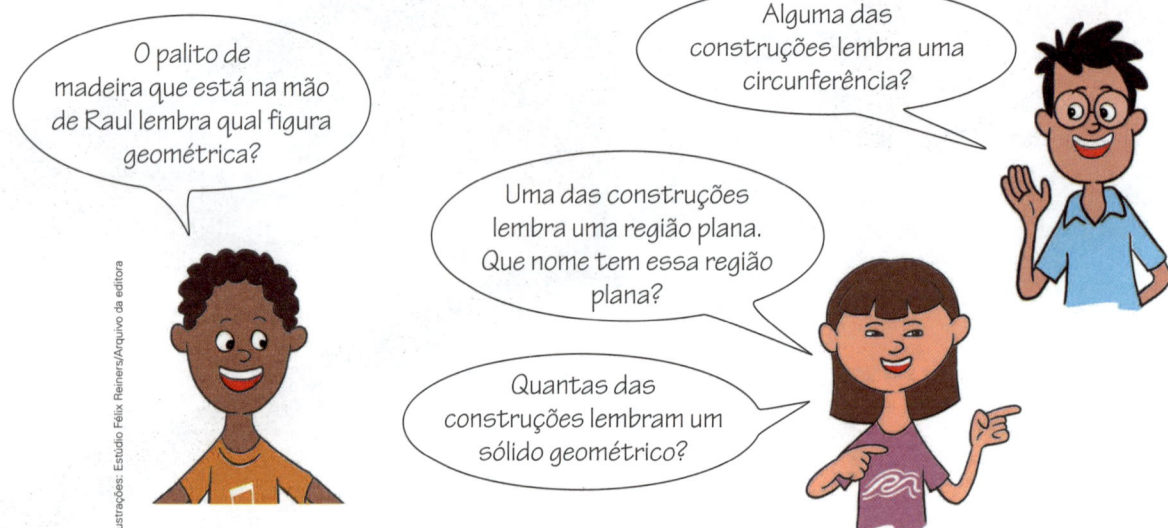

O palito de madeira que está na mão de Raul lembra qual figura geométrica?

Alguma das construções lembra uma circunferência?

Uma das construções lembra uma região plana. Que nome tem essa região plana?

Quantas das construções lembram um sólido geométrico?

Ilustrações: Estúdio Félix Reiners/Arquivo da editora

- Considere estas figuras geométricas desenhadas e converse com os colegas sobre mais estas questões.

Ilustrações: Banco de imagens/Arquivo da editora

a) Que nome pode ser dado a todas as figuras geométricas verdes?

b) Que nome pode ser dado a todas as figuras geométricas vermelhas?

c) E às figuras geométricas azuis?

d) E às figuras geométricas laranja?

e) Alguma dessas figuras geométricas pode ser chamada de hexágono? Qual?

Sólidos geométricos

Você já estudou os principais sólidos geométricos nos anos anteriores.

- Destaque e monte os sólidos geométricos das páginas 3 a 20 do **Ápis divertido**.

- Observe as imagens de objetos que lembram a forma de alguns desses sólidos geométricos. Ligue cada objeto ao sólido geométrico correspondente e este ao nome dele. Use uma régua.

◀ **As imagens não estão representadas em proporção.**

Dado.

Cone.

Dado.

Prisma.

Bola.

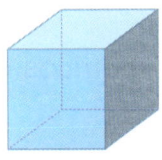
Cubo.

Chapéu.

Cilindro.

Lata.

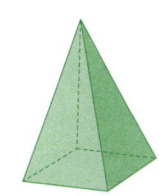
Esfera.

Caixa.

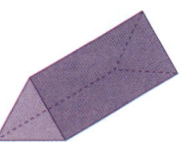
Pirâmide.

Caixa.

Paralelepípedo ou bloco retangular.

Unidade 2

Ilustrações: Banco de imagens/Arquivo da editora

Poliedros e corpos redondos

Entre os sólidos geométricos, alguns são chamados de **poliedros** e outros, de **corpos redondos**.

A palavra **poliedro** significa 'muitas faces'.

POLI	EDRO
muitas	faces

Explore os sólidos geométricos que você montou e identifique os que rolam em alguma posição, quando colocados sobre uma mesa, e os que não rolam em nenhuma posição. Localize neles as faces planas e as partes arredondadas.

> **Poliedros** são os sólidos geométricos que têm **todas as faces planas**. Por isso, eles não rolam.

> **Corpos redondos** são os sólidos geométricos que podem rolar, pois possuem pelo menos uma parte curva, arredondada, não plana.

1 Identifique quais dos sólidos geométricos desenhados abaixo são poliedros e quais são corpos redondos.

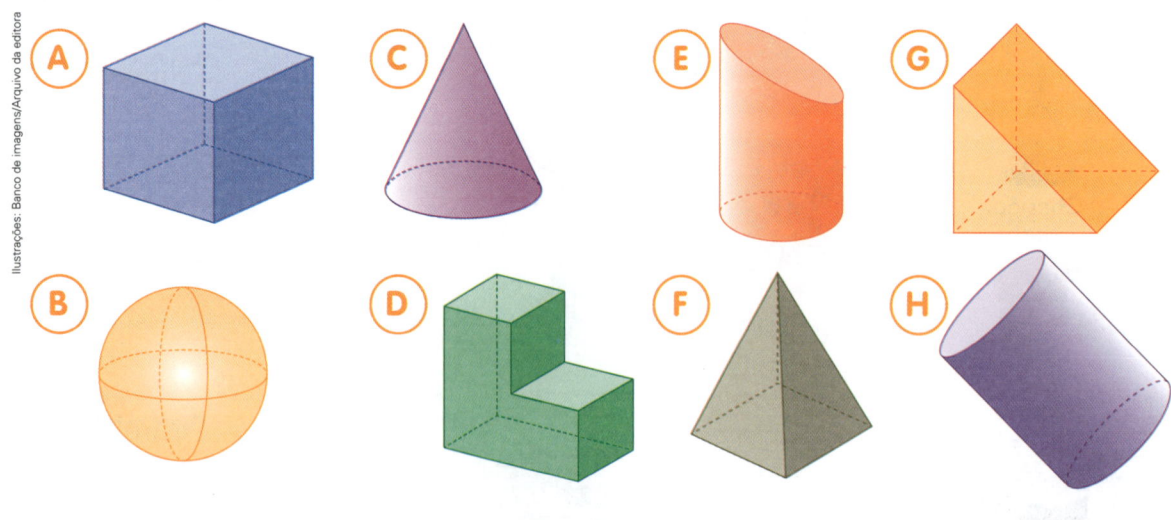

Poliedros: _____   Corpos redondos: _____

2 Escreva 2 diferenças entre um poliedro e um corpo redondo.

_____

_____

3 Escreva se a forma de cada objeto abaixo é de um poliedro ou de um corpo redondo. Faça também um esboço do desenho dele no caderno.

a) Melão. _____

c) Dado. _____

b) Caixa de sapatos. _____

d) Lata de ervilhas. _____

4 **ATIVIDADE EM GRUPO** Todo poliedro possui faces, arestas e vértices. Pegue o paralelepípedo do **Ápis divertido** que você montou e, com os colegas, identifique as faces, as arestas e os vértices. Depois, cada um completa a frase abaixo no próprio livro.

Um paralelepípedo tem _____ faces, _____ arestas

e _____ vértices.

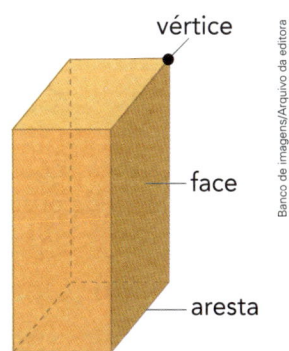

vértice

face

aresta

5 Analise os poliedros **A** e **B** ao lado.

a) Marque os vértices de cada poliedro com um "pontinho" vermelho e conte-os. Qual deles tem mais vértices? Quantos vértices a mais do que o outro?

_____

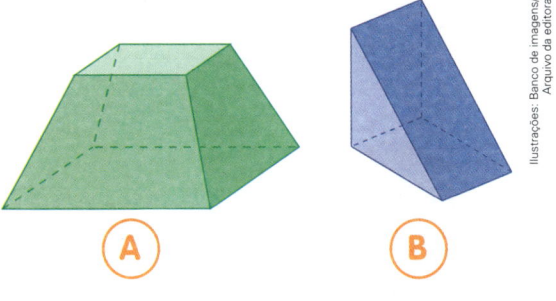

A   B

b) Identifique as arestas de cada poliedro e conte-as. Quantas arestas tem cada poliedro? _____

c) Qual deles tem um número ímpar de faces? Quantas faces?

_____

d) Em qual deles o número de vértices é igual ao número de faces?

_____

6 Complete com a letra do sólido geométrico correspondente.

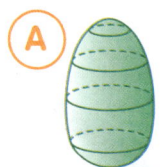 A 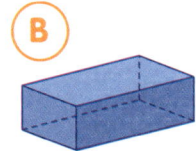 B 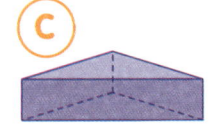 C 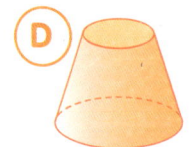 D 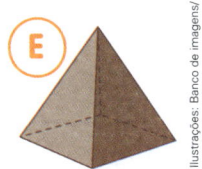 E

a) É um poliedro e tem mais do que 5 faces. _____

b) Tem 1 vértice em que se "encontram" 4 arestas. _____

Principais poliedros

Entre os poliedros, destacam-se os prismas e as pirâmides.

1 PRISMA E SUAS BASES

> **Prisma** é um poliedro que tem 2 bases iguais e paralelas, que podem ser triangulares, quadradas, retangulares, pentagonais, hexagonais, etc. As demais faces são retangulares.
>
> Cada prisma recebe o nome de acordo com a forma de suas bases.

Criança segurando uma caixa com a forma de prisma de base triangular.

a) Observe a forma das bases dos prismas e complete o nome de cada poliedro.

> As bases de um prisma também são faces.

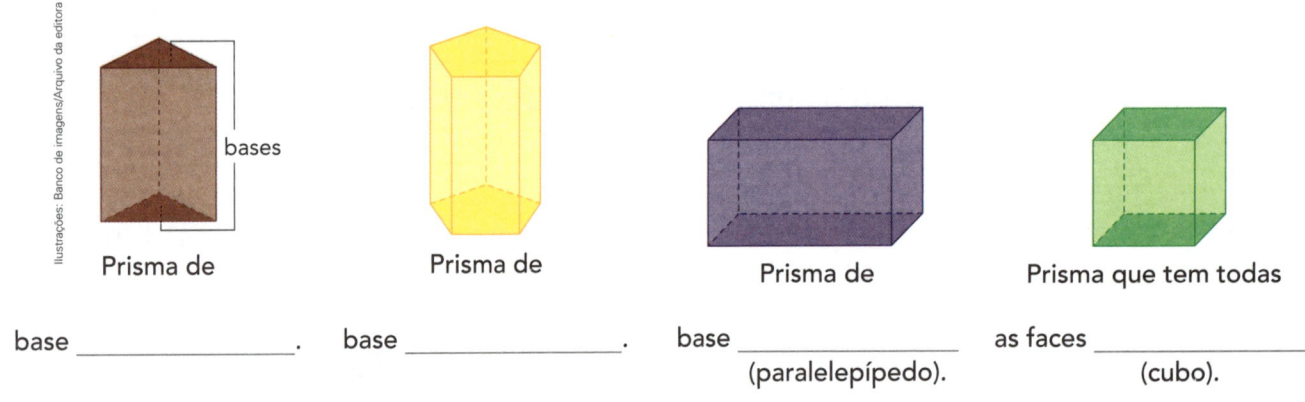

Prisma de

base _____.

Prisma de

base _____.

Prisma de

base _____
(paralelepípedo).

Prisma que tem todas

as faces _____
(cubo).

b) Veja ao lado um dos prismas do **Ápis divertido** que você montou. Pegue-o, explore-o e responda: Que nome é dado a ele?

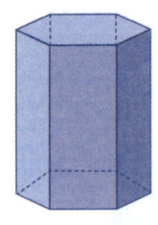

_____

2 Veja a foto de um lápis com a forma de prisma.

a) A forma desse lápis corresponde a qual prisma?

_____

b) Por que esse lápis é chamado de lápis sextavado?

_____

Lápis sextavado.

3 Complete observando o desenho do prisma de base pentagonal da página anterior.

a) O prisma de base pentagonal tem _____ bases pentagonais e _____ faces laterais _____.

b) Nesse prisma, o número total de faces (incluindo as bases) é _____, o número de arestas é _____ e o número de vértices é _____.

4 Um prisma tem 5 faces, incluindo as 2 bases. Qual é o nome desse prisma?

_____

5 **PIRÂMIDE E SUA BASE**

> **Pirâmide** é um poliedro que tem 1 base que pode ser triangular, quadrada, retangular, pentagonal, hexagonal, etc. As outras faces são triangulares e convergem para um mesmo vértice (ou seja, se "encontram" em um mesmo vértice).

Pirâmides de Gizé, no Egito. Foto de 2019.

a) Assim como os prismas, as pirâmides são nomeadas de acordo com a forma de sua base. Observe e complete.

> A base de uma pirâmide também é uma face.

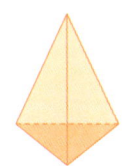

Pirâmide de

base _____.

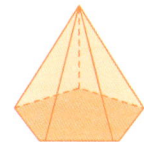

Pirâmide de

base _____.

Pirâmide de

base _____.

b) Que nome é dado à pirâmide representada ao lado?

_____

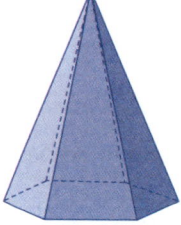

c) Explore as pirâmides do **Ápis divertido** que você montou e responda: Qual é o nome da pirâmide que tem 6 faces?

_____

Unidade 2

6 **ATIVIDADE ORAL EM DUPLA** Troquem ideias sobre as características dos prismas e das pirâmides.

a) Escreva pelo menos 2 diferenças entre um prisma e uma pirâmide.

_____

_____

_____

_____

b) O que acontece com o número de faces e o número de vértices nas pirâmides?

_____

c) Por que o número de vértices dos prismas é sempre um número par?

_____

_____

Explorar e descobrir

- Pegue e manipule todos os poliedros do **Ápis divertido** que você já montou. Depois, complete o quadro abaixo para constatar uma importante regularidade que envolve o número de vértices (**V**), o número de faces (**F**) e o número de arestas (**A**) de alguns poliedros.

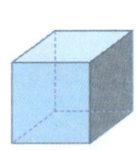
Cubo.

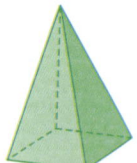
Pirâmide de base quadrada.

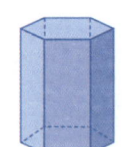
Prisma de base hexagonal.

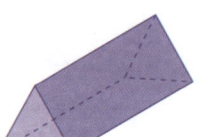
Prisma de base triangular.

Regularidade	V	F	A						
Cubo	8	6	12	8	+	6	=	12	+	2
Pirâmide de base quadrada	___	___	___	___	+	___	=	___	+	___
Prisma de base hexagonal	___	___	___	___	+	___	=	___	+	___
Prisma de base triangular	___	___	___						

Saiba mais

Euler, matemático suíço que viveu entre 1707 e 1783, descobriu essa relação entre o número de vértices, o número de faces e o número de arestas em alguns poliedros. Por isso ela é chamada **relação de Euler**.

Leonhard Paul Euler.

Reprodução/Coleção particular

7 Observe a relação entre o número de vértices, de faces e de arestas que você registrou no **Explorar e descobrir** da página anterior.

a) Complete.

A soma do número de _____ com o número de _____ é

igual à soma do número de _____ com 2.

b) Identifique a igualdade que indica a relação de Euler.

☐ V + A = F + 2   ☐ F + A = V + 2   ☐ F + V = A + 2

8 Observe o poliedro desenhado ao lado e responda.

a) Ele é um prisma ou uma pirâmide?

_____

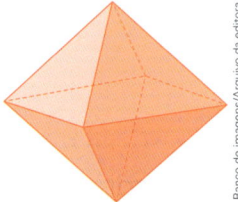

Banco de imagens/Arquivo da editora

b) Seu nome é octaedro. Por quê?

_____

c) A relação de Euler se verifica nesse poliedro?

_____

9 **DESAFIO**

Roberto montou um prisma que tem 16 vértices $(V = 16)$ e 10 faces $(F = 10)$.
Paula montou uma pirâmide que tem 7 vértices $(V = 7)$ e 12 arestas $(A = 12)$.

a) Quantas arestas tem o prisma que Roberto montou? _____

b) Quantas faces tem a pirâmide que Paula montou? _____

c) Que nome se dá à pirâmide que Paula montou?

_____

Sólidos geométricos e suas planificações

Explorar e descobrir

Para esta atividade você vai precisar de uma caixa de creme dental.

- Responda: Essa caixa lembra a forma de qual sólido geométrico?

_____

- Quando desmontamos a "casca" de um sólido geométrico, dizemos que foi feita a **planificação** do sólido geométrico ou que ele foi planificado. Observe a sequência de figuras que indica a planificação da caixa e desmonte-a com cuidado.

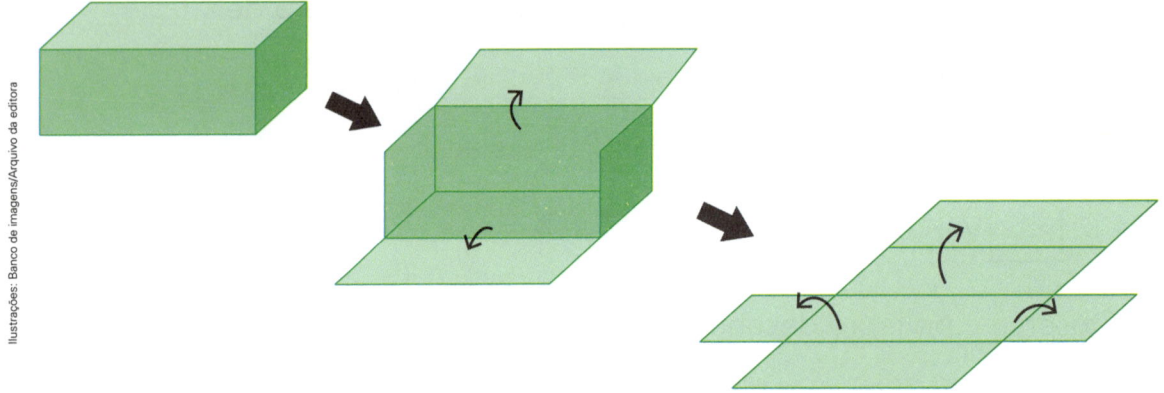

- Cole a caixa desmontada em uma folha de papel sulfite e responda: As partes que compõem a planificação da caixa lembram a forma de quais regiões planas?

_____

- Quando fazemos o caminho inverso, dizemos que foi feita a **montagem** do sólido geométrico ou que ele foi montado.

Observe a sequência de figuras que indica a montagem de outra caixa e responda:

Essa caixa lembra a forma de qual sólido geométrico? _____

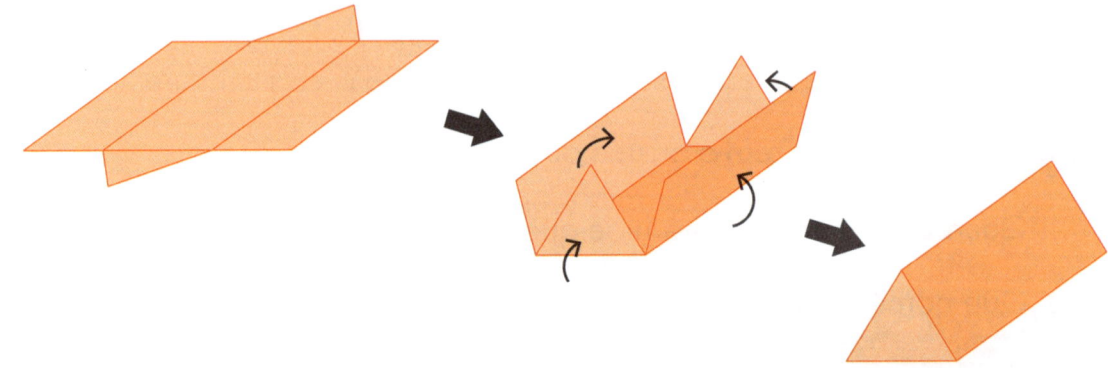

Ilustrações: Banco de imagens/Arquivo da editora

1 Observe as imagens e ligue cada sólido geométrico à planificação dele.

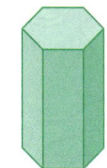 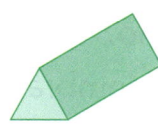 

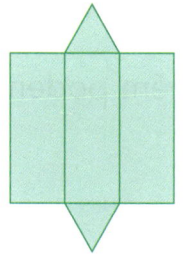  

2 Escreva o nome do sólido geométrico que pode ser montado com cada planificação.

a)

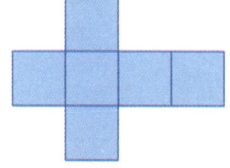

_____

d)

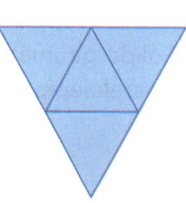

_____

b)

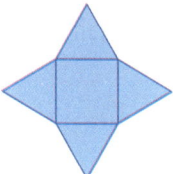

_____

e)

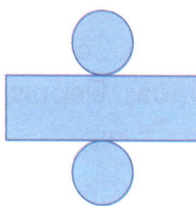

_____

c)

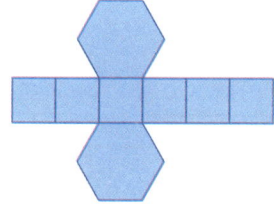

_____

f) Desafio

_____

Regiões planas

Região plana é uma parte do plano.

Veja Marina recortando peças que lembram regiões planas triangulares.

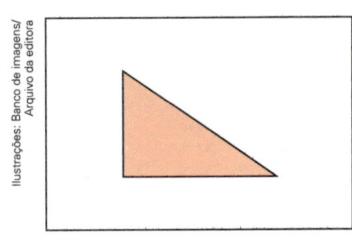 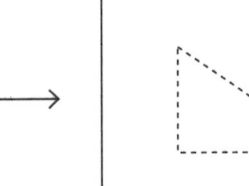 

Região triangular.

Quando planificamos alguns sólidos geométricos, também podemos obter regiões planas. Observe.

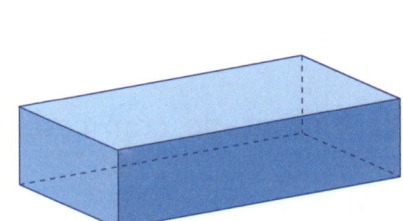

Sólido geométrico (paralelepípedo).

Planificação.

Região plana retangular.

Explorar e descobrir

Use os sólidos geométricos que você montou ou objetos do dia a dia com a forma desses sólidos. Contorne no caderno as faces com as formas abaixo e pinte as regiões planas obtidas. Depois, escreva o nome de cada região plana.

_____ _____ _____ _____ _____

_____ _____ _____ _____ _____

1 **ATIVIDADE ORAL EM GRUPO (TODA A TURMA)** Descubram objetos da sala de aula que dão ideia de regiões planas.

2 **FAÇA DO SEU JEITO!**

Desenhe e pinte no caderno 2 regiões circulares (círculos) de tamanhos e cores diferentes. Depois, veja como os colegas fizeram.

3 Responda.

a) As faces de um cubo são regiões planas. De que forma? _____

b) Qual sólido geométrico tem 1 face quadrada e 4 faces triangulares?

_____

4 Indique cada sólido geométrico com **SG** e cada região plana com **RP**.

a)

_____

d)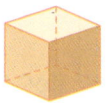

_____

g)

_____

j)

_____

b)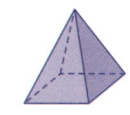

_____

e)

_____

h)

_____

k)

_____

c)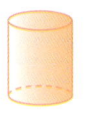

_____

f)

_____

i)

_____

l)

_____

5 Escreva qual figura geométrica cada objeto lembra: uma região plana ou um sólido geométrico. Escreva também o nome dessa figura geométrica.

a) Cubo de gelo.

_____

d) Selo.

_____

b) Capa deste livro.

_____

e) Latinha de suco.

_____

c) Face de uma moeda.

_____

f) Tijolo.

_____

Regiões planas e simetria

Recorte uma folha de papel sulfite ao meio. Você vai usar metade de uma folha de papel sulfite na primeira atividade e a outra metade na segunda atividade, como indicado ao lado. Na terceira atividade você vai usar outra folha de papel sulfite.

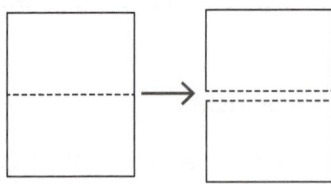

- Dobre uma das partes da folha de papel sulfite, desenhe, recorte e pinte, como indica a sequência abaixo. O desenho pode ser outro. Você vai obter uma região plana simétrica em relação à dobra, que é o eixo de simetria.

- Na outra parte da folha de papel sulfite, trace uma linha, que será o eixo de simetria, e desenhe uma figura em um dos lados com traços bem fortes. Dobre a folha e faça os decalques necessários para obter outra figura, que será simétrica à inicial em relação ao eixo escolhido. Pinte-as com a mesma cor.

Você vai obter 2 regiões planas. Uma região plana é simétrica à outra em relação ao eixo de simetria.

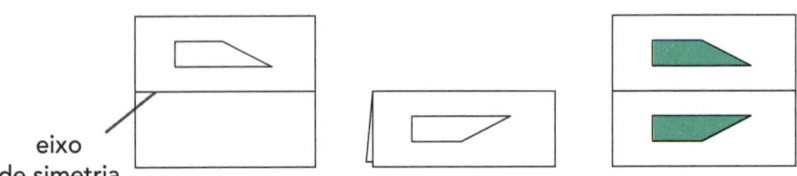

- Agora, dobre outra folha de papel sulfite ao meio 2 vezes, como mostrado ao lado.

a) Recorte os 4 cantos e faça uma previsão: Se você desdobrar e pintar a figura que restou, qual das figuras abaixo vai aparecer? Assinale-a.

A

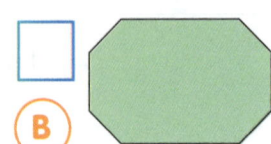
B

C

b) Desdobre, confira sua previsão e registre a resposta correta. _____

6 SIMETRIA EM FIGURAS PLANAS

a) Assinale com um **X** o quadrinho correspondente às figuras que apresentam simetria em relação ao eixo em vermelho.

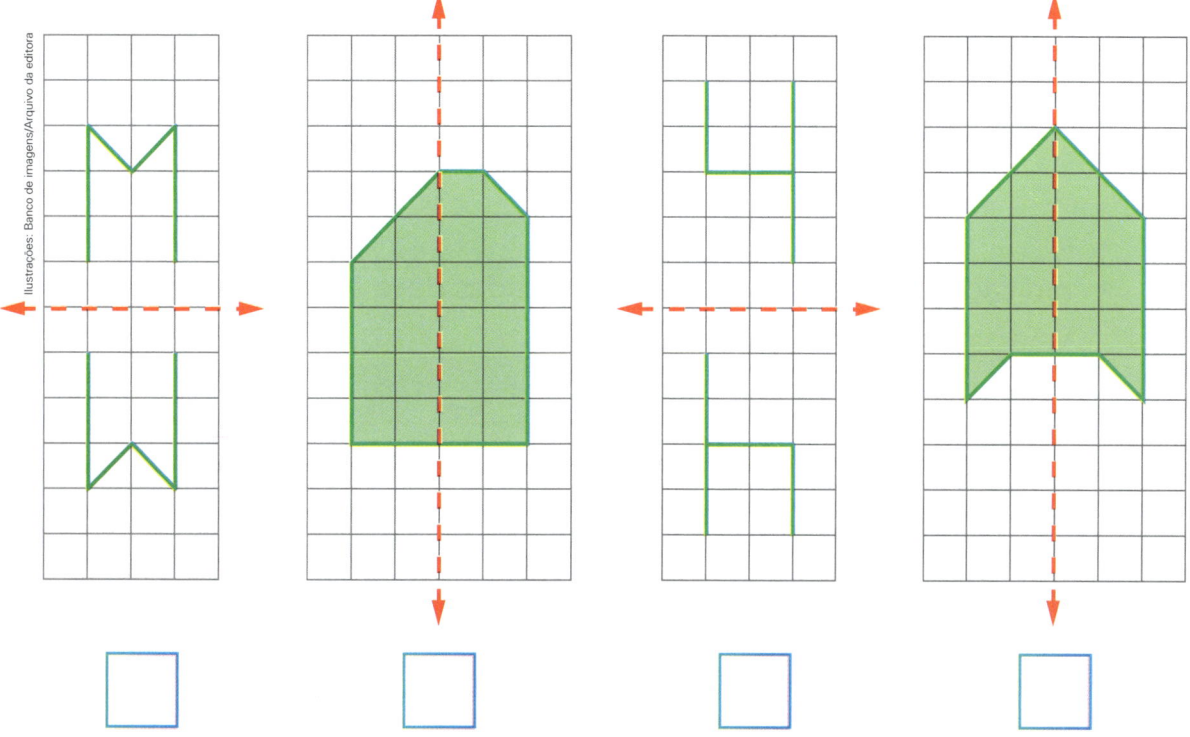

□ □ □ □

b) Direto do planeta Marte! Complete os desenhos de um marciano e do veículo espacial dele considerando os eixos de simetria indicados.

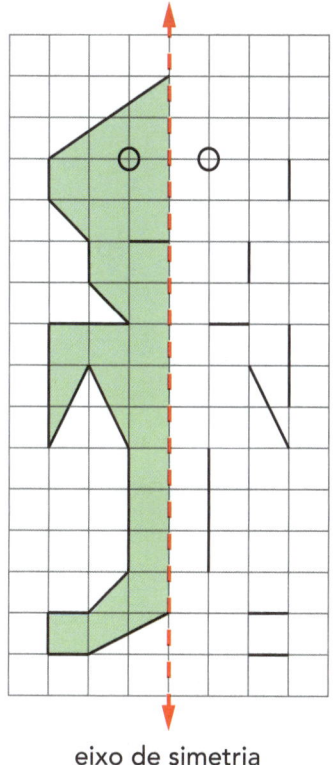

eixo de simetria

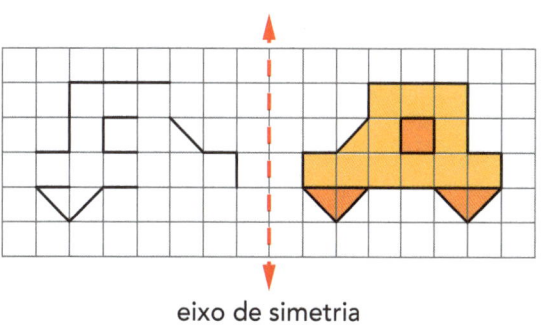

eixo de simetria

7 PINTANDO REGIÕES PLANAS

Você vai pintar as figuras seguindo algumas regras.

- Regiões planas "vizinhas" não podem ter a mesma cor.

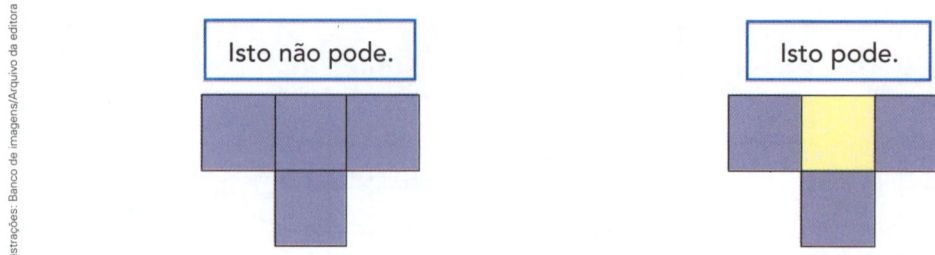

- Em cada figura o número de cores usadas deve ser o menor possível.
Veja alguns exemplos.

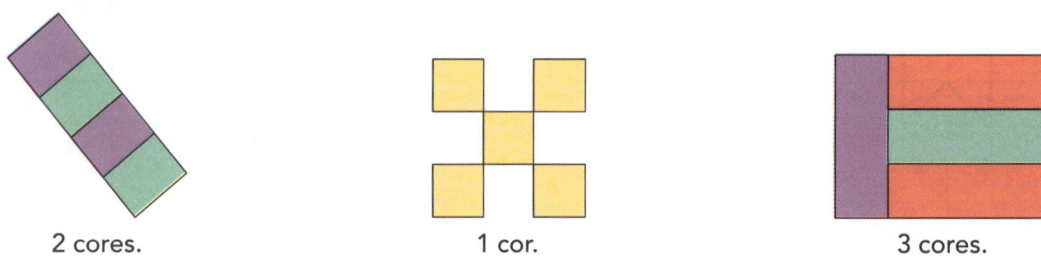

2 cores.   1 cor.   3 cores.

Observe as figuras abaixo e pinte cada uma delas seguindo as regras acima. Depois, escreva quantas cores foram usadas e confira com os colegas.

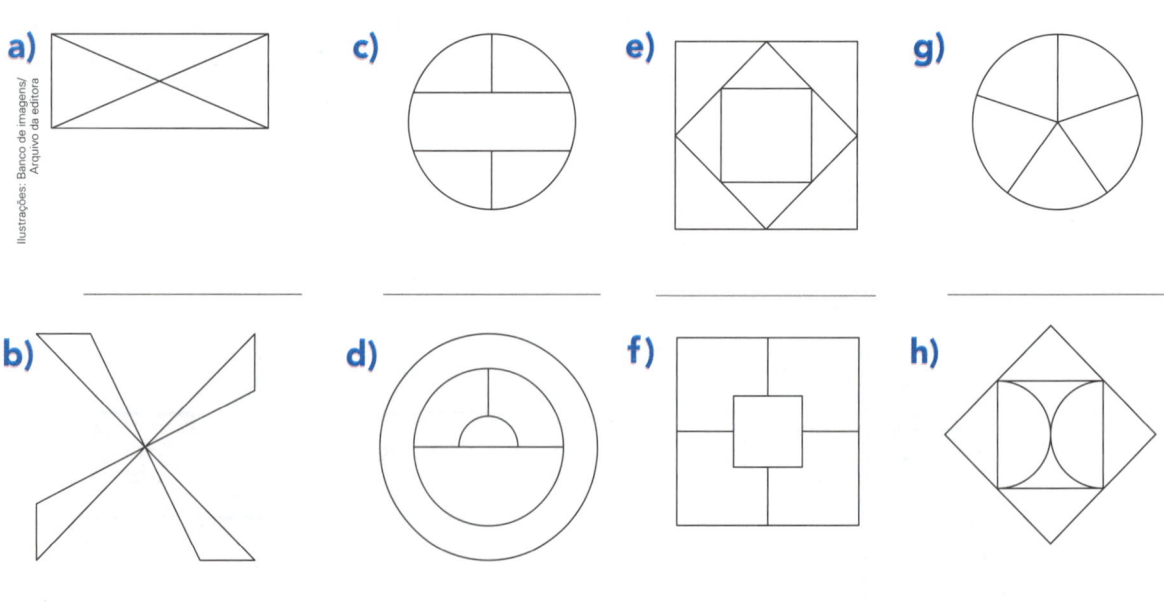

a)   c)   e)   g)

b)   d)   f)   h)

Saiba mais

Para pintar qualquer figura sem que as regiões vizinhas tenham a mesma cor, são necessárias 4 cores no máximo. Essa propriedade é muito usada na pintura de mapas.

Contornos

1 Orlando, Mateus e Lúcia resolveram mostrar exemplos de figuras geométricas conhecidas como **contornos**. Cada um fez de maneira diferente.

Observe e escreva o nome de cada contorno. Eles já foram vistos nos anos anteriores.

- Orlando contornou a face de uma moeda. ⟶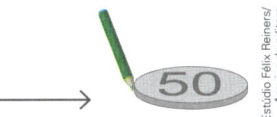

  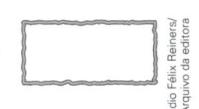 Contorno obtido:

  _____

- Mateus representou um contorno usando um ⟶ 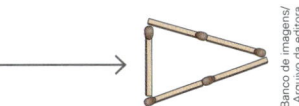 pedaço de barbante.

   Contorno obtido:

  _____

- Lúcia usou palitos. ⟶

  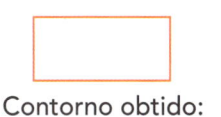 Contorno obtido:

  _____

As imagens não estão representadas em proporção.

Explorar e descobrir

- Pegue um sólido geométrico que tenha uma face quadrada. Contorne essa face no caderno para obter um quadrado, que é outro exemplo de contorno.

- Agora, observe o nome e a posição de cada sólido geométrico desenhado abaixo. Escreva o nome do contorno que será obtido da face apoiada na folha de papel. Faça isso concretamente em uma folha de papel sulfite usando os sólidos geométricos do **Ápis divertido** que você construiu e verifique se você acertou.

a) Cone.

_____

b) Paralelepípedo.

_____

c) Pirâmide.

_____

2 Observe estas 4 regiões planas.

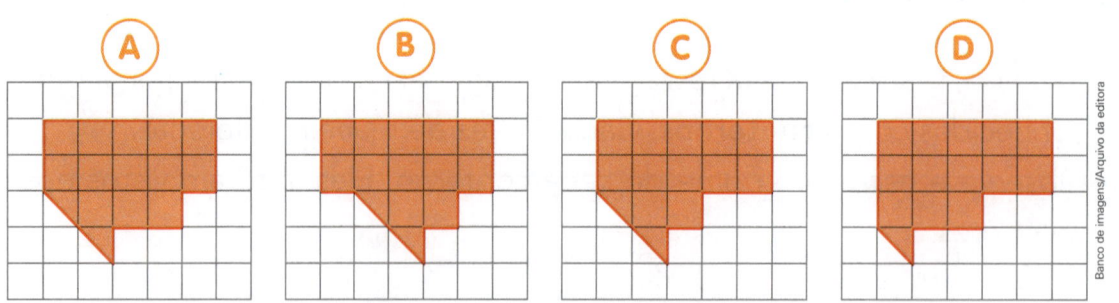

Os contornos dessas regiões planas estão desenhados a seguir, mas não na mesma ordem. Indique as letras correspondentes.

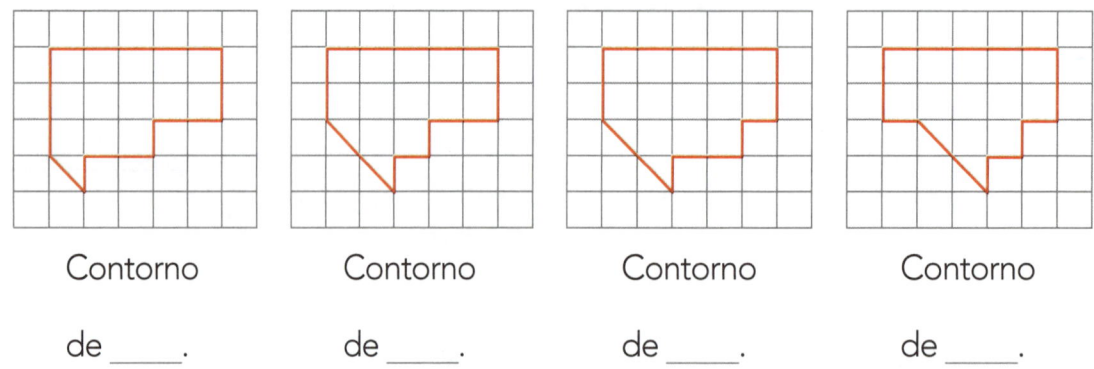

Contorno

de ____.

Contorno

de ____.

Contorno

de ____.

Contorno

de ____.

3 Desenhe o contorno das regiões planas **A** e **B** nos espaços indicados.

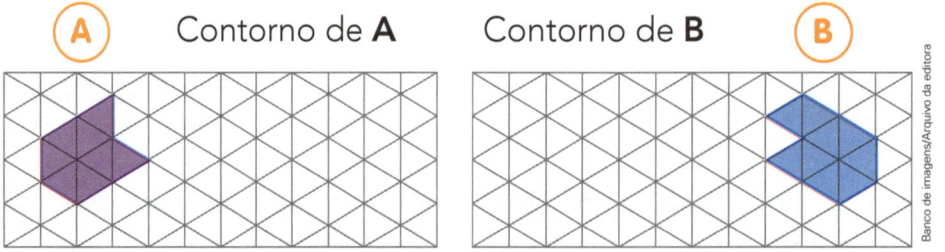

4 Na figura ao lado estão desenhados 2 contornos: um verde e um preto. Dizemos que o ponto **P** é comum aos 2 contornos, pois pertence a eles ao mesmo tempo. Considere na figura os pontos **A**, **B**, **P**, **R** e **S** e responda.

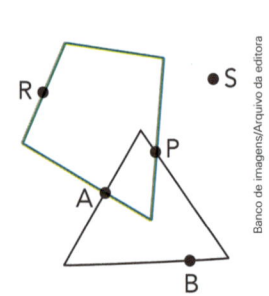

a) Além do ponto **P**, qual outro ponto da figura é comum

aos 2 contornos? _____

b) Qual ponto pertence ao contorno verde e não pertence ao contorno preto?

_____

c) O ponto **S** pertence a qual dos 2 contornos? _____

Trilha das figuras geométricas

Material
- dado
- marcador
- tabuleiro abaixo

Na sua vez, cada jogador lança o dado e avança com o marcador o número de casas indicado na face de cima.

Quando alcança determinadas casas, o jogador faz um desses movimentos extras:

- Em um sólido geométrico: avança o correspondente ao número de faces.

- Em uma região plana: avança o correspondente ao número de vértices.

- Em um contorno: volta o correspondente ao número de lados.

O jogo acaba quando um dos jogadores atingir a chegada.

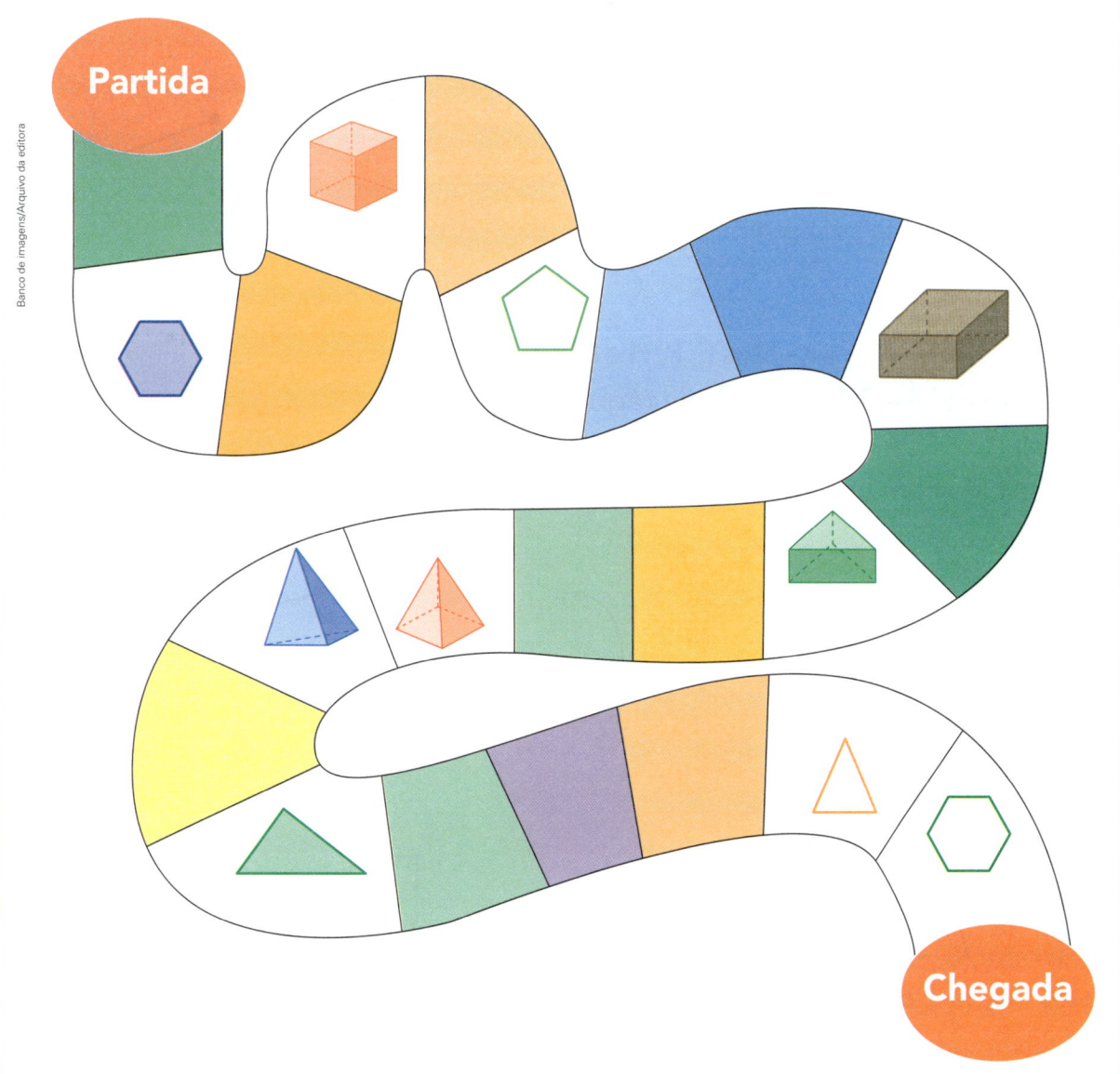

Banco de imagens/Arquivo da editora

Segmento de reta

1 Observe os 3 caminhos que o rato pode fazer para chegar ao queijo, cada um de uma cor.

As imagens não estão representadas em proporção.

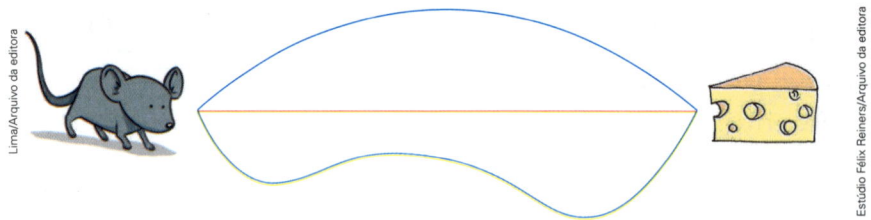

Lembre-se do que você estudou no ano passado e responda: Qual desses caminhos está representado por um segmento de reta?

_____

Chamamos de **segmento de reta** a figura que indica o caminho mais curto que une 2 pontos. No exemplo ao lado, os pontos **A** e **B** são as **extremidades** do segmento de reta traçado. Representamos esse segmento de reta assim: $\overline{AB}$ ou $\overline{BA}$.

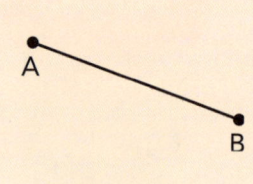

2 Agora, observe os pontos **E**, **P**, **H** e **M** e trace os segmentos de reta $\overline{EM}$ e $\overline{PH}$ usando uma régua.

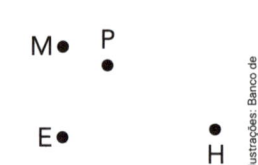

3 Assinale com um **X** o quadrinho de cada figura que é um segmento de reta e escreva como ele é representado.

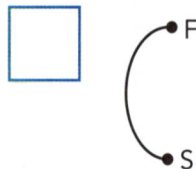

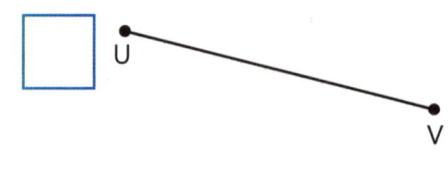

_____   _____   _____

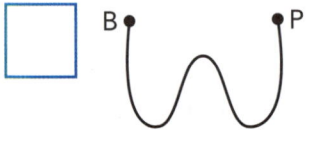

_____   _____   _____

👥 **ATIVIDADE EM DUPLA** Colem 4 pedaços de barbante em uma folha de papel sulfite seguindo as instruções.

- 3 dos barbantes devem dar ideia de segmentos de reta, representados por $\overline{AB}$, $\overline{CD}$ e $\overline{EF}$.

- $\overline{EF}$ deve ter 9 cm de medida de comprimento.

- O quarto barbante não deve dar a ideia de segmento de reta.
  No final, mostrem seus trabalhos para outras duplas e vejam o que elas fizeram.

4 Quantos segmentos de reta há em cada figura?

a)

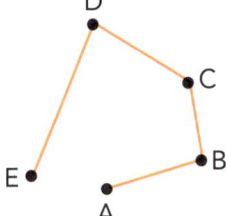

c)

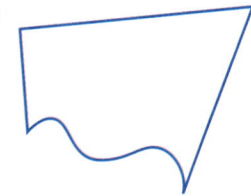

e)

_____ _____ _____

b)

d)

f)

_____ _____ _____

5 Nestes poliedros, cada segmento de reta que aparece traçado é uma **aresta**. Registre quantas arestas há em cada poliedro e escreva como os segmentos de reta são representados.

a)

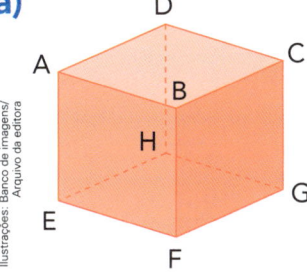

b)

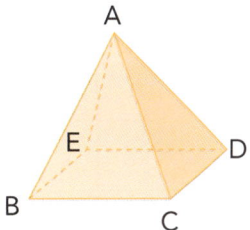

c)

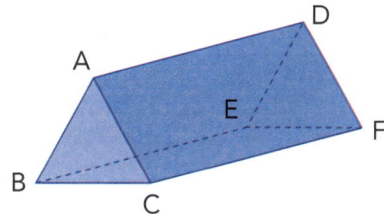

_____ _____ _____

_____ _____ _____

Ilustrações: Banco de imagens/Arquivo da editora

Unidade 2

 **Polígono**

A moldura do quadro dá ideia de um contorno que é um polígono.

O bambolê dá ideia de um contorno que não é um polígono.

1 **ATIVIDADE ORAL EM GRUPO (TODA A TURMA)** Você já viu os polígonos nos anos anteriores. Converse com os colegas e procurem se lembrar: Quando um contorno de região plana é chamado de **polígono**?

2 Identifique e assinale os contornos que são polígonos.

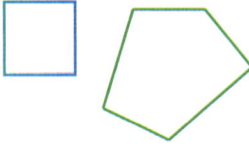
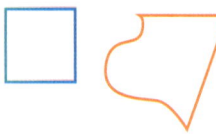
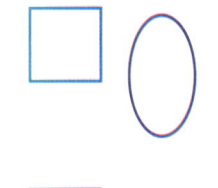

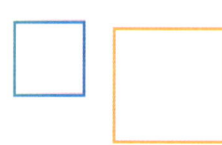
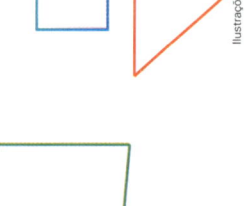

3 Você já estudou também que todo polígono tem lados e vértices e que os polígonos recebem nomes de acordo com o número de lados deles. Vamos recordar? Complete o quadro.

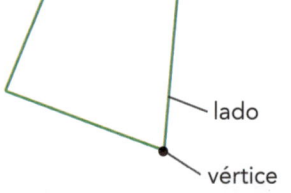

lado

vértice

Polígono	Número de lados	Número de vértices	Nome do polígono
	3	3	
	4	4	
	5	5	
	6	6	

4 **PESQUISA**

Faça uma pesquisa e descubra o nome dos polígonos de acordo com o número de lados.

a) 7 lados. _____

b) 10 lados. _____

c) 8 lados. _____

d) 20 lados. _____

e) 9 lados. _____

f) 12 lados. _____

5 Imagine que 4 pessoas se encontram e todas se cumprimentam com um aperto de mãos. Qual é o total de cumprimentos?

Você conhece esse problema? Ele pode ser resolvido com o auxílio da Geometria.

Dica: As pessoas podem ser representadas pelos vértices de um quadrado e cada aperto de mãos pode ser representado por um segmento de reta. Faça um desenho e confira a resposta dada.

_____

6 **ATIVIDADE ORAL EM GRUPO (TODA A TURMA)** No ano anterior você viu o que é uma **região poligonal**. Analise as regiões planas abaixo para se lembrar. Troque ideias com os colegas, desenhe mais 1 exemplo para cada caso e, depois, escreva o que é uma região poligonal.

Regiões poligonais

Regiões que não são poligonais

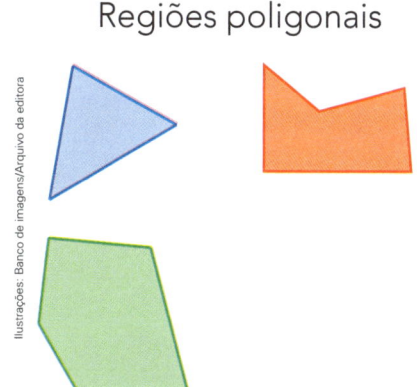

Reta e semirreta

Imagine um segmento de reta $\overline{AB}$ prolongando-se indefinidamente nos dois sentidos.

(continua)

B

A

(continua)

Essa figura que você imaginou é uma **reta**. O desenho é apenas uma representação dela. Indicamos essa reta assim: $\overleftrightarrow{AB}$ ou $\overleftrightarrow{BA}$.

1 **RETA**

Observe os pontos **R**, **P**, **S** e **H** nas posições indicadas. Depois, trace as retas $\overleftrightarrow{RP}$ e $\overleftrightarrow{SH}$ usando uma régua.

R   P   H

        S

2 **SEMIRRETA**

a) Trace uma reta com lápis preto. Marque sobre ela um ponto **A**. Trace em vermelho uma das 2 partes da reta dividida por **A**. Marque um ponto **B** na parte em vermelho.

A parte da reta que você traçou em vermelho, incluindo o ponto **A**, é uma **semirreta**. Ela é indicada assim: $\overrightarrow{AB}$.
O ponto **A** é a **origem** dessa semirreta.

X

C
E

b) Observe os pontos **M**, **X**, **C** e **E**. Depois, trace as semirretas $\overrightarrow{MX}$ e $\overrightarrow{CE}$ usando uma régua.

M

3 Em cada figura, escreva se é uma reta, uma semirreta ou um segmento de reta e como ela é representada.

a)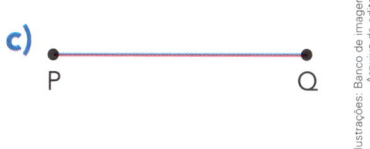

E
F

b)

M
H

c)

P
Q

_____   _____   _____

4 **VAMOS DESENHAR?**

● Marque os pontos, trace as figuras indicadas e escreva se é uma reta, uma semirreta ou um segmento de reta.

$\overleftrightarrow{AB}$ $\overleftrightarrow{MR}$ $\overline{PQ}$

_____   _____   _____

● Trace uma semirreta de origem em um ponto **M** e que passe por um ponto **P**. Depois, responda.

a) Como é representada essa semirreta? _____

b) $\overrightarrow{MP}$ e $\overrightarrow{PM}$ representam a mesma semirreta? Justifique sua resposta.

_____

● Marque um ponto **M** e trace algumas retas passando por ele. Depois, responda: Quantas retas podemos traçar passando pelo ponto **M**?

_____

● Marque 2 pontos distintos **C** e **D** e trace uma reta passando por eles. Depois, responda: Existem quantas retas passando ao mesmo tempo por **C** e por **D**? _____

5 ATIVIDADE ORAL EM GRUPO (TODA A TURMA)

Converse com os colegas e responda.

a) É possível medir o comprimento de uma reta? _____

b) É possível medir o comprimento de uma semirreta? _____

c) É possível medir o comprimento de um segmento de reta? _____

6 Agora, trace os segmentos de reta $\overline{AB}$ de 8 cm e $\overline{CD}$ de 4,5 cm.

7 Considere apenas os pontos representados na figura e responda.

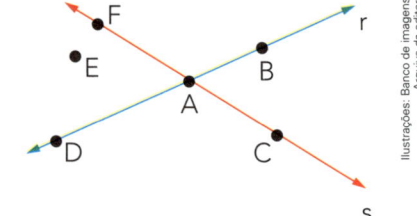

a) Quais pontos pertencem à reta **r**?

_____

b) Qual ponto pertence ao mesmo tempo à reta **r** e à reta **s**? _____

c) Quais pontos pertencem à reta **s** e não pertencem à reta **r**? _____

d) Qual ponto não pertence à reta **r** nem à reta **s**? _____

8 ATIVIDADE ORAL EM GRUPO (TODA A TURMA) Você se lembra do que significa um ponto comum a 2 figuras geométricas? Converse com os colegas e depois volte à atividade 4 da página 58 para conferir. Em seguida, trace o que se pede.

a) 2 retas com apenas 1 ponto comum.

b) 2 retas sem ponto comum.

Retas paralelas e retas concorrentes

◀ As imagens não estão representadas em proporção.

1 Imagine um bairro em que as ruas fossem retas, como estas no mapa ao lado. Escreva se elas se cruzam ou não quando observadas 2 a 2.

a) Rua Pardal e rua Canário. _____

b) Rua Sabiá e rua Pardal. _____

c) Rua Canário e rua Bem-te-vi. _____

d) Rua Bem-te-vi e rua Tico-tico.

_____

Em Matemática, dizer que 2 retas de um mesmo plano não se cruzam é o mesmo que dizer que elas são **retas paralelas**. E dizer que 2 retas se cruzam é o mesmo que dizer que elas são **retas concorrentes**.

> **Retas paralelas** estão no mesmo plano e não têm ponto comum.

> **Retas concorrentes** estão no mesmo plano e têm um único ponto comum.

Exemplos: As retas **a** e **b** são paralelas. As retas **r** e **s** são concorrentes.

Retas paralelas.

Retas concorrentes.

2 Observe o mapa da atividade 1 e escreva o nome de 2 ruas que podem ser representadas por retas paralelas e retas concorrentes.

Retas paralelas: _____

Retas concorrentes: _____

3 Em cada item, escreva se as 2 retas são **paralelas** ou **concorrentes**.

a)

_____

c)

_____

e)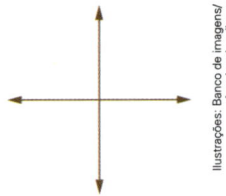

_____

b)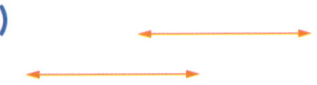

_____

d)

_____

f)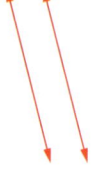

_____

4 Observe as figuras e complete.

a)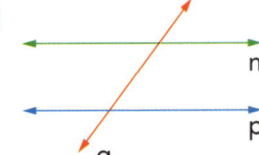

- As retas **n** e **q** são _____.
- As retas **n** e **p** são _____.
- As retas **p** e **q** são _____.

b)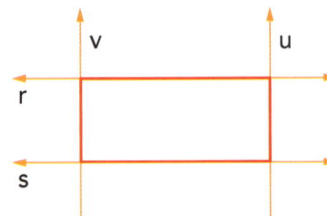

- As retas **r** e **s** são _____.
- As retas **r** e **u** são _____.
- As retas **r** e **v** são _____.
- As retas **v** e **u** são _____.
- As retas **s** e **u** são _____.
- O nome do quadrilátero formado é _____.

5 Veja a figura ao lado e indique os pares de retas paralelas e de retas concorrentes.

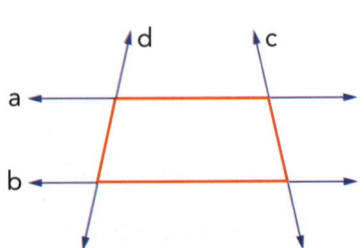

Paralelas: _____

Concorrentes: _____

Vistas de um objeto

 Nos dados, a soma dos valores de 2 faces opostas é 7.

Veja os valores que enxergamos em 1 ou mais dados na posição em que estão colocados nas figuras, considerando que cada dado é todo de uma só cor.

Ilustrações: Banco de imagens/ Arquivo da editora

De cima `2`

De baixo `5`

De frente `1`

De trás `6`

De um lado (direito) `4`

Do outro lado `3`

Ilustrações: Banco de imagens /Arquivo da editora

De cima `3` `4`

De baixo `4` `3`

De frente `5` `6`

De trás `2` `1`

De um lado (direito) `2`

De outro lado `1` ou `6`

Agora é sua vez. Indique os valores que são vistos nas faces dos dados em cada posição.

a)

De frente ☐

De trás ☐

De cima ☐

De baixo ☐

De um lado (direito) ☐

Do outro lado ☐

b)

De frente ☐ ☐ ☐

De trás ☐ ☐ ☐

De cima ☐ ☐ ☐

De baixo ☐ ☐ ☐

De um lado (direito) ☐

Do outro lado ☐ ou ☐

Mais atividades

1 Os desenhos que aparecem no quadro são de figuras geométricas estudadas nesta Unidade.

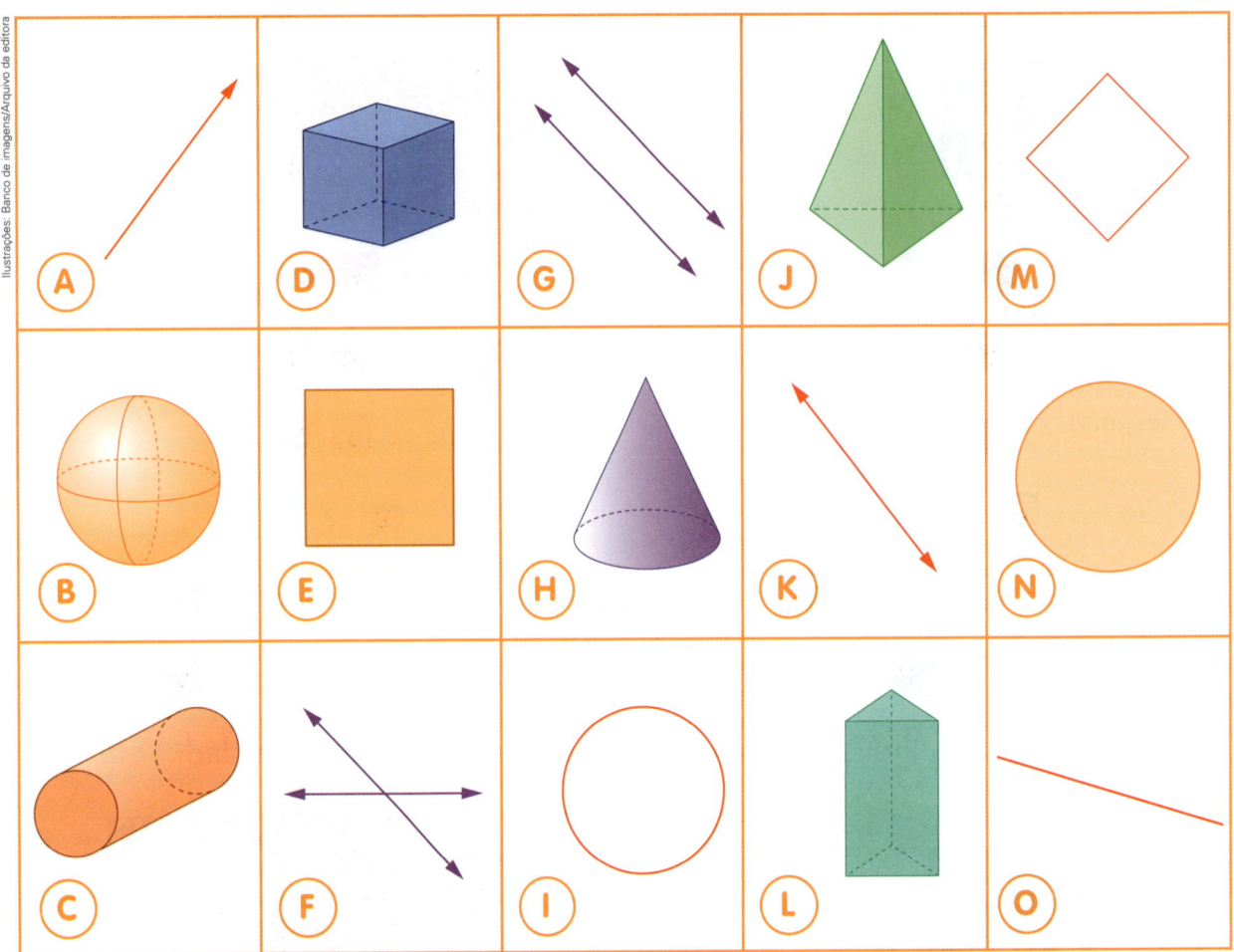

Relacione cada figura geométrica com um dos nomes citados escrevendo a letra correspondente.

- Cubo: _____.

- Região quadrada: _____.

- Quadrado: _____.

- Esfera: _____.

- Região circular (círculo): _____.

- Circunferência: _____.

- Cone: _____.

- Cilindro: _____.

- Prisma de base triangular: _____.

- Pirâmide de base triangular:

  _____.

- Reta: _____.

- Semirreta: _____.

- Segmento de reta: _____.

- Retas paralelas: _____.

- Retas concorrentes: _____.

② REGIÕES PLANAS, CONTORNOS E SINAIS DE TRÂNSITO

Para a segurança de todos, é importante conhecer e respeitar os sinais de trânsito.

Nos anos anteriores, você já viu que alguns sinais de trânsito aparecem em placas que lembram regiões planas e contornos conhecidos. Veja alguns deles.

As imagens não estão representadas em proporção.

Complete o quadro abaixo. Para cada placa, você vai escrever o nome do contorno que ela lembra e o significado dela de acordo com o Código de Trânsito Brasileiro, como na primeira linha.

Placa	Nome do contorno	Significado
A	Circunferência.	Siga em frente.
B		
C		
D		
E		
F		
G		
H		
I		

3 Marina usou 4 cubos coloridos e fez a construção ao lado. Assinale as figuras que podem ser uma vista de cima dessa construção.

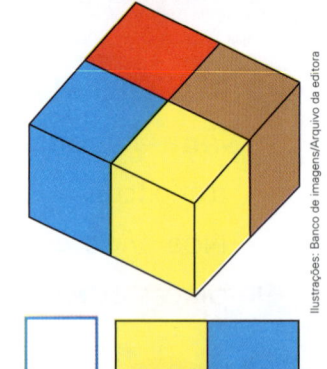

4 Qual é a medida do perímetro de cada contorno, em palmos?

a)

b)

Perímetro é a medida do comprimento de um contorno.

_____ palmos.   _____ palmos.

5 Quantas regiões quadradas do tamanho deste cabem em cada região plana abaixo?

Área de uma região plana é a medida de sua superfície.

a) 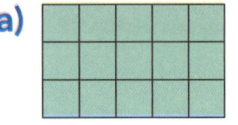 _____

b)  _____

6 Mário utilizou tijolos, como este desenhado ao lado, para construir blocos. Observe a medida das 3 dimensões do tijolo e escreva a medida das 3 dimensões de cada bloco.

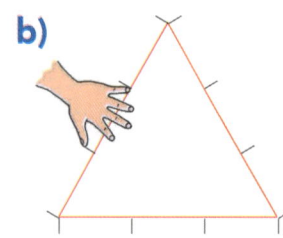

20 cm
10 cm   5 cm

a)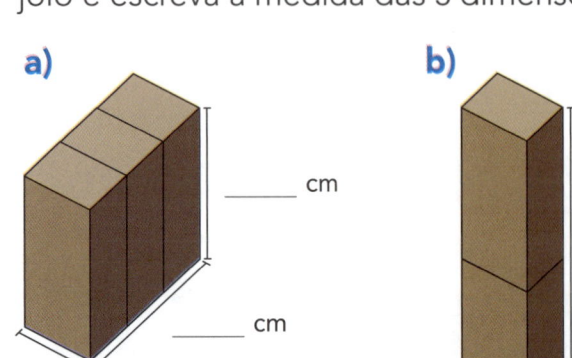
_____ cm
_____ cm
_____ cm

b)
_____ cm
_____ cm   _____ cm

c)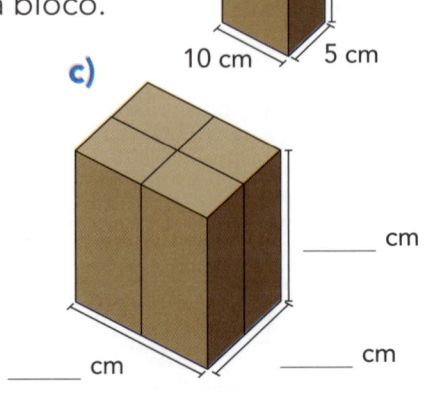
_____ cm
_____ cm   _____ cm

7 REPRODUÇÃO, REDUÇÃO E AMPLIAÇÃO DE FIGURAS

a) Inicialmente, reproduza em papel quadriculado estas 4 figuras.

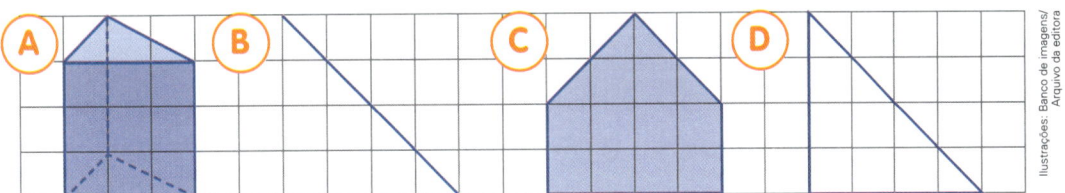

b) Agora, faça os desenhos das ampliações e reduções indicadas a seguir no mesmo papel quadriculado.

- Amplie o desenho da figura **A**, dobrando o comprimento das arestas.

- Reduza a figura **B**, considerando $\dfrac{3}{4}$ de seu comprimento.

- Amplie a figura **C**, considerando 1 vez e meia o comprimento dos lados.

- Reduza a figura **D**, considerando $\dfrac{1}{2}$ de todos os comprimentos.

8 Veja os desenhos que Marina fez.

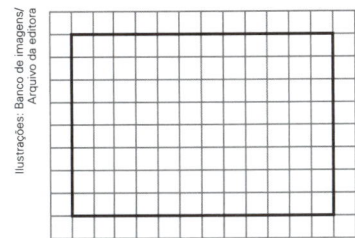

Figura original.

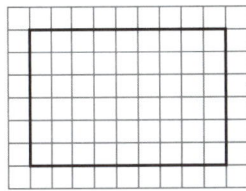

Figura obtida a partir da original.

a) Marina reproduziu, ampliou ou reduziu a figura original? _____

b) Os comprimentos na figura obtida correspondem ao dobro, à metade, a $\dfrac{2}{3}$, a $\dfrac{3}{4}$ ou ao triplo dos comprimentos da figura original? _____

CHI, A LIÇÃO DE BOTÂNICA!! DEIXEI A LIÇÃO DE BOTÂNICA EM CIMA DA MESA DA SALA!!

AH, NÃO! EU TROUXE, QUE SUSTO!

AI, O COMPASSO!! HOJE É DIA DE GEOMETRIA E EU NÃO TROUXE O COMPASSO!

POR QUE JUSTO EU TENHO QUE SER COMO EU SOU?

Quino. **Toda Mafalda**. São Paulo: Martins Fontes, 1991. p. 300.

❾ LOCALIZAÇÃO NO PLANO USANDO PARES ORDENADOS

Vamos localizar desenhos de figuras geométricas em um plano utilizando **pares ordenados** de números, como $(3, 1)$, $(1, 6)$ e outros.

Inicialmente, entenda o código do deslocamento representado pelo par ordenado.

> Ponto de partida: sempre no **0** (zero).
>
> ○ **primeiro número** do par ordenado indica quanto **deslocar para a direita**.
>
> ○ **segundo número** do par ordenado indica quanto **deslocar para cima**.

Analise os exemplos dados por Melissa e Antônio. Depois, complete o quadro com o nome da figura geométrica ou com o par ordenado.

Com o par ordenado $(3, 1)$ localizo o desenho do paralelepípedo: parto de 0, ando 3 quadrinhos para a direita e depois 1 para cima.

Para chegar ao desenho da circunferência, uso o par ordenado $(1, 6)$, pois devo partir de 0, andar 1 quadrinho para a direita e depois 6 para cima.

Ilustrações: Estúdio Félix Reiners/Arquivo da editora

Par ordenado	Nome da figura
$(3, 1)$	Paralelepípedo
$(1, 6)$	Circunferência
$(4, 5)$	
	Quadrado
$(7, 2)$	
	Região triangular
$(2, 7)$	
$(6, 6)$	
	Esfera
$(4, 2)$	
$(6, 3)$	
	Círculo
$(1, 3)$	
	Cone

Segundo número

Banco de imagens/Arquivo da editora

Primeiro número

10 DESLOCAMENTOS NO PLANO

a) Em cada plano, marque os pontos indicados pelos pares ordenados.

| A(1, 3)   B(3, 3) | C(2, 4)   D(2, 1) | E(3, 2)   F(3, 4) | G(4, 1)   H(1, 1) |

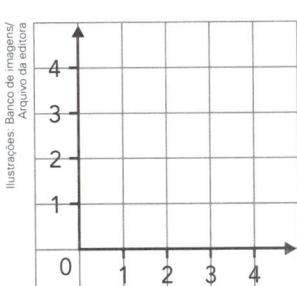 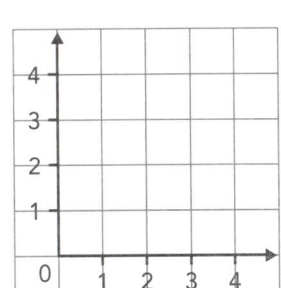 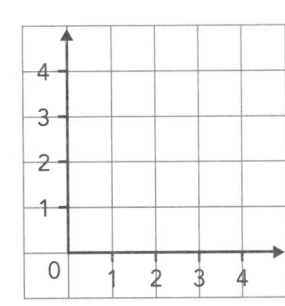 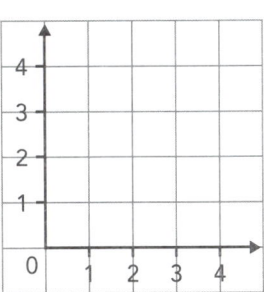

Agora, indique quantas unidades tem o deslocamento mais curto de um ponto para o outro e complete com os termos **cima**, **baixo**, **a direita** e **a esquerda** para indicar a direção do deslocamento.

Para ir do ponto **A** até o **B**, devo "andar" _____ unidades para _____.

Para ir do ponto **C** até o **D**, devo "andar" _____ unidades para _____.

Para ir do ponto **E** até o **F**, devo "andar" _____ unidades para _____.

Para ir do ponto **G** até o **H**, devo "andar" _____ unidades para _____.

b) Observe o ponto **I** no plano abaixo. Para ir do ponto **I** até o **J** devo "andar" 1 unidade para cima. Marque o ponto **J** e indique os pares ordenados dos pontos **I** e **J**.

c) Marque o ponto K(1, 4). Partindo do ponto **K**, "ande" 3 unidades para a direita e depois "ande" 2 unidades para baixo. Marque o ponto **L**.

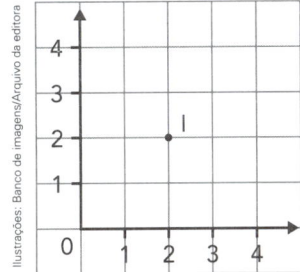 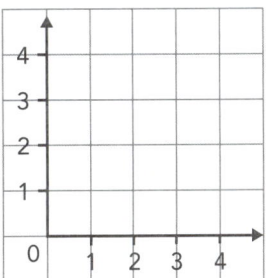

Agora, complete o par ordena-

I(____, ____) e J(____, ____)   do: L(____, ____)

Vamos ver de novo?

1 Escreva o número correspondente a cada item.

a) 1 unidade a menos do que 10 000 000. _____

b) O sucessor de dois mil e dezenove. _____

c) Segundo a Organização das Nações Unidas (ONU), a população estimada do continente asiático em 2019 era aproximadamente quatro bilhões, seiscentos e um milhões e trezentos e setenta e um mil. _____

2 Complete o quadro com estas 4 regiões planas: ▪, ●, ▲ e ⬠. Mas há uma condição: elas só podem aparecer 1 vez em cada linha, coluna ou diagonal do quadro.

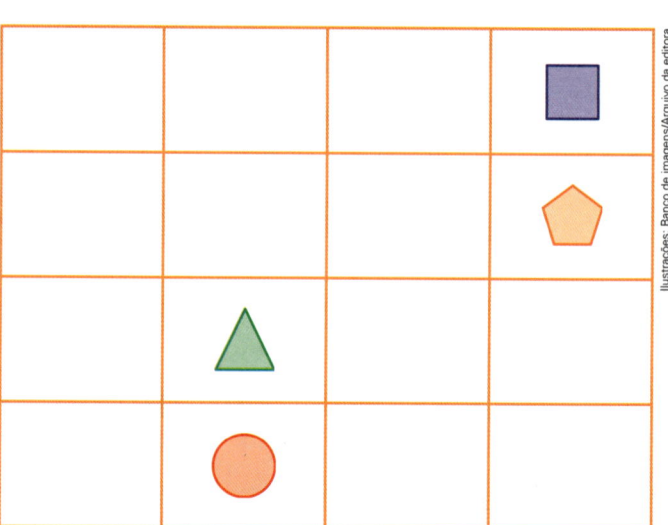

Ilustrações: Banco de imagens/Arquivo da editora

3 Na fila de um cinema havia 12 pessoas e Nara era a 8ª da fila. Em 5 minutos foram atendidas as 4 primeiras pessoas da fila, a 6ª pessoa saiu da fila e entraram mais 3 pessoas no final da fila.

a) Use objetos ou faça desenhos para representar essa situação.

b) Em que posição da fila Nara ficou? _____

c) Complete: A fila ficou com _____ pessoas.

O que estudamos

Retomamos o estudo dos sólidos geométricos e, entre eles, destacamos os poliedros e os corpos redondos.

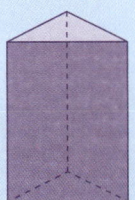

Poliedro.

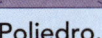

Corpo redondo.

Ilustrações: Banco de imagens/Arquivo da editora

Entre os poliedros, demos destaque aos prismas e às pirâmides.

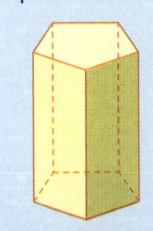

Prisma de base pentagonal.

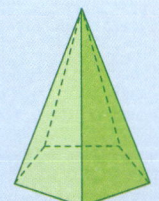

Pirâmide de base pentagonal.

Ilustrações: Banco de imagens/Arquivo da editora

Conhecemos a relação de Euler, que se verifica em poliedros como os prismas e as pirâmides: a soma do número de vértices com o número de faces é igual à soma do número de arestas com 2.

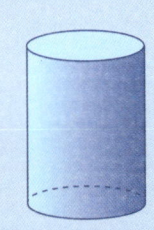

Prisma.

6 vértices
5 faces
9 arestas

$6 + 5 = 9 + 2$
$11 \qquad 11$

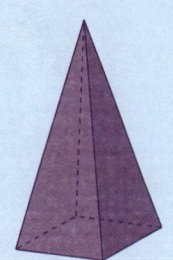

Pirâmide.

5 vértices
5 faces
8 arestas

$5 + 5 = 8 + 2$
$10 \qquad 10$

Ilustrações: Banco de imagens/Arquivo da editora

Retomamos e ampliamos o estudo das regiões planas e de seus contornos, dando destaque às regiões poligonais e aos polígonos.

Região quadrada.

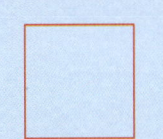

Contorno da região quadrada: quadrado.

Ilustrações: Banco de imagens/Arquivo da editora

Retomamos o estudo da figura geométrica chamada segmento de reta e também conhecemos as figuras geométricas reta e semirreta.

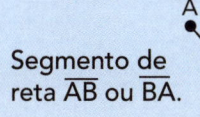

Segmento de reta $\overline{AB}$ ou $\overline{BA}$.

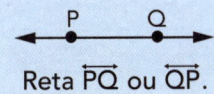

Reta $\overleftrightarrow{PQ}$ ou $\overleftrightarrow{QP}$.

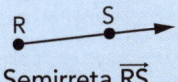

Semirreta $\overrightarrow{RS}$.

Ilustrações: Banco de imagens/Arquivo da editora

- Você teve dúvidas em algum assunto desta Unidade?
- Suas dúvidas eram iguais às de algum colega? Não precisa ter vergonha! Pergunte para o professor até o assunto ficar esclarecido.

3

Adição e subtração com números naturais

MEDALHAS DO BRASIL

Evento / Medalha	Jogos Olímpicos Rio 2016	Jogos Paralímpicos Rio 2016
Ouro	7	14
Prata	6	
Bronze	6	29
Total		72

Fonte de consulta: **Rede nacional do esporte**. Disponível em: <www.rededoesporte.gov.br/>. Acesso em: 13 jan. 2020.

- O que você vê nesta cena?
- Quais modalidades esportivas estão retratadas nos cartazes desta cena?
- Você já assistiu a algum evento esportivo? O que achou da experiência? Conte para os colegas.

Para iniciar

Observe que estão faltando 2 números na tabela da abertura da Unidade. Para descobri-los precisamos efetuar as operações de **adição** e de **subtração**. Nesta Unidade vamos retomar e aprofundar o estudo dessas operações.

- Analise a cena das páginas de abertura desta Unidade. Converse com os colegas e respondam às questões a seguir.

> Quantas medalhas o Brasil ganhou nos Jogos Olímpicos Rio 2016?

> Em qual dos 2 eventos o Brasil ganhou mais medalhas? Quantas a mais do que no outro?

> Quantas medalhas de prata o Brasil ganhou nos Jogos Paralímpicos Rio 2016?

> Ao todo, quantas medalhas o Brasil ganhou nos 2 eventos?

- Converse com os colegas sobre mais estas questões.

a) Em que situações do dia a dia você usa a adição? E a subtração? Cite 2 exemplos para cada caso.

b) Se você comprar esta bola e este jogo e pagar com a nota abaixo, então quantos reais vai receber de troco?

As imagens não estão representadas em proporção.

R$ 18,00

R$ 12,00

Bola.

Jogo de xadrez.

c) Qual é a soma de 60 e 20?

d) Qual é a diferença entre 60 e 20?

Adição: algoritmos e vocabulário

1 A distância entre Porto Alegre e São Paulo mede cerca de 1 109 quilômetros. Já a distância entre São Paulo e Fortaleza mede cerca de 3 127 quilômetros. Qual é a medida da distância entre Porto Alegre e Fortaleza passando por São Paulo?

Distância entre Porto Alegre, São Paulo e Fortaleza

Adaptado de: IBGE. **Atlas geográfico escolar**. 8. ed. Rio de Janeiro: IBGE, 2018.

Compreender

Você sabe a medida das distâncias entre Porto Alegre e São Paulo e entre São Paulo e Fortaleza. Você precisa descobrir a medida da distância entre Porto Alegre e Fortaleza passando por São Paulo.

Planejar

Nesse percurso, São Paulo está entre Porto Alegre e Fortaleza. Uma das ideias da adição é juntar. Então, devemos efetuar uma adição.

$$1 109 + 3 127$$

Executar

Efetuamos a adição pelo algoritmo usual. Observe e complete.

UM	C	D	U
1	1	0	9
+ 3	1	2	7
4	2	3	6

9 + 7 = 16
16 unidades ou
1 dezena e
6 unidades

Algoritmo usual simplificado

```
  1   1   0   9  ← parcela
+ 3   1   2   7  ← parcela
___ ___ ___ ___  ← soma ou total
```

Verificar

Para verificar se está correto, podemos efetuar a mesma adição usando o algoritmo da decomposição.

$$1000 + 100 + 0 + 9$$
$$+ 3000 + 100 + 20 + 7$$
$$\underline{} + \underline{} + \underline{} + \underline{} = \underline{}$$

Responder

Complete: A distância entre Porto Alegre e Fortaleza passando por São Paulo mede cerca de _____ quilômetros.

2 Efetue as operações pelo algoritmo usual.

a) 233 + 167 = _____

c) 28 695 + 17 538 = _____

b) 149 + 7 826 = _____

d) 9 754 + 676 = _____

3 Responda de acordo com a atividade anterior.

a) Qual é o nome da operação efetuada em todos os itens? Como se chamam os resultados obtidos?

_____

b) Qual é o resultado no item **d**? _____

c) No item **b**, o número 149 se chama parcela ou soma? _____

d) Escreva em ordem crescente os resultados obtidos nos 4 itens.

_____, _____, _____, _____.

4 **CÁLCULO MENTAL**

Descubra mentalmente o resultado destas adições. Depois, confira, trocando ideias com os colegas.

a) 800 + 100 = _____

i) 5 000 + 1 281 = _____

b) 600 000 + 100 000 = _____

j) 60 + 20 = _____

c) 70 + 50 = _____

k) 3 000 + 4 000 = _____

d) 200 + 1 000 = _____

l) 5 000 + 9 000 = _____

e) 70 000 + 8 000 = _____

m) 500 + 20 = _____

f) 998 + 3 = _____

n) 40 + 27 = _____

g) 5 + 1 005 = _____

o) 235 + 3 000 = _____

h) 374 200 + 1 300 = _____

p) 75 + 300 = _____

5 DESLOCAMENTO E LOCALIZAÇÃO

Vamos descobrir qual das 3 casas é a de Lulu? Para isso, saia do 9 e passe de um número para o seguinte sempre adicionando 3, até chegar à casa de Lulu. Pinte o caminho e, depois, escreva a cor da casa de Lulu.

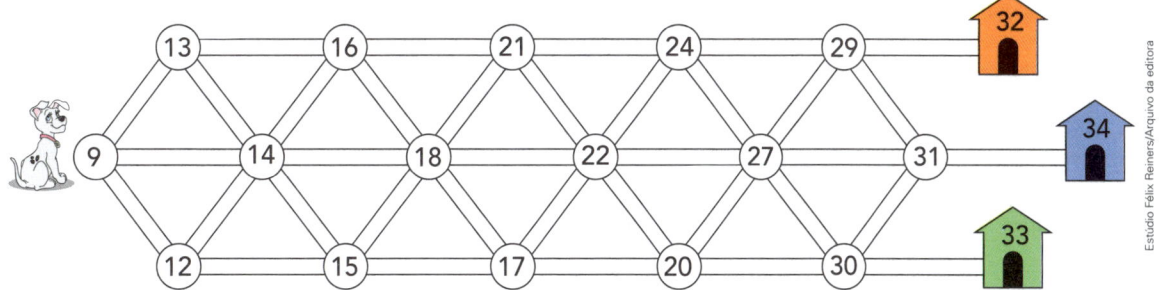

Cor da casa de Lulu: _____

6 POSSIBILIDADES

Pelo Código de Trânsito Brasileiro, quando um motorista é multado, ele recebe uma quantidade de pontos de acordo com a infração cometida. Veja no gráfico.

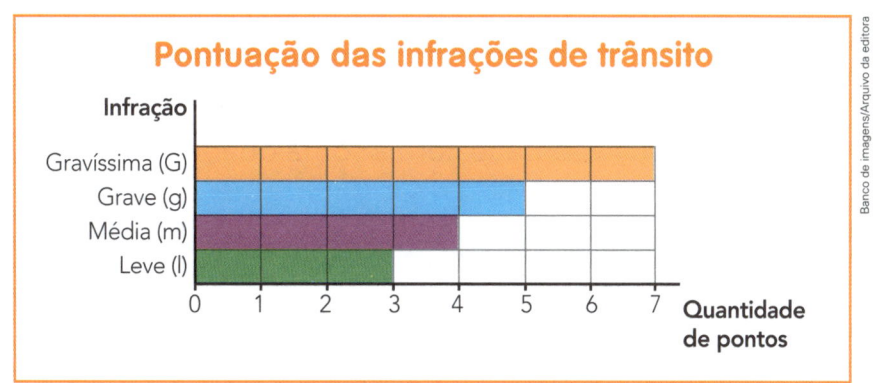

Fonte de consulta: PALÁCIO DO PLANALTO. **Casa Civil**. Disponível em: <www.planalto.gov.br/ccivil_03/leis/l9503.htm>. Acesso em: 7 ago. 2019.

O motorista perde o direito de dirigir se, no período de 1 ano, acumular 20 pontos ou mais. Faça um levantamento das seguintes situações.

a) Todas as possibilidades de um motorista cometer 2 infrações. Em cada possibilidade, calcule o total de pontos correspondente. Veja algumas: IG (10 pontos), mm (8 pontos).

_____

_____

b) Uma situação em que o motorista acumule 20 pontos em 4 infrações.

_____

Propriedades da adição e aplicações

1 Marcelo e Regina receberam suas mesadas. Calcule a quantia que cada um deles recebeu e registre.

Marcelo

Regina

Reprodução/Casa da Moeda do Brasil/ Ministério da Fazenda

Total: _____ + _____ = _____   Total: _____ + _____ = _____

2 Efetue e analise o par de adições de cada item. Veja se acontece com elas o mesmo que na atividade anterior.

a) $3 + 4 =$ _____

$4 + 3 =$ _____

b) $800 + 40 =$ _____

$40 + 800 =$ _____

c) $35 + 27 =$ _____

$27 + 35 =$ _____

d) $1\,273 + 59 =$ _____

$59 + 1\,273 =$ _____

3 Agora, responda: O que acontece com a soma quando mudamos a ordem das parcelas? _____

> Dizemos que a adição possui a **propriedade comutativa**.
> Isso significa que, em uma adição, a mudança na ordem das parcelas não altera a soma.

A palavra **comutativa** vem do verbo **comutar**, que significa 'trocar'.

4 Leia e complete.

Se $28\,493 + 6\,775 = 35\,268$, então $6\,775 + 28\,493 =$ _____.

5 Veja como Rafaela usou a propriedade comutativa da adição para calcular mentalmente o valor de $3 + 748$.
Depois, calcule mentalmente.

Estúdio Felix Reiners/Arquivo da editora

> Como 3 mais 748 é igual a 748 mais 3, eu falo: 749, 750, 751. Logo, 3 mais 748 é igual a 751.

a) $2 + 6788 =$ _____   **b)** $4 + 768 =$ _____   **c)** $3 + 19999 =$ _____

6 Invente 3 adições para cada item, registre-as e resolva-as.

a) Com o 0 (zero) na primeira parcela. _____

b) Com o 0 (zero) na segunda parcela. _____

7 **ATIVIDADE ORAL EM GRUPO** Converse com os colegas sobre as adições que vocês inventaram na atividade anterior. Façam o mesmo com outras adições de 2 parcelas e respondam: O que acontece com a soma quando o 0 (zero) é uma das parcelas? Registrem a resposta. _____

8 Complete.

> Em uma adição com 2 parcelas, se uma delas é 0 (zero), então o resultado é _____.
> Por isso dizemos que a adição possui **um elemento neutro** e que o **0 (zero)** é o **elemento neutro da adição**.

9 **CÁLCULO MENTAL**

Calcule mentalmente e registre.

a) 0 + 1 345 = _____   **b)** 12 187 + 0 = _____   **c)** 365 + 0 = _____

10 **TABELA DE ADIÇÕES**

a) Complete o quadro de adições. Depois, pinte com a mesma cor os quadrinhos simétricos em relação ao eixo tracejado.

b) Como são os resultados situados em quadrinhos simétricos? Por que isso acontece?

_____

_____

c) Quais os números que aparecem na linha e na coluna do 0 (zero)? Por que isso acontece?

_____

_____

_____

Quadro de adições

	0	10	200	3 000
0	0		200	
10				
200		210		
3 000			3 200	

Vamos efetuar adições com mais de 2 parcelas?

André e Rita têm as quantias abaixo. Calcule a quantia de cada um deles seguindo o roteiro indicado.

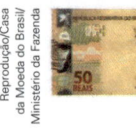     

André: $(50 + 10) +$ _____

_____

R$ _____

Rita: _____ $+ (10 + 5)$

_____

R$ _____

11 Efetue as adições, começando pela que está entre parênteses.

a) $(3 + 5) + 2$

_____

$3 + (5 + 2)$

_____

b) $(317 + 3) + 25$

_____

$317 + (3 + 25)$

_____

c) $20 + (40 + 60)$

_____

$(20 + 40) + 60$

_____

d) $9 + (1 + 7)$

_____

$(9 + 1) + 7$

_____

12 Faça o mesmo com outras adições e responda: O que acontece com a soma, na adição com mais de 2 parcelas, quando agrupamos as parcelas de maneiras diferentes? _____

13 Agora, complete.

> Em uma adição com 3 ou mais parcelas, podemos agrupar as parcelas de maneiras diferentes e a soma _____
> _____.
>
> Por isso dizemos que a adição possui a **propriedade associativa**.

14 Efetue 50 + 30 + 20 agrupando as parcelas de 3 maneiras diferentes.

15 Em algumas adições com mais de 2 parcelas, podemos agrupar as parcelas de maneira conveniente, aplicar a propriedade associativa e efetuar o cálculo mentalmente. Veja os exemplos.

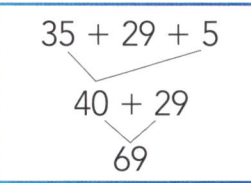

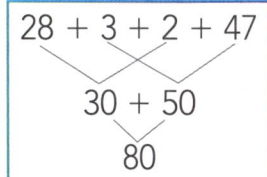

Agrupe de maneira conveniente e efetue mentalmente as adições.

a) 10 + 15 + 5 + 20 = _____

b) 13 + 7 + 11 + 9 = _____

c) 16 + 15 + 4 + 5 = _____

d) 185 + 78 + 15 = _____

e) 29 + 33 + 7 = _____

f) 12 + 35 + 8 + 5 = _____

16 Em uma biblioteca escolar há 47 livros de Matemática, 62 de História, 53 de Geografia e 108 de outros assuntos.

Qual é o total de livros? Calcule mentalmente usando a propriedade associativa e, depois, calcule empregando o algoritmo usual. _____

17 DESAFIO

Complete com >, < ou =. Atenção: nem sempre é necessário efetuar as operações indicadas.

a) 386 + 77 _____ 77 + 386

b) 4 129 + 18 _____ 4 129 + 20

c) 0 + 518 _____ 518

d) $(873 + 94) + 86$ _____ $873 + (94 + 86)$

e) 6 000 + 328 _____ 2 167 + 2 394

f) 247 + 362 _____ 425 + 175

Subtração: algoritmos e vocabulário

1 Carlos tinha R$ 3596,00 na poupança e tirou R$ 1378,00 para comprar um *tablet*.
Quantos reais restaram na poupança de Carlos?

Tablet.

Compreender

Você sabe que Carlos tinha R$ 3596,00 na poupança e tirou R$ 1378,00. Quer saber quantos reais ficaram na poupança.

Planejar

Uma das ideias da subtração é tirar uma quantidade de outra. Assim, para saber quantos reais ficaram na poupança basta efetuar a subtração 3596 − 1378, ou seja, tirar 1378 dos 3596.

Executar

Efetuamos a subtração.

UM	C	D	U
3	5	$\overset{8}{\cancel{9}}$	$^{1}6$
− 1	3	7	8

→

Como não podemos tirar 8 unidades de 6 unidades, trocamos 1 dezena por 10 unidades, ficando com 8 dezenas e 16 unidades. Depois, subtraímos as unidades, as dezenas, as centenas e as unidades de milhar.

UM	C	D	U
3	5	$\overset{8}{\cancel{9}}$	$^{1}6$
− 1	3	7	8
2	2	1	8

Complete o algoritmo usual simplificado.

Algoritmo usual simplificado

```
    3   5   9   6   ← minuendo
  − 1   3   7   8   ← subtraendo
  ___ ___ ___ ___
                    ← diferença ou resto
```

Verificar

Para "tirar a prova" da subtração, adicionamos a diferença e o subtraendo. Se o resultado for o minuendo, então a operação está correta. Verifique ao lado.

$$\begin{array}{r} \underline{} \\ + \underline{} \\ \underline{} \end{array}$$

Responder

Escreva a resposta do problema.

2 Efetue as operações pelo algoritmo usual.

a) 23 849 − 1 643 = _____

c) 46 312 − 28 106 = _____

b) 8 509 − 741 = _____

d) 23 400 − 736 = _____

3 Observe a atividade anterior e responda.

a) Como se chama a operação efetuada em todos os itens? Como se chamam os resultados obtidos? _____

b) Qual é o resultado no item **b**? _____

c) No item **a**, o número 1 643 é o subtraendo ou o minuendo? _____

d) Qual é o minuendo no item **b**? _____

e) Qual é a diferença no item **c**? _____

f) Escreva em ordem decrescente os resultados obtidos nos 4 itens.

_____

4 Você já viu esta propriedade da igualdade que envolve subtrações e também adições.

Leia com atenção e depois complete as operações para constatar a propriedade.

> Quando somamos ou subtraímos um número a um dos membros ("lados") de uma igualdade, para continuar a ter uma igualdade, devemos efetuar a mesma operação no outro membro.

a) $500 + 200 = 700$

$\left(500 + 200\right) - 50 =$ _____ − _____

_____

b) $45 - 10 = 31 +$ _____

$\left(45 - 10\right) + 2 = \left(31 +\right.$ _____ $\left.\right) +$ _____

_____

5 Quando o minuendo e o subtraendo são números iguais, qual é a diferença entre eles? _____

6 **UMA IDEIA GENIAL PARA ALGUMAS SUBTRAÇÕES**

Analise os exemplos com atenção.

$3000 - 1742$	$1002 - 658$
Tirando o mesmo valor (1) do minuendo e também do subtraendo, a diferença não muda.	Tirando 3 de 1002 e tirando 3 de 658, fazemos:

Fazemos:

$$
\begin{array}{r}
2999 \leftarrow 3000 - 1 \\
- 1741 \leftarrow 1742 - 1 \\
\hline
1258
\end{array}
$$

$$
\begin{array}{r}
999 \leftarrow 1002 - 3 \\
- 655 \leftarrow 658 - 3 \\
\hline
344
\end{array}
$$

Logo: $3000 - 1742 = 1258$ Logo: $1002 - 658 = 344$

Efetue mais estas subtrações usando o algoritmo mostrado nos exemplos acima. No item **c**, efetue também empregando o algoritmo usual.

a) $40000 - 7258 =$ _____

c) $903 - 276 =$ _____

b) $6001 - 2493 =$ _____

7 João comprou um terreno por R$ 12500,00. Depois de certo tempo, ele vendeu esse terreno por R$ 9730,00.

Ele teve lucro ou prejuízo? De quanto? _____

8 CÁLCULO MENTAL

Calcule mentalmente e anote os resultados.

a) 700 − 100 = _____

b) 4 000 − 3 000 = _____

c) 9 000 000 − 5 000 000 = _____

d) 60 000 − 20 000 = _____

e) 100 − 20 = _____

f) 3 000 − 400 = _____

g) 2 000 − 50 = _____

h) 7 000 − 100 = _____

i) 195 − 100 = _____

j) 3 426 − 10 = _____

k) 1 237 − 3 = _____

l) 77 − 20 = _____

9 CÁLCULO MENTAL

Calcule mentalmente como Darlene fez.
Depois, complete cada item e indique a
subtração como no item **a**.

De 198 para
202 faltam 4.
Faço 202 menos 198 pensando
na reta numerada e falo 199,
200, 201, 202.

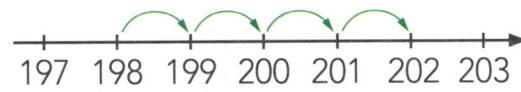

a) De 376 para 379 faltam _____ . $(379 − 376 = $ _____ $)$

b) De 498 para 502 faltam _____ . $($ _____ $)$

c) De R$ 2 993,00 para R$ 3 000,00 faltam _____ . $($ _____ $)$

d) De 707 para 711 faltam _____ . $($ _____ $)$

10 PROBLEMAS

Faça os cálculos mentalmente e complete.

a) Rui tinha R$ 346,00 e gastou R$ 46,00. Agora ele tem R$ _____ .

b) Paula tinha R$ 78,00 e ganhou R$ 30,00. Agora ela tem R$ _____ .

c) Aldo comprou uma lavadora por R$ 990,00 e pagou com R$ 1 000,00. Ele

recebeu R$ _____ de troco.

d) Um comerciante investiu R$ 15 200,00 na compra de brinquedos para a loja
dele. Com a venda de todos os brinquedos, o comerciante arrecadou

R$ 17 200,00. O lucro dele foi de R$ _____ .

Estúdio Félix Reiners/Arquivo da editora

Tecendo saberes

O homem e o espaço

Ilustração artística do Sistema Solar fora de escala e em cores fantasia.

Há pelo menos 5 mil anos, o ser humano passou a olhar para o alto a fim de ligar os pontos luminosos do céu, criando as primeiras constelações. Como essas figuras se repetem a cada noite, em posições sutilmente diferentes, era possível usá-las como referência para se locomover, plantar, construir e até marcar épocas e estações, definindo um calendário. Desde então, povos como chineses, babilônios, maias, gregos, árabes e muitos outros estudaram o céu, observando a Lua, as estrelas e outros objetos luminosos, para tentar entender o funcionamento do mundo em que viviam. A partir daí, o conhecimento sobre o céu foi se acumulando até que esses povos descobriram um jeito de enxergar além do que o olho pode ver.

MUNDO ESTRANHO. **Ciência**. Disponível em: <www.mundoestranho.abril.com.br/ciencia/quando-o-homem-comecou-a-estudar-o-espaco>. Acesso em: 7 ago. 2019.

1 Responda.

a) O texto se refere a quais pontos luminosos?

_____

b) No texto, Lua é escrita com letra maiúscula. Explique por quê.

_____

c) **ATIVIDADE ORAL EM GRUPO** O "conhecimento sobre o céu foi se acumulando até que esses povos descobriram um jeito de enxergar além do que o olho pode ver".
Como o ser humano conseguiu fazer isso? Converse com os colegas.

d) Em sua opinião, por que o ser humano explora o Universo até hoje?

_____

2 Ao longo da história da humanidade, muitas pessoas estudaram o Universo. Conheça Copérnico, astrônomo e matemático polonês.

Nicolau Copérnico (1473-1543). Sugeriu que a Terra girava em torno de si mesma e orbitava ao redor do Sol. Os gregos também já tinham dito isso. Copérnico ganhou o título de Pai da Astronomia Moderna.

Nicolau Copérnico.

O GUIA DOS CURIOSOS. Disponível em: <https://www.guiadoscuriosos.com.br/curiosidades/ciencia-e-saude/universo/os-estudiosos/10-homens-que-estudaram-o-universo/.> Acesso em: 18 jun. 2020

O movimento de rotação da Terra é o giro que o planeta realiza em torno do próprio eixo. Esse movimento tem um período de aproximadamente 24 horas para se completar.

a) Quantos anos Nicolau Copérnico viveu? _____

b) Qual é a relação entre a medida do intervalo de tempo que a Terra leva para dar 1 volta em torno de si mesma e a medida do intervalo de tempo de duração de 1 dia?

_____

c) Pesquise em um dicionário e escreva o significado de **heliocentrismo**.

_____

Adição e subtração: operações inversas

1 Márcio tinha R$ 20,00. Complete.

a) Ao ganhar mais R$ 10,00, Márcio passou a ter R$ _____, pois

_____ + _____ = _____.

b) Se comprar um CD de R$ 10,00, ele ficará com R$ _____, pois

_____ − _____ = _____.

Reprodução/Casa da Moeda do Brasil/Ministério da Fazenda

2 Veja que operações podemos fazer usando apenas os números 300, 400 e 700.

| 300 + 400 = 700 | 400 + 300 = 700 | 700 − 400 = 300 | 700 − 300 = 400 |

Faça o mesmo com os números de cada item.

a) 220, 300 e 520 → _____

b) 1 245, 3 176 e 4 421 → _____

3 **PROBLEMAS**

Resolva e responda.

a) Pensei em um número, adicionei 25 a ele e obtive 81. Em que número pensei?

_____

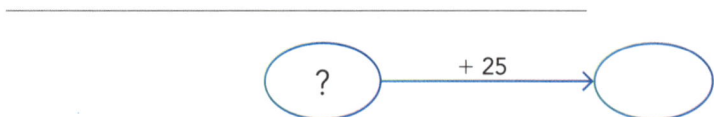

b) Tinha uma quantia, gastei R$ 147,00 e fiquei com R$ 209,00. Que quantia eu tinha? _____

c) Na quitanda de Marta havia 1 200 laranjas no início do dia e 139 laranjas no fim do dia. Quantas laranjas foram vendidas nesse dia?

_____

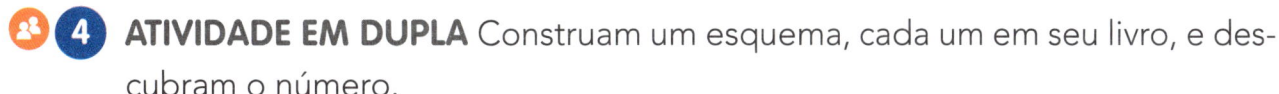

4 **ATIVIDADE EM DUPLA** Construam um esquema, cada um em seu livro, e descubram o número.

Pensei em um número, tirei 28, adicionei 56 e obtive 555. Em que número pensei? _____

5 Descubra os números que faltam.

a)
```
    3 5 4 6
  − _____
    1 8 1 8
```

b)
```
    4 3 9 7
  + _____
    7 1 6 5
```

c)
```
  _____
  − 1 2 0 4 8
    0 0 7 3 5
```

6 **CALCULADORA**

Use uma calculadora e complete com os números que faltam.

a) 728 → + 135 → ◯ → − 207 → ☐ → − 85 → ◯

b) 3 245 → + 1 786 → ◯ → 12 397 → 7 429

7 **CALCULADORA**

Descubra o segredo nos 2 exemplos. Depois, calcule e complete com o número correspondente a cada região pintada.

Use uma calculadora.

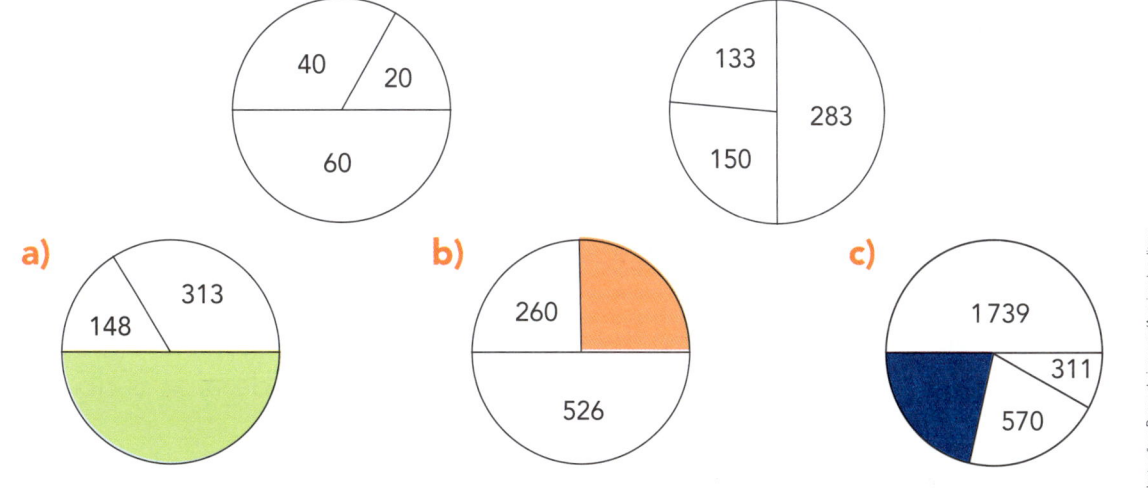

a) _____

b) _____

c) _____

Ilustrações: Banco de imagens/Arquivo da editora

Arredondamento, cálculo mental e resultado aproximado

◀ **As imagens não estão representadas em proporção.**

1 **ATIVIDADE ORAL EM GRUPO** Troque ideias com os colegas e justifiquem a afirmação feita pelo menino. Depois, calculem o valor exato da compra.

R$ 28,00 — Bola.

R$ 347,00 — Bicicleta.

Para comprar a bola e a bicicleta, vou gastar **aproximadamente** 380 reais, pois 30 mais 350 é igual a 380.

2 **CALCULADORA**

Em cada item, faça arredondamentos, encontre o resultado aproximado e pinte o quadrinho correspondente.

Depois, use uma calculadora e descubra o valor exato de cada item.

a)

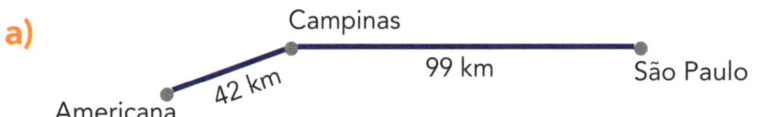

Campinas — 42 km — Americana — 99 km — São Paulo

Medida aproximada da distância entre Americana e São Paulo, passando por Campinas.

| 160 km | 200 km | 140 km | 180 km |

b) Um jornal que tinha 12 973 assinantes fez uma promoção e passou a ter 14 008 assinantes. Número aproximado de novos assinantes.

| 500 | 1 000 | 1 500 | 2 000 |

c) O resultado aproximado da adição cujas parcelas são 78 470 e 101 794.

| 90 000 | 180 000 | 900 000 | 18 000 |

d) Na escola de Marilda há 1 803 alunos. São 997 no período da manhã e o restante no período da tarde. Número aproximado de alunos no período da tarde.

| 800 | 900 | 1 000 | 1 100 |

Mais atividades e problemas

1 No dia do aniversário da cidade, a prefeitura ofereceu à população alguns eventos culturais. Veja quais foram os eventos e o número de pessoas que compareceram a cada um deles.

Concerto de orquestra sinfônica em Belo Horizonte, Minas Gerais. Foto de 2015.

- Concerto de música: 1 390 pessoas.
- Exposição de arte: 1 230 pessoas.
- Sessão de cinema: 175 pessoas.
- Apresentação de teatro: 98 pessoas.

a) Qual foi o número total de pessoas nos 4 eventos? _____

b) Quantas pessoas a mais deveriam ter ido aos eventos para que esse número chegasse a 3 000? _____

c) O concerto de música teve quantas pessoas a mais do que a exposição de arte? _____

d) **ATIVIDADE ORAL EM GRUPO (TODA A TURMA)** Você acha importante eventos culturais como esses? Já participou de algum? Converse com os colegas sobre isso e registre, cada um em seu caderno, as conclusões a que chegaram.

2 No início da semana, Mariana tinha R$ 1 275,00 em sua conta bancária. Durante a semana ela fez uma retirada de R$ 225,00, um depósito de R$ 492,00 e outra retirada de R$ 166,00.
Qual foi seu saldo bancário no final da semana, considerando apenas esse depósito e essas retiradas?

_____

Calcule os resultados e complete as subtrações. Comece sempre pela subtração que está entre parênteses.

$(10 - 6) - 1 =$ _____ $10 - (6 - 1) =$ _____

Analise os resultados obtidos e responda: A propriedade vista para a adição,

na página 86, vale também para a subtração? _____

4 Veja a dúvida de Pedrinho e a resposta da professora.

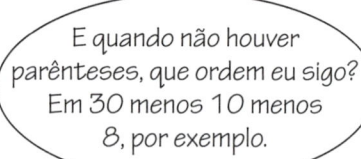 E quando não houver parênteses, que ordem eu sigo? Em 30 menos 10 menos 8, por exemplo.

 Nesse caso, siga a ordem em que as subtrações aparecem. 30 menos 10 é igual a 20, e 20 menos 8 é igual a 12.

Estúdio Félix Reiners/ Arquivo da editora

Agora, calcule e complete as subtrações abaixo. Não se esqueça: comece sempre na subtração que está nos parênteses e, se não houver parênteses, faça as subtrações na ordem em que aparecem.

a) $18 - (7 - 1) =$ _____   **c)** $13 - 8 - 2 =$ _____

b) $(40 - 6) - 1 =$ _____   **d)** $25 - 4 - 10 =$ _____

5 Em um jogo há 12 fichas verdes e 12 fichas amarelas.

11	75	120	85	60	120	109	100	60	25	120	35
100	46	90	35	50	20	35	11	85	65	70	35

a) Descubra como usar 9 fichas verdes diferentes para representar abaixo 3 adições de resultados iguais. Em todas, a 1ª parcela deve ser maior ou igual à 2ª.

☐ + ☐ = ☐   ☐ + ☐ = ☐   ☐ + ☐ = ☐

b) Descubra como usar 9 fichas amarelas diferentes para representar abaixo 3 subtrações de resultados iguais.

☐ − ☐ = ☐   ☐ − ☐ = ☐   ☐ − ☐ = ☐

6 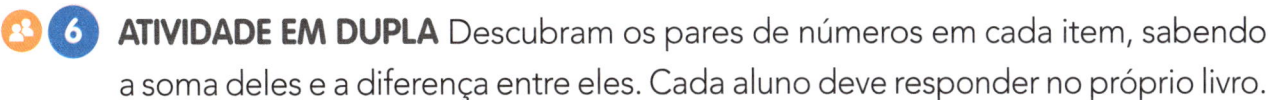 **ATIVIDADE EM DUPLA** Descubram os pares de números em cada item, sabendo a soma deles e a diferença entre eles. Cada aluno deve responder no próprio livro.

a) Soma: 10

Diferença: 4

Números: _____ e _____

b) Soma: 100

Diferença: 12

Números: _____ e _____

7 A soma da idade de Pedro e da idade de seu pai é 70 anos. A diferença entre as idades deles é 30 anos. Descubra e registre a idade de Pedro e a idade de seu pai.

_____

8 **ATENÇÃO NAS COMPRAS!**

Na compra de produtos, em especial os alimentos, devemos estar atentos à data de fabricação, ao prazo de validade e à data de vencimento.

Observe o gráfico com o prazo de validade de alguns produtos.

Considerando esse gráfico, complete a tabela.

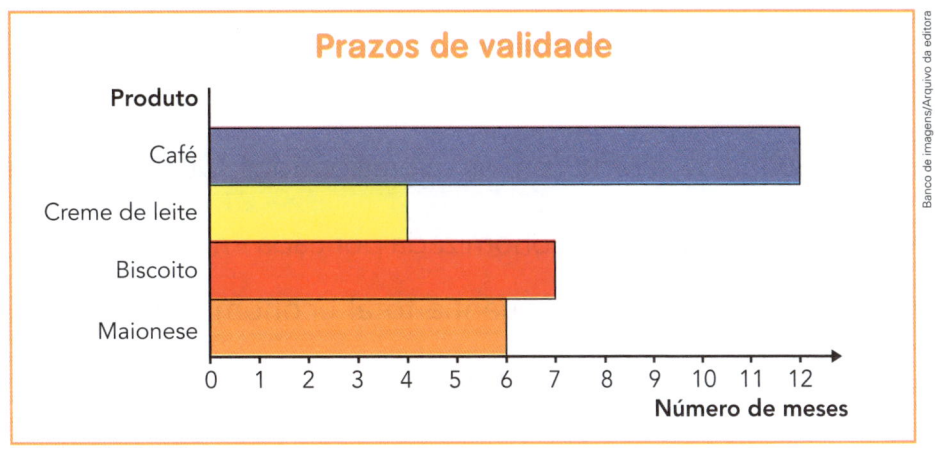

Informações dos alimentos

Produto	Data de fabricação	Data de vencimento
Café	7/9/19	
Creme de leite	25/9/19	
Biscoito		14/8/20
Maionese		18/3/20

Tabela e gráfico elaborados para fins didáticos.

9 Os irmãos Pedro, Mônica e Júlia guardam suas economias em cofrinhos e verificam toda semana o valor obtido. A tabela ao lado mostra quanto eles economizaram, em reais, em 3 semanas.

Valor guardado

Semana / Nome	1ª semana	2ª semana	3ª semana
Pedro	21 reais	45 reais	66 reais
Mônica	42 reais	60 reais	102 reais
Júlia	66 reais	48 reais	51 reais

Tabela elaborada para fins didáticos.

a) Complete as tabelas abaixo: a da esquerda com a economia total de cada irmão nas 3 semanas, e a da direita com o valor que eles economizaram juntos em cada semana.

Economia total em 3 semanas

Pedro	Mônica	Júlia

Tabela elaborada para fins didáticos.

Economia total de Pedro, Mônica e Júlia

1ª semana	2ª semana	3ª semana

Tabela elaborada para fins didáticos.

b) Agora, responda de acordo com os valores obtidos. Qual foi a diferença entre a maior e a menor quantia economizada por cada irmão? _____

c) Qual foi a diferença entre a quantia total economizada na 3ª semana e a quantia total economizada na 2ª semana? _____

d) Com o valor economizado nessas semanas, eles compraram 2 jogos de *videogame*, por R$ 66,00 cada. Quanto sobrou? _____

e) Se eles repartirem igualmente o valor que sobrou, com quanto cada um vai ficar? _____

10 Júlio tem R$ 2 129,00, Márcia tem R$ 3 175,00, André tem R$ 3 279,00 e Rita tem R$ 4 325,00. Juntando os valores de 2 deles e também os valores dos outros 2, obtém-se a mesma quantia. Qual é essa quantia? _____

11 A partir da subtração 352 − 188 = 164, descubra mentalmente o resultado destas operações.

a) 452 − 188 = _____

b) 552 − 388 = _____

c) 352 − 198 = _____

d) 352 − 178 = _____

e) 357 − 188 = _____

f) 352 − 190 = _____

g) 362 − 188 = _____

h) 164 + 188 = _____

i) 354 − 190 = _____

j) 252 − 188 = _____

k) 352 − 164 = _____

l) 322 − 158 = _____

12 CÁLCULO MENTAL

Veja as dicas de Carlos para efetuar mentalmente 375 + 199 e 224 − 98.

Para adicionar 199 eu adiciono 200 e depois tiro 1. Para subtrair 98 eu subtraio 100 e depois adiciono 2.

$$375 + 199 = 375 + \mathbf{200} - \mathbf{1} = 574$$

$$224 - 98 = 224 - \mathbf{100} + \mathbf{2} = 126$$

Faça como Carlos, efetue mentalmente as operações e depois registre.

a) 277 + 198 = _____

b) 330 − 97 = _____

c) 41 − 19 = _____

13 Invente um problema cuja resolução seja feita com uma adição e uma subtração e que tenha o número 200 como resposta. Escreva, resolva e responda.

_____

_____

_____

_____

14 Em uma eleição, estavam inscritos 23 105 eleitores. Concorreram os candidatos **A**, **B**, **C** e **D**. Veja o resultado.

Ilustrações: Estúdio Félix Reiners/ Arquivo da editora

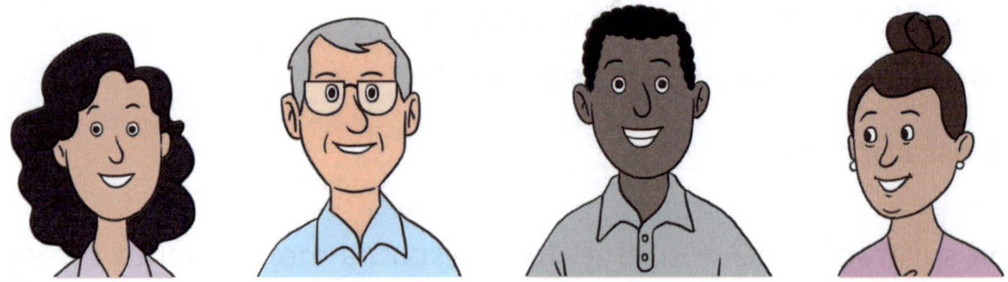

Votos em branco e votos nulos
1 535

A 3 245 votos. **B** 7 370 votos. **C** 6 250 votos. **D** 4 125 votos.

- Responda.

a) Quantos eleitores votaram nessa eleição? ______________

b) Quantos eleitores deixaram de votar? ______________

c) Quantos foram os votos válidos nessa eleição? ______________

d) Qual foi o candidato mais votado? Quantos votos ele teve?

____

e) Qual foi a diferença de votos entre o primeiro e o segundo colocado? ______________________

f) Dos votos válidos, quantos não foram para o candidato vencedor? ______________________

- Agora, complete:

Adicionando o número de votos dos candidatos _____ e _____, temos o número de votos do candidato _____.

15 **ATIVIDADE ORAL**

As imagens não estão representadas em proporção.

a) Você já acompanhou algum adulto no dia de votação de uma eleição? Qual é a importância das eleições?

b) Qual é a diferença entre **voto em branco** e **voto nulo**?

c) Como é a eleição em 2 turnos? Pesquise qual foi a última eleição para presidente do Brasil em que houve 2º turno.

Urna eletrônica.

Fabio Rodrigues Pozzebom/Agência Brasil

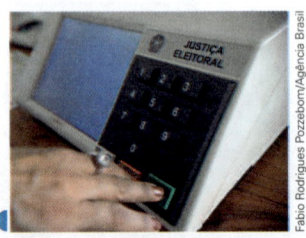

Vamos ver de novo?

1 Considere o número de vértices, o número de faces e o número de arestas dos sólidos geométricos ao lado. Calcule e responda.

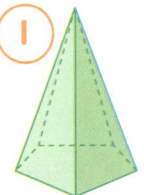 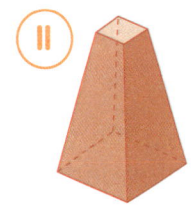 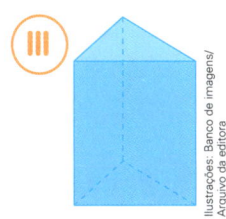

a) Em quais desses sólidos geométricos a diferença entre o número de arestas e o número de faces é 4? _____

b) Em quais deles a soma do número de vértices com o número de arestas é 15?

_____

2 Observe as informações de alguns pontos culminantes do mundo.

Pontos culminantes

Nome	Localização	Medida da altitude
Monte Branco	França e Itália	4 810 m
Everest	China e Nepal	8 848 m
Aconcágua	Argentina	6 960 m
Pico da Neblina	Brasil (serra do Imeri, Amazonas)	2 993 m

Fonte de consulta: SIMIELLI, Maria Elena. **Geoatlas**. 35. ed. São Paulo: Ática, 2019.

Parque Nacional do Pico da Neblina, Amazonas. Foto de 2017.

Escreva o nome desses pontos culminantes em ordem decrescente das medidas da altitude deles.

_____

3 Escreva quantos eixos de simetria tem cada figura.

a)

b)

c)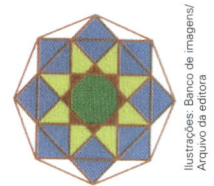

_____ _____ _____

Figuras extraídas de: SHARMAN, Lydia. **The Amazing Book of Shapes** (O surpreendente livro das formas). Londres: Dorling Kindersley, 1994.

4 Marina e sua turma vão ao cinema. Cada sessão dura 2 horas e 10 minutos. Os horários de início das sessões são: 13:00, 15:30, 18:00 e 20:30. Responda:

a) A que horas termina a primeira sessão? _____

b) Qual é o tempo de intervalo entre o final de uma sessão e o início da

seguinte? _____

5 Examine o calendário ao lado e responda.

As imagens não estão representadas em proporção.

Dezembro						
D	**S**	**T**	**Q**	**Q**	**S**	**S**
1	2	3	4	5	6	7
8	9	10	11	12	13	14
15	16	17	18	19	20	21
22	23	24	**25**	26	27	28
29	30	31				

a) Qual é a data da 3ª sexta-feira? _____

b) Qual é o dia da semana do 28º dia do mês?

_____

c) Qual é a data do 2º domingo do mês? _____

d) Das 22 horas do dia 6 até as 11 horas do dia 9 são quantas horas? _____

6 **NÚMEROS E MEDIDA DE TEMPERATURA**

Veja a temperatura que foi registrada em certo dia, em algumas capitais do Brasil, às 10 horas da manhã. Depois, responda às questões.

Salvador (Bahia): 26 °C.

Porto Alegre (Rio Grande do Sul): 12 °C.

São Paulo (São Paulo): 18 °C.

Manaus (Amazonas): 30 °C.

a) Em que cidade foi registrada a temperatura mais alta? _____

b) Qual foi a temperatura mais baixa registrada? Em que cidade?

_____

c) Como ficam as 4 temperaturas em ordem decrescente?

_____

O que estudamos

Retomamos as operações de adição e de subtração: quando usá-las (as ideias delas), os algoritmos e o nome dos termos delas.

$$3146 \leftarrow \text{parcela}$$
$$+\ 8916 \leftarrow \text{parcela}$$
$$\overline{12062} \leftarrow \text{soma ou total}$$

$$2846 \leftarrow \text{minuendo}$$
$$-\ 371 \leftarrow \text{subtraendo}$$
$$\overline{2575} \leftarrow \text{diferença ou resto}$$

Usamos um algoritmo que facilita efetuar as subtrações com minuendo terminado em 00, 01, 02 e 03.

$$5000 - 3784 \qquad 4999$$
$$-\ 1 \big\downarrow \qquad \big\downarrow -1 \qquad -\ 3783$$
$$4999 - 3783 \qquad \overline{1216}$$

Logo, $5000 - 3784 = 1216$.

Exploramos os arredondamentos, o cálculo mental e os resultados aproximados.

- $4973 + 506 \rightarrow$ aproximadamente $5500\ \big(5000 + 500 = 5500\big)$.
- $38944 - 20106 \rightarrow$ aproximadamente $19000\ \big(39000 - 20000 = 19000\big)$.

Verificamos que a adição e a subtração são operações inversas, ou seja, o que uma faz a outra desfaz.

$$40 + 12 = 52 \rightarrow 52 - 12 = 40$$

$$350 - 100 = 250 \rightarrow 250 + 100 = 350$$

Resolvemos problemas que envolvem adição e subtração.

José tinha R$ 1880,00, gastou R$ 745,00 e depois recebeu R$ 329,00. Quanto ele tem agora? R$ 1464,00.

$$1880 \qquad 1135$$
$$-\ 745 \qquad +\ 329$$
$$\overline{1135} \qquad \overline{1464}$$

- Você tem alguma técnica ou maneira especial que o ajuda a estudar?

O importante é estudar da maneira mais agradável e produtiva para você! Pergunte aos colegas como eles estudam. Lembre-se: não existe maneira melhor ou pior. É importante respeitar o jeito de cada um!

4 Multiplicação e divisão com números naturais

Ricardo Chucky/Arquivo da editora

- O que você vê nesta cena?
- O que diferencia as equipes nesta cena?
- Na escola onde você estuda há eventos como este?

Para iniciar

A cena de abertura mostra as equipes do 5º ano que vão participar de um campeonato de basquete masculino. Para saber quantos alunos vão participar, efetuamos uma **multiplicação**.

Do 4º ano vão participar 35 alunos. Para saber quantas equipes serão formadas, efetuamos uma **divisão**.

As operações de multiplicação e de divisão serão estudadas nesta Unidade.

- Analise a cena das páginas de abertura desta Unidade. Converse com os colegas e respondam às questões a seguir.

> Quantas equipes do 5º ano vão participar do campeonato? Quantos alunos haverá em cada equipe? Quantos alunos do 5º ano participarão no total?

> Quantos alunos do 4º ano vão participar do campeonato? Quantas equipes do 4º ano serão?

> O que aconteceria se houvesse 17 alunos para formar as equipes de basquete?

> Se um campeonato de vôlei tivesse 4 equipes do 5º ano, então quantos alunos seriam ao todo?

As imagens não estão representadas em proporção.

- Converse com os colegas sobre mais estas questões.

a) Se você comprar 5 dúzias de ovos, então quantos ovos terá comprado?

b) Há quantas dúzias de laranja em uma caixa com 72 laranjas?

Caixa com 1 dúzia de ovos.

c) Rosana comprou 4 cadernos de mesmo modelo e gastou R$ 28,00 com eles. Quanto ela pagaria por 3 cadernos?

d) Qual é o produto de 60 e 20?

e) Qual é o quociente de 60 por 20?

Cadernos.

Multiplicação com números naturais

As ideias da multiplicação

1 JUNTAR QUANTIDADES IGUAIS

Flávia trabalhou 25 horas por semana durante 12 semanas. Quantas horas ela trabalhou nesse período?

Compreender

Você sabe que Flávia trabalhou 25 horas em cada semana e que são 12 semanas. Quer saber quantas horas ela trabalhou nas 12 semanas.

Planejar

Uma das ideias da multiplicação é juntar quantidades iguais.
Você precisa juntar 12 vezes 25 horas, ou seja, efetuar a multiplicação 12×25.

Executar

Vamos efetuar essa multiplicação de 3 modos. Complete com o que falta em cada um.

1º) **Geometricamente**, com uma folha de papel quadriculado. Construímos uma região retangular com 12 linhas e 25 colunas e decompomos esses números.

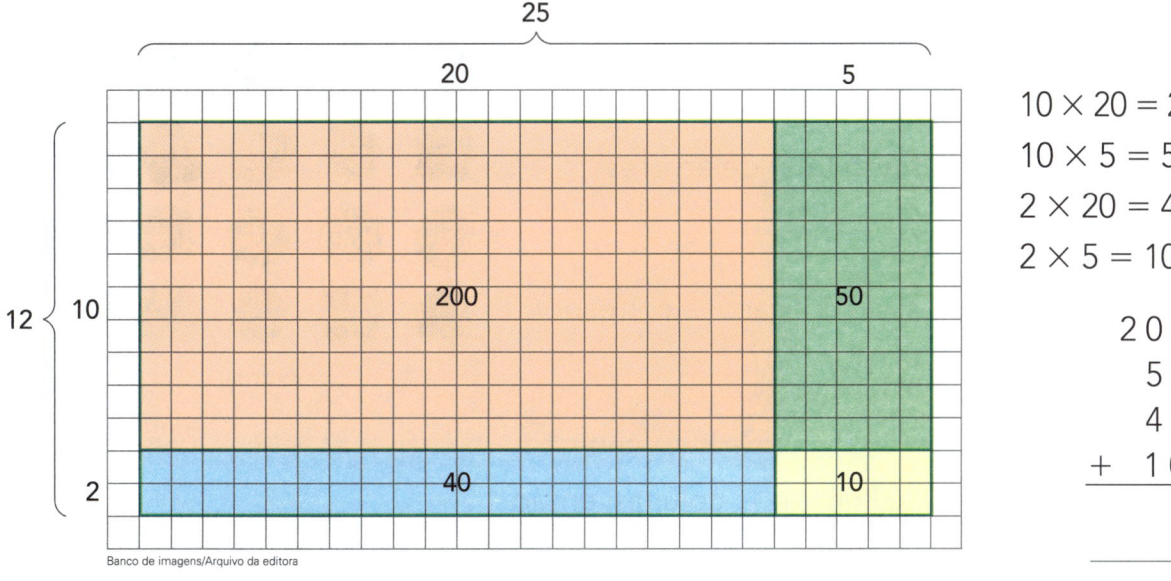

$$10 \times 20 = 200$$
$$10 \times 5 = 50$$
$$2 \times 20 = 40$$
$$2 \times 5 = 10$$

$$\begin{array}{r} 2\,0\,0 \\ 5\,0 \\ 4\,0 \\ +\ \ 1\,0 \\ \hline \end{array}$$

Banco de imagens/Arquivo da editora

2º) **Decompondo** os números 12 e 25.

$$12 \times 25 = (10 + 2) \times (20 + 5) = \underline{\qquad} + \underline{\qquad} + \underline{\qquad} + \underline{\qquad} = \underline{\qquad}$$

3º) **Algoritmo usual**.

Estúdio Félix Reiners/Arquivo da editora

> *Como 12 é igual a 10 mais 2, para efetuar 12 vezes 25 posso fazer 2 vezes 25, que é igual a 50, depois fazer 10 vezes 25, que é igual a 250, e somar 50 e 250.*

D	U	
1		
2	5	← fator
× 1	2	← fator
5	0	
+ 2 5	0	
		← produto

Verificar

Confirme o resultado mudando a ordem dos fatores e efetuando a multiplicação 25×12 pelo algoritmo usual.

Responder

Escreva a resposta: _____

2 DISPOSIÇÃO RETANGULAR

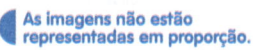
As imagens não estão representadas em proporção.

As árvores de uma plantação estão em disposição retangular com 4 linhas e 5 colunas.

a) Qual é o número total de árvores?

_____

b) Quais são as multiplicações correspondentes a essa situação?

_____

c) E se fossem 12 linhas e 11 colunas, então qual seria o número total de árvores?

_____

yanugkelid/Shutterstock

Árvores.

3 NÚMERO DE POSSIBILIDADES

Uma lanchonete oferece 3 tipos de lanche no pão de fôrma (queijo, frango e patê de berinjela) e 4 tipos de suco de fruta (laranja, uva, morango e acerola).

Michael C. Gray/Shutterstock

Nata-Lia/Shutterstock

Lanche de queijo e suco de laranja.

a) Quantas são as possibilidades de escolha de 1 lanche e 1 suco? _____

b) Complete a tabela para comprovar sua resposta.

As imagens não estão representadas em proporção.

> Posso pensar: para cada tipo de lanche, há 4 tipos de suco $(3 \times 4 = 12)$ ou, para cada tipo de suco, há 3 tipos de lanche $(4 \times 3 = 12)$.

Estúdio Félix Reiners/Arquivo da editora

Possibilidades de escolha

Tipo de lanche \ Tipo de suco	Laranja	Uva	Morango	Acerola
Queijo	Q – L	Q – U	Q – M	
Frango				
Patê de berinjela				

Tabela elaborada para fins didáticos.

c) E se fossem 9 tipos de lanche e 7 tipos de suco, então quantas possibilidades de escolha seriam? _____

4 PROPORCIONALIDADE

Pedro percorreu 160 metros dando 3 voltas na pista. Se ele der 6 voltas nessa pista, então quantos metros ele vai percorrer?

Complete o esquema e responda.

$$\times \underline{\quad} \begin{array}{c} 3 \text{ voltas} \rightarrow 160 \\ 6 \text{ voltas} \rightarrow \ ? \end{array} \times \underline{\quad}$$

Estúdio Félix Reiners/Arquivo da editora

Resposta: _____

Unidade 4

5 O centro do Recife e bairros vizinhos são interligados por 7 pontes.

▶ Centro de Recife, Pernambuco. Foto de 2017.

As pontes 12 de Setembro (também conhecida como ponte Giratória), Maurício de Nassau e Buarque de Macedo ligam o bairro do Recife aos bairros de São José e Santo Antônio. As pontes 6 de Março (também conhecida como ponte Velha), Boa Vista, Duarte Coelho e Princesa Isabel ligam os bairros de São José e Santo Antônio ao bairro da Boa Vista.

Fonte de consulta: Disponível em: <https://visit.recife.br/o-que-fazer/atracoes/pontes>. Acesso em: 22 jan. 2020.

As setas indicam o sentido do trânsito em cada ponte, ou seja, se é mão dupla ou mão única. E, no caso de mão única, em que sentido flui o trânsito.

a) Quantos e quais são os possíveis caminhos para ir do bairro do Recife ao bairro da Boa Vista, passando pelas pontes? _____

_____

_____

_____

b) Quantos e quais são os possíveis caminhos para ir do bairro da Boa Vista até o bairro do Recife? _____

_____

_____

_____

c) Quantas são as possibilidades de ir e voltar do bairro do Recife ao bairro da Boa Vista, passando pelas pontes? _____

_____

Multiplicação: algoritmo, vocabulário, cálculo mental, arredondamento e resultado aproximado

1 Patrícia decidiu decorar a parede de seu banheiro com o mesmo tipo de azulejo em 2 cores diferentes, como mostra a figura ao lado.

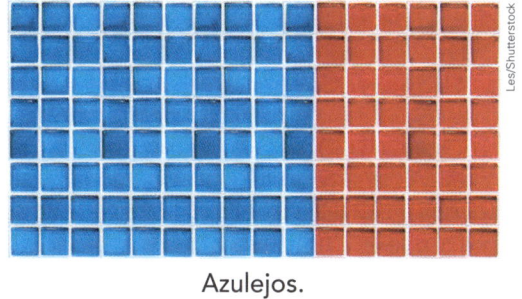

Azulejos.

a) Quantos são os azulejos azuis?

_____

b) Quantos são os azulejos vermelhos?

_____

c) Quantos azulejos há no total? Calcule de 2 maneiras diferentes.

_____

2 Complete a tabela de multiplicações.

Tabela de multiplicações

×	6	7	8	9	10	11
7		49				
8			64			
						99
	60					

Tabela elaborada para fins didáticos.

As imagens não estão representadas em proporção.

3 Calcule mentalmente e responda. Quantos selos estão representados ao lado?

_____

Selos dos Correios.

MAIS CÁLCULO MENTAL

Efetue as multiplicações mentalmente e registre-as.

Depois, confira os resultados com os colegas.

a) $10 \times 7 =$ _____

b) $100 \times 7 =$ _____

c) $1000 \times 7 =$ _____

d) $10000 \times 7 =$ _____

e) $45 \times 10 =$ _____

f) $45 \times 100 =$ _____

g) $45 \times 1000 =$ _____

h) $50 \times 1000 =$ _____

i) $400 \times 10 =$ _____

j) $400 \times 12 =$ _____

k) $30 \times 20 =$ _____

l) $600 \times 40 =$ _____

m) $40 \times 12 =$ _____

n) $80 \times 50 =$ _____

o) $3 \times 600 =$ _____

p) $2000 \times 7 =$ _____

q) $5 \times 400 =$ _____

r) $9 \times 20000 =$ _____

s) $300 \times 300 =$ _____

t) $8 \times 90 =$ _____

u) $80 \times 90 =$ _____

5 Identifique a multiplicação de 2 fatores em cada caso.

a) Os 2 fatores são pares e o produto é 20. _____

b) O 1º fator é o sucessor do 2º e o produto é 56. _____

c) O 2º fator é 6 e o produto é 54. _____

d) Os 2 fatores são iguais e o produto é 64. _____

e) O 2º fator é o dobro do 1º e o produto é 50. _____

6 **MAIS ALGORITMO USUAL DA MULTIPLICAÇÃO**

Observe atentamente os 2 exemplos e, depois, faça os demais cálculos.

$$
\begin{array}{r}
4\,3\,2 \\
\times\,1\,2\,3 \\
\hline
{}^{1\,1} \\
{}^{1}1\,2\,9\,6 \rightarrow \scriptstyle 3 \times 432 \\
8\,6\,4\,0 \rightarrow \scriptstyle 20 \times 432 \\
+\,4\,3\,2\,0\,0 \rightarrow \scriptstyle 100 \times 432 \\
\hline
5\,3\,1\,3\,6
\end{array}
\qquad
\begin{array}{r}
2\,3\,4 \\
\times\,1\,0\,1 \\
\hline
2\,3\,4 \rightarrow \scriptstyle 1 \times 234 \\
0\,0\,0\,0 \rightarrow \scriptstyle 0 \times 234 \\
+\,2\,3\,4\,0\,0 \rightarrow \scriptstyle 100 \times 234 \\
\hline
2\,3\,6\,3\,4
\end{array}
\qquad \text{ou} \qquad
\begin{array}{r}
2\,3\,4 \\
\times\,1\,0\,1 \\
\hline
2\,3\,4 \\
+\,2\,3\,4\,0\,0 \\
\hline
2\,3\,6\,3\,4
\end{array}
$$

a) $143 \times 348 =$ _____

b) $241 \times 759 =$ _____

c) $102 \times 345 =$ _____

7 MULTIPLICAÇÃO E MEDIDAS

Segundo especialistas, o leite é essencial para o desenvolvimento das crianças, pois é um alimento com grande concentração de cálcio, importante na formação óssea.

Uma creche abriga 365 crianças. Durante o dia são servidos 2 copos de leite para cada criança.

Quantos copos de leite são consumidos em 2 semanas nessa

creche? _____

2 copos de leite.

8

Complete o enunciado do problema abaixo com números naturais adequados, de 1 a 9 ou de 100 a 150. Depois resolva o problema e escreva a resposta.

O pai de Júlio percorre com seu carro, a trabalho, um percurso de _____ km,

_____ vezes por semana.

Nessas viagens, quantos quilômetros ele percorre em _____ semanas?

_____

9 DESAFIO

Uma curiosa maneira de multiplicar!

Analise os 2 exemplos para descobrir como se faz. Depois, efetue as outras 2 multiplicações usando esse método e confira o resultado pelo algoritmo usual.

6×47

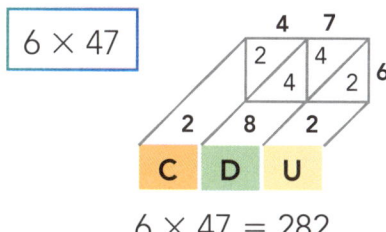

$6 \times 47 = 282$

14×58

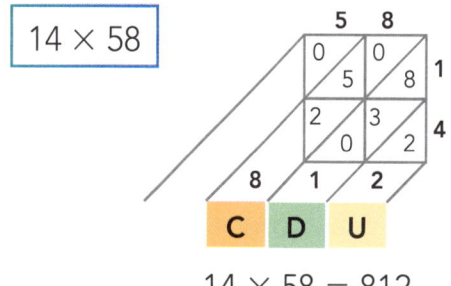

$14 \times 58 = 812$

a) $4 \times 73 =$ _____

b) $93 \times 65 =$ _____

10 ARREDONDAMENTO E RESULTADO APROXIMADO

Blusas.

Diná vendeu as 3 blusas para uma amiga. Para determinar quanto ela recebeu, podemos arredondar 39 para 40 e efetuar a multiplicação por 3: $3 \times 40 = 120$.

Faça arredondamentos e pinte apenas o quadro com o número mais próximo do resultado. Depois, confira suas escolhas com as de um colega.

a) $19 \times 987 \longrightarrow$ | 2 000 | 20 000 | 200 000 |

b) $2 \times 38 \longrightarrow$ | 70 | 50 | 80 |

c) $41 \times 59 \longrightarrow$ | 2 400 | 240 | 2 000 |

d) $2003 \times 3999 \longrightarrow$ | 800 000 | 8 000 | 8 000 000 |

11 Resolva cada problema fazendo arredondamentos e registre como você pensou.

a) Cada caderno custa R$ 4,90 e cada pasta custa R$ 2,05. Luciana tem R$ 20,00 e pretende comprar 2 cadernos e 3 pastas. Com isso, quanto vai sobrar aproximadamente?

_____

b) A distância entre as cidades paranaenses de Cascavel e Curitiba mede 498 km. O pai de Raquel vai e volta de carro, de Cascavel a Curitiba, 4 vezes por mês. No total, quantos quilômetros ele percorre aproximadamente nas 4 viagens?

_____

c) Para comprar uma caminhonete, uma empresa pagou 5 prestações de R$ 7 948,00 cada uma. Para comprar um trator, ela pagou 6 prestações de R$ 9 050,00 cada uma.

● Nas compras da caminhonete e do trator, quanto aproximadamente a empresa gastou?

_____

● Quanto aproximadamente o trator custou a mais do que a caminhonete?

_____

Propriedades da multiplicação e suas aplicações

1 **ATIVIDADE EM DUPLA** Vocês já viram algumas propriedades da adição, nas páginas 84 a 87. Agora vão verificar se essas propriedades valem ou não para a multiplicação. Inventem exemplos até chegarem a uma conclusão e depois respondam às questões propostas, cada um em seu livro.

a) A multiplicação possui a propriedade comutativa? _____

b) A multiplicação possui elemento neutro?

Se sim, então qual é ele? _____

c) A multiplicação possui a propriedade associativa? _____

2 **MAIS UMA PROPRIEDADE DA MULTIPLICAÇÃO**

a) Observe os exemplos. Depois, efetue as outras multiplicações.

$5 \times 0 = 0 + 0 + 0 + 0 + 0 = 0$ $0 \times 2 = 2 \times 0 = 0 + 0 = 0$

$4 \times 0 =$ _____ $0 \times 1 =$ _____

$0 \times 3 =$ _____ $7 \times 0 =$ _____

b) Agora, responda: O que acontece em todas as multiplicações que têm o 0 (zero) como um dos fatores? _____

c) Responda depressinha: Qual é o resultado de $(77 \times 85) \times 0?$ _____

 **3** **ATIVIDADE ORAL EM GRUPO** Analisem os quadros e verifiquem se as afirmações confirmam as conclusões a que vocês chegaram nas atividades da página anterior.

- **Propriedade comutativa da multiplicação**

  A mudança na ordem dos fatores não altera o produto.

  Exemplo: $8 \times 7 = 56$ e $7 \times 8 = 56$, ou seja, $8 \times 7 = 7 \times 8$.

- **Propriedade associativa da multiplicação**

  Em uma multiplicação com três ou mais fatores, agrupando os fatores de maneiras diferentes, o produto não muda.

  Exemplo: $3 \times (5 \times 4) = (3 \times 5) \times 4$
  $$3 \times 20 \qquad 15 \times 4$$
  $$60 \qquad 60$$

- **O 1 é o elemento neutro da multiplicação**

  Se um dos fatores é 1, então o produto é igual ao outro fator.

  Exemplos: $75 \times 1 = 75$
  $$1 \times 419 = 419$$

- **Propriedade do zero na multiplicação**

  Se um dos fatores é zero, então o produto é zero.

  Exemplos: $39 \times 0 = 0$
  $$0 \times 428 = 0$$

4 A professora Marta passou este desafio à turma: calcular o valor de $7 \times 9 \times 13$. Veja como alguns alunos fizeram.

$7 \times 9 \times 13$

Lousa.

- Lucas multiplicou 7 por 9 e depois multiplicou 13 pelo resultado obtido.

- Carina multiplicou 9 por 13 e depois multiplicou 7 pelo resultado obtido.

- Marcela multiplicou 7 por 13 e depois multiplicou 9 pelo resultado obtido.

a) É possível afirmar que os 3 alunos chegaram ao mesmo resultado final? Por que isso aconteceu?

_____

b) Efetue as multiplicações como os 3 alunos fizeram. O que acontece com os resultados?

_____

5 Complete usando a propriedade do elemento neutro da multiplicação e a propriedade do 0 (zero) na multiplicação.

a) $47 \times 1 =$ _____

b) $0 \times 96 =$ _____

c) $1 \times 189 =$ _____

d) $61 \times 0 =$ _____

e) $1234 \times 0 =$ _____

f) _____ $\times 87 = 87$

6 Observe os botões desta cartela.

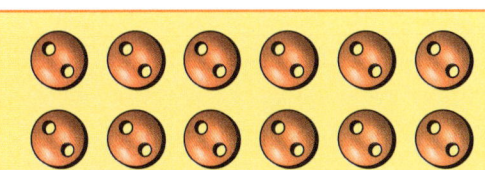

a) Indique as multiplicações que podemos efetuar para descobrir o total de botões.

- São 2 linhas com 6 botões em cada linha.

  _____ $\times$ _____ $=$ _____

- São 6 colunas com 2 botões em cada coluna.

  _____ $\times$ _____ $=$ _____

b) Agora, responda: Esta atividade confirma qual das propriedades da multiplicação? _____

7 Desenhe e indique a multiplicação que podemos efetuar para descobrir a medida de área de cada região plana. Considere ☐ como 1 unidade de medida de área.

a) Uma região retangular com 2 linhas e 3 colunas da malha quadriculada.

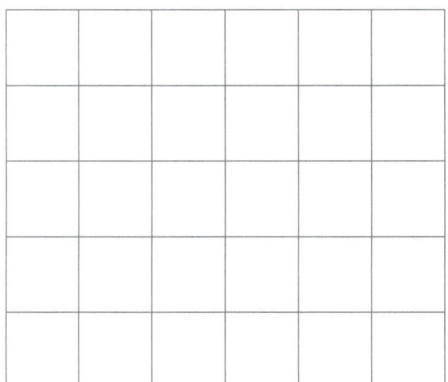

Medida de área: _____ $\times$ _____ $=$ _____

b) Uma região retangular com 3 linhas e 2 colunas da malha quadriculada.

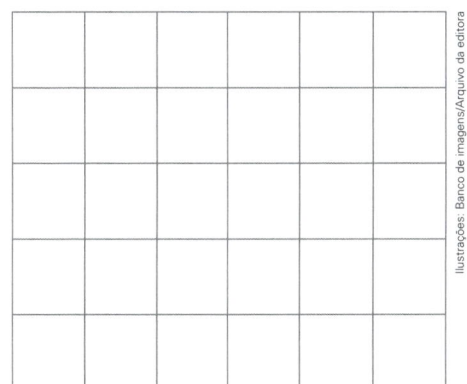

Medida de área: _____ $\times$ _____ $=$ _____

8 Observe como o uso das propriedades facilita alguns cálculos.

$$47 \times 4 \times 250 = 47\,000$$
$$\underbrace{}_{1\,000}$$

$$25 \times 7 \times 2 = 350$$
$$\overbrace{}^{50}$$

Agora é sua vez! Efetue usando as propriedades da multiplicação e indique a ordem em que você efetuou as multiplicações.

a) $4 \times 39 \times 25 =$ _____

d) $3 \times 100 \times 22 =$ _____

b) $200 \times 9 \times 50 =$ _____

e) $35 \times 200 \times 5 =$ _____

c) $18 \times 6 \times 3 =$ _____

f) $999 \times 2 =$ _____

9 **DESAFIO**

Imagine que você tivesse uma calculadora com defeito e que ela só efetuasse a operação de adição. Como você faria para descobrir com ela o resultado de

$2748 \times 4?$ _____

10 Para os alunos do 5º ano **A** e do 5º ano **B** trabalharem com sólidos geométricos, o professor Edu distribuiu cópias dos moldes das planificações do cubo, do paralelepípedo, do cilindro e do cone, colocando 1 molde por folha.
Quantas folhas de papel o professor Edu distribuiu, sabendo que há 35 alunos

em cada uma dessas turmas? _____

Múltiplo de um número natural

Piuí!! Piuí!!

Ao ser ligado, o trem de brinquedo de Pedro apita de 10 em 10 minutos.

Considerando **0** (zero) como ponto de partida, ele apitará depois de **10** minutos, **20** minutos, **30** minutos, **40** minutos, e assim por diante.

> Esta sequência de números — 0, 10, 20, 30, 40, ... — é chamada sequência dos múltiplos de 10, que indicaremos assim:
> M(10): 0, 10, 20, 30, 40, 50, ...

Os três pontinhos indicam que a sequência não tem fim, ou seja, continua sempre.

1 O trem de brinquedo de Carla apita de 8 em 8 minutos após ser ligado.

a) Complete: O trem de Carla apita no ponto de partida (0) e também depois de

8 minutos, _____ minutos, _____ minutos, _____ minutos, _____ minutos, e assim por diante.

Sequência de números: 0, 8, _____, _____, _____, _____, ...

b) Agora, responda: Como se chama essa sequência de números?

_____

c) Como é indicada essa sequência? _____

d) Se o trem de Pedro e o de Carla forem ligados juntos, então quantos minutos depois da partida apitarão ao mesmo tempo pela primeira vez?

_____

2 Veja o preço dos livros.

As imagens não estão representadas em proporção.

a) Complete a tabela com o preço dos livros de acordo com a quantidade.

Preço dos livros

Quantidade de livros	0	1	2	3	4	5	6
Preço (em reais)	0	12					

Tabela elaborada para fins didáticos.

b) O que representam os números da segunda linha da tabela?

_____

3 O professor Sidnei pediu aos alunos que determinassem os primeiros múltiplos de 15.

a) Pedro efetuou só multiplicações. Faça como Pedro e complete.

M(15): _____, _____, _____, _____, _____, _____, _____, ...

b) Márcia efetuou só adições. Faça como Márcia e complete.

M(15): _____, _____, _____, _____, _____, _____, _____, ...

4 MAIS MÚLTIPLOS

a) Faça da maneira que quiser e registre.

- Múltiplos de 3: _____
- Múltiplos de 6: _____
- Múltiplos de 25: _____

- M(50): _____
- M(7): _____
- M(29): _____

b) Agora, responda: Qual número aparece em todas as sequências? _____

5 FAÇA DO SEU JEITO!

Descubra e responda. Depois, veja como os colegas fizeram.

a) 42 é múltiplo de 6? _____

b) 26 é múltiplo de 4? _____

c) 405 é múltiplo de 9? _____

d) 18 é múltiplo de quais números? _____

Divisão com números naturais

As ideias da divisão

1 **REPARTIR IGUALMENTE**

Em uma fábrica trabalham 456 funcionários, distribuídos igualmente em 3 setores. Quantos funcionários trabalham em cada setor?

Compreender

Você sabe que há 456 funcionários na fábrica e que eles estão distribuídos igualmente em 3 setores. Quer saber quantos funcionários há em cada setor.

Planejar

Uma das ideias da divisão é repartir igualmente. Então, para resolver esse problema, você deve efetuar a divisão $456 \div 3$.

Executar

Vamos efetuar essa divisão pelo algoritmo usual. Observe.

C	D	U		
4	5	6	3	
− 3			1	
1			**C** **D** **U**	

4 C ÷ 3 = 1 C
Sobra 1 C.

Termos da divisão

dividendo → 4 5 6 | 3 ← divisor
0 | 1 5 2 ← quociente
↑
resto

$456 \div 3 = 152$

C	D	U		
4	5	6	3	
− 3			1 5	
1	5		**C** **D** **U**	
− 1	5			
0	0			

1 C = 10 D
10 D + 5 D = 15 D
15 D ÷ 3 = 5 D
Não sobra dezena.

C	D	U		
4	5	6	3	
− 3			1 5 2	
1	5		**C** **D** **U**	
− 1	5			
0	0	6		
	−	6		
		0		

6 U ÷ 3 = 2 U
Não sobra unidade.
A divisão 456 ÷ 3
é exata (resto 0).

Verificar

Para tirar a prova da divisão exata $456 \div 3 = 152$, fazemos a multiplicação do divisor pelo quociente e obtemos o dividendo. Verifique.

```
  1 5 2
×     3
_____
```

Responder

Registre a resposta: _____

2 Efetue as divisões pelo algoritmo usual.

a) 868 ÷ 4 = _____ **b)** 1736 ÷ 2 = _____ **c)** 912 ÷ 3 = _____

3 **MEDIDA ("QUANTOS CABEM?")**

Em uma padaria, as broas de milho serão embaladas em pacotes com 6 broas em cada um. Quantos pacotes serão obtidos com 136 broas? Devemos efetuar 136 ÷ 6 para saber quantos grupos de 6 cabem em 136.

Observe a resolução pelo algoritmo usual e, depois, complete a resposta.

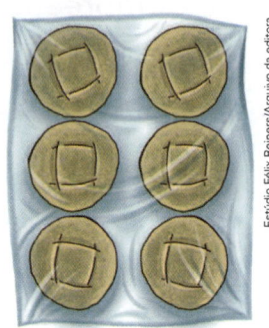

Estúdio Félix Reiners/Arquivo da editora

C	D	U		
1	3	6	6	
− 1	2		0 2 2	
0	1	6	**C D U**	
	− 1	2		
	0	4		

Temos aqui uma divisão não exata. Indicamos assim:

136 ÷ 6 = 22 e resto 4

Verificação

$$\begin{array}{r} \overset{1}{2}2 \\ \times \ 6 \\ \hline 1\,3\,2 \end{array} \quad \begin{array}{r} 1\,3\,2 \\ + \quad 4 \\ \hline 1\,3\,6 \end{array}$$

Resposta: Serão obtidos _____ e sobrarão _____ sem embalar.

Agora, efetue as divisões pelo algoritmo usual e faça a verificação.

a) 727 ÷ 2 = _____ **b)** 1085 ÷ 5 = _____ **c)** 95 ÷ 3 = _____

4 Responda.

a) Quantos quilômetros há em 12 000 metros? _____

b) Quantas horas há em 240 minutos? _____

5 PROBLEMAS

Leia, pense e resolva.

a) Roberto distribuiu certa quantia entre seus 5 sobrinhos. Cada um recebeu R$ 48,00 e Roberto ainda ficou com R$ 43,00. Que quantia ele tinha?

_____

b) Emília comprou 5 m de tecido e pagou R$ 190,00. Quanto ela pagaria por 4 m?

_____

Material de corte e costura.

c) Cláudio tem 2 notas de R$ 20,00, 2 notas de R$ 10,00 e algumas notas de R$ 5,00. No total, ele tem R$ 135,00. Quantas são as notas de R$ 5,00?

_____

d) Na turma de José há 16 meninas, e o total de alunos é 36. Quantas equipes de basquete é possível formar só com os meninos?

_____

e) Cada garrafa de água de coco custa R$ 6,00. Quantas garrafas de água de coco a turma de Lucas pode comprar com R$ 55,00?

_____

f) Quantas semanas completas têm os meses de junho e julho juntos?

_____

Divisão: cálculo mental, arredondamento e resultado aproximado

1 CÁLCULO MENTAL

Observe os exemplos.

$90 \div 3 \rightarrow 9$ dezenas $\div 3 = 3$ dezenas $= 30$

ou

$90 \div 3 = 30$, porque $30 \times 3 = 90$ ou porque $3 \times 30 = 90$.

$5\,400 \div 9 \rightarrow 54$ centenas $\div 9 = 6$ centenas $= 600$

ou

$5\,400 \div 9 = 600$, porque $9 \times 600 = 5\,400$.

$25\,000 \div 5 \rightarrow 25$ milhares $\div 5 = 5$ milhares $= 5\,000$

ou

$25\,000 \div 5 = 5\,000$, porque $5 \times 5\,000 = 25\,000$.

Agora, calcule mentalmente, anote o resultado e depois confira com os colegas.

a) $60 \div 3 =$ _____

$600 \div 3 =$ _____

$6\,000 \div 3 =$ _____

$60\,000 \div 3 =$ _____

b) $56 \div 7 =$ _____

$560 \div 7 =$ _____

$5\,600 \div 7 =$ _____

$56\,000 \div 7 =$ _____

c) $800 \div 4 =$ _____

d) $24\,000 \div 8 =$ _____

e) $72\,000 \div 9 =$ _____

f) $6\,300 \div 7 =$ _____

2 Calcule mentalmente e responda.

a) Distribuindo igualmente 200 folhas de papel sulfite para 4 equipes, quantas folhas cada equipe receberá? _____

b) Se em cada vasilhame cabem 5 litros de água, então com 100 litros de água podemos encher quantos vasilhames? _____

3 MAIS CÁLCULO MENTAL

Observe os exemplos.

$320 \div 40 = 8$, porque $8 \times 40 = 320$ | $4500 \div 90 = 50$

$6000 \div 3000 = 2$, porque $2 \times 3000 = 6000$ | $12000 \div 400 = 30$

Agora, efetue as divisões mentalmente, registre os resultados e depois confira com os colegas.

a) $800 \div 20 =$ _____

b) $700 \div 70 =$ _____

c) $100000 \div 20 =$ _____

d) $5400 \div 60 =$ _____

e) $80000 \div 4000 =$ _____

f) $30000 \div 500 =$ _____

g) $3000 \div 50 =$ _____

h) $90000 \div 300 =$ _____

i) $60000 \div 60 =$ _____

4 Responda depressinha!

Com os 120 alunos de 5º ano de uma escola, foram formadas turmas com 30 alunos cada uma. Quantas turmas foram formadas? _____

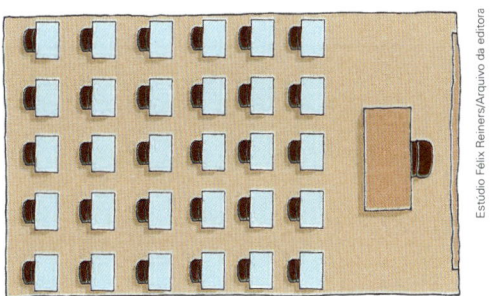

Estúdio Félix Reiners/Arquivo da editora

5 Veja outro exemplo de divisão resolvida mentalmente.

$515 \div 5 = ?$

Como $515 = 500 + 15$, podemos fazer:

$515 \div 5$ ⟨ $500 \div 5 = 100$; $15 \div 5 = 3$ ⟩ $515 \div 5 = 100 + 3 = 103$

Agora, resolva mais estas divisões.

a) $321 \div 3 =$ _____

b) $735 \div 7 =$ _____

c) $929 \div 9 =$ _____

d) $832 \div 4 =$ _____

6 Efetue mentalmente e registre.

a) $80 + 20 =$ _____

b) $80 - 20 =$ _____

c) $80 \times 20 =$ _____

d) $80 \div 20 =$ _____

e) $20000 + 2000 =$ _____

f) $20000 \div 2000 =$ _____

7 ARREDONDAMENTO E RESULTADO APROXIMADO

Comprei 4 cadernos e paguei R$ 19,00 por eles.

R$ 19,00

Arredondo R$ 19,00 para R$ 20,00. Vou gastar aproximadamente R$ 5,00 $(20 \div 4)$ em cada caderno.

Veja mais exemplos de arredondamento e divisão com quociente aproximado.

$806 \div 8 \rightarrow$ Arredondando: $800 \div 8 = 100$ (resultado aproximado de $806 \div 8$)

$320 \div 79 \rightarrow 320 \div 80 = 4$

$14\,987 \div 489 \rightarrow 15\,000 \div 500 = 30$

Agora, faça arredondamentos, calcule os resultados aproximados, anote e confira com os colegas.

a) $271 \div 3 \rightarrow 270 \div 3 = $ _____

b) $1\,000 \div 11 \rightarrow 1\,000 \div 10 = $ _____

c) $99 \div 20 \rightarrow$ _____

d) $598 \div 19 \rightarrow$ _____

e) $1\,211 \div 29 \rightarrow$ _____

f) $4\,978 \div 51 \rightarrow$ _____

g) $20\,034 \div 999 \rightarrow$ _____

h) $99\,679 \div 9\,895 \rightarrow$ _____

8 Calcule mentalmente e responda.

Laura vai guardar 396 bombons artesanais em caixas que cabem 18 bombons.

Ela precisará de aproximadamente quantas caixas? _____

9 CALCULADORA

Maria e sua irmã vão visitar uma tia que mora em outro estado. Elas compraram as passagens aéreas de ida por R$ 799,00 e as passagens de volta em uma promoção, por R$ 405,00. O total da compra será pago em 4 prestações iguais.

a) Faça arredondamentos e calcule mentalmente o valor aproximado de cada prestação. _____

b) Use uma calculadora, descubra o valor exato de cada prestação e verifique se está próximo do valor aproximado do item **a**. _____

Estudio Félix Reiners/Arquivo da editora

Multiplicação e divisão: operações inversas

1 Observe as operações que podemos escrever com os números 40, 50 e 2 000.

| $40 \times 50 = 2000$ | $50 \times 40 = 2000$ | $2000 \div 50 = 40$ | $2000 \div 40 = 50$ |

Faça o mesmo com os números de cada item.

a) 5, 11 e 55 _____

b) 20, 30 e 600 _____

2 Descubra os números desconhecidos e complete as divisões. Registre também as operações que você efetuou para descobrir os números desconhecidos.

a) $80 \div \boxed{} = 40$ **b)** $\boxed{} \div 6 = 60$ **c)** $\begin{array}{c|c} \boxed{} & 3 \\ \hline 0 & 200 \end{array}$ **d)** $\begin{array}{c|c} 8100 & \boxed{} \\ \hline 0 & 90 \end{array}$

3 **PROBLEMA**

Se triplicar a quantia que tem, então Mateus ficará com R$ 120,00. Quanto ele tem? _____

4 **CALCULADORA**

Use a multiplicação para descobrir qual das divisões abaixo está correta. Depois, confira essa divisão com a calculadora e pinte o quadrinho dela.

| $1863 \div 39 = 47$ | $1833 \div 39 = 47$ | $1813 \div 39 = 47$ |

5 **DESAFIO**

a) Pensei em um número, dividi por 7, multipliquei o resultado por 8 e obtive 96.

Complete o esquema e responda: Em que número pensei? _____

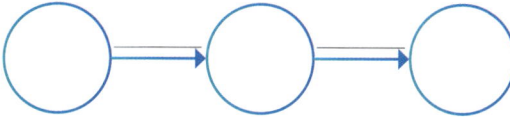

b) Pensei em um número. Multipliquei esse número por 20. Dividi o resultado por 3. Depois, subtraí 9 e obtive 31. Em que número pensei? _____

Tecendo saberes

Viagem pelo mundo da literatura

A leitura é uma ferramenta que colabora com a melhora da educação e é uma fonte de conhecimento sobre diversos assuntos. Pensando nisso, o Instituto Pró-livro encomenda ao Ibope uma pesquisa periódica, com o objetivo de conhecer o com-portamento leitor da população brasileira. Nesta pesquisa, me-dem-se diversos as-pectos, como intensi-dade, forma, limita-ções e motivação de leitura.

Veja no infográfico abaixo alguns dados obtidos na 4ª edição do Retrato da Leitura no Brasil.

Fonte de pesquisa: Instituto Pró-livro. Disponível em: <http://prolivro.org.br/home/images/2016/Pesquisa_Retratos_da_Leitura_no_Brasil_-_2015.pdf>. Acesso em: 22 jan. 2020.

1 De acordo com o infográfico, em média, as pessoas leem quase 5 livros por ano. E você? Quantos livros leu nos últimos 12 meses? _____

2 Será que, em sua escola, essa média se mantém? Como podemos descobrir?

_____

3 Com que frequência você lê livros? Marque uma opção.

☐ Todos os dias ☐ Algumas vezes por semana ☐ Algumas vezes por mês

☐ Algumas vezes no ano ☐ Não leio livros

4 Os livros podem ser classificados por diversos gêneros textuais. Veja alguns.

Romance   Novela   Conto   Poema   Ficção científica   Drama
Comédia   Crônica   Notícia   História em quadrinhos

Responda:

a) Quais desses gêneros textuais você conhece? _____

_____

b) De qual você gosta mais? _____

5 Com seus colegas e com o professor, elaborem uma pesquisa sobre o hábito de leitura de alunos e funcionários da escola nos últimos 12 meses. Para isso:

- Façam um planejamento dos dados que serão analisados, como a quantidade de livros lidos nos últimos 12 meses, e elaborem uma tabela para organizar os dados coletados, como no exemplo abaixo.

Hábito de leitura de alunos e funcionários

Quantidade de livros lidos nos últimos 12 meses	Quantidade de pessoas entrevistadas	Idade do entrevistado	Gênero literário preferido
Nenhum livro			
1 livro			
2 livros			
3 livros			
4 livros			
5 livros ou mais			

Tabela elaborada para fins didáticos.

- Formulem as questões que serão apresentadas aos entrevistados. Não se esqueçam de testar as questões entre os colegas de sala para verificar se elas são eficientes e se permitem coletar os dados desejados.

- Criem estratégias para a realização das entrevistas, como o posicionamento dos entrevistadores na escola e o(s) horário(s) da realização da entrevista.

- Após a coleta e organização dos dados, construam um gráfico para apresentar aos entrevistados e interessados os resultados obtidos.

- Para finalizar, analisem os dados e, a partir das descobertas, elaborem estratégias que permitam aumentar a quantidade de livros lidos ou, ainda, disponibilizar aos leitores os gêneros de que eles mais gostam.

Divisão por número com 2 ou mais algarismos

Algoritmo usando a operação inversa

Buquê com 1 dúzia de flores.

As imagens não estão representadas em proporção.

1 Quantas dúzias de flores um florista pode separar, no máximo, quando tem 84 flores?

Precisamos resolver a divisão 84 ÷ 12.

1 dúzia são 12.

Verificamos que número devemos multiplicar por 12 para obter resultado 84 ou chegar mais próximo de 84 sem ultrapassá-lo.

Complete.

$$\begin{array}{r} 1\,2 \\ \times\ 5 \\ \hline \end{array} \qquad \begin{array}{r} 1\,2 \\ \times\ 6 \\ \hline \end{array} \qquad \begin{array}{r} 1\,2 \\ \times\ 7 \\ \hline \end{array}$$

84 ÷ 12 = _____

Com 84 flores, o florista pode separar, no máximo, _____ dúzias de flores.

2 Quantas dúzias ele poderia separar se, na situação anterior, o florista tivesse 100 flores?

Devemos efetuar 100 ÷ 12. Observe e complete.

$$\begin{array}{r} \overset{1}{1}\,2 \\ \times\ 7 \\ \hline 8\,4 \end{array} \qquad \begin{array}{r} \overset{1}{1}\,2 \\ \times\ 8 \\ \hline 9\,6 \end{array} \qquad \begin{array}{r} \overset{1}{1}\,2 \\ \times\ 9 \\ \hline 1\,0\,8 \end{array} \text{ (passa de 100)} \qquad \begin{array}{r|l} 100 & 12 \\ \hline & \\ & \end{array}$$

Então, 100 ÷ 12 = _____ e resto _____.

Resposta: _____

_____

3 Efetue as divisões usando a operação inversa.

a) 78 ÷ 13 = _____   b) 113 ÷ 14 = _____   c) 484 ÷ 44 = _____

Algoritmo das estimativas

1 **ATIVIDADE ORAL EM GRUPO** O dono de uma loja comprou 21 bonecas de mesmo preço e pagou, ao todo, R$ 756,00. Quanto custou cada boneca?

Para responder a essa questão, devemos efetuar a divisão 756 ÷ 21.

Veja como efetuar usando o algoritmo das estimativas.

```
  756│21
– 420│20
  336│10
– 210│ 5
  126│ 1 +
– 105│36
  021│
–  21│
   00│
```

> Quantas vezes 21 cabe em 756?
> Estimamos 20 e fazemos 20 × 21 = 420.
>
> Quantas vezes 21 cabe nos 336 que restaram?
> Estimamos 10 e fazemos 10 × 21 = 210.
>
> Quantas vezes 21 cabe nos 126 que restaram?
> Estimamos 5 e fazemos 5 × 21 = 105.
>
> Quantas vezes 21 cabe nos 21 que restaram?
> Cabe 1 vez.
> Adicionamos 20 + 10 + 5 + 1 = 36.

Logo, 756 ÷ 21 = 36 e resto 0.

Converse com os colegas sobre outra maneira de fazer as estimativas para essa mesma divisão (756 ÷ 21). Depois, respondam à questão proposta.

_____

2 Efetue estas divisões usando o algoritmo das estimativas.

a) 884 ÷ 26 = _____   **b)** 420 ÷ 15 = _____   **c)** 3636 ÷ 22 = _____

Algoritmo usual: divisão por número de 2 ou mais algarismos

1 Analise este exemplo de divisão pelo algoritmo usual.

$$2882 \div 45$$

UM	C	D	U		
2	8	8	2	4	5
− 2	7	0		6	
0	1	8			

6 × 45 = 270

		D	U

Dividimos 288 dezenas por 45 e obtemos 6 dezenas. Restam 18 dezenas.
18 D = 180 U
180 U + 2 U = 182 U
182 ÷ 45 = 4 e resto 2

UM	C	D	U		
2	8	8	2	4	5
− 2	7	0		6	4
0	1	8	2		
−	1	8	0		
0	0	2			

4 × 45 = 180

Algoritmo usual simplificado

```
  2 8 8 2 | 4 5
− 2 7 0   | 6 4
  0 1 8 2
  − 1 8 0
    0 0 2
```

dividendo ⟶ 2 8 8 2 | 4 5 ⟵ divisor
resto ⟶ 2 | 6 4 ⟵ quociente

Observe o algoritmo simplificado e o nome dos termos da divisão. Depois, faça a verificação.

quociente × divisor + resto = dividendo

2882 ÷ 45 = 64
e resto 2

2 Efetue mais esta divisão pelo algoritmo usual. Durante o processo, você vai efetuar as divisões citadas na sequência da fala da menina ilustrada abaixo. Depois, faça a verificação.

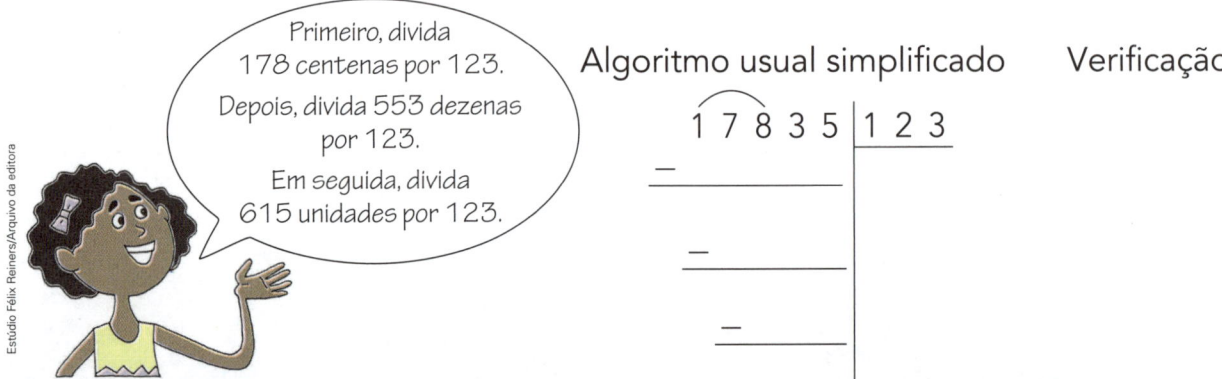

Primeiro, divida 178 centenas por 123.
Depois, divida 553 dezenas por 123.
Em seguida, divida 615 unidades por 123.

Algoritmo usual simplificado   Verificação

```
1 7 8 3 5 | 1 2 3
−
−
−
```

Estúdio Félix Reiners/Arquivo da editora

3 Pratique um pouco o algoritmo usual da divisão. Faça também a verificação.

a) $420 \div 12 =$ _____ **b)** $5\,374 \div 25 =$ _____ **c)** $6\,654 \div 54 =$ _____

4 Como $12 = 3 \times 4$, a divisão $420 \div 12$ do item **a** da atividade anterior pode ser efetuada dividindo 420 por 3 e, depois, o resultado por 4.
Faça isso e confira se o resultado obtido foi o mesmo.

5 **DESAFIO**
Efetue $432 \div 36$ por 4 processos diferentes.

6 Edna trabalha em uma biblioteca. Dos 1 404 livros que tinha para arrumar, ela separou 1 236 para colocar nas estantes.
O restante ela guardou em caixas em que cabiam 18 livros cada uma. De quantas caixas ela precisou? _____

Divisor de um número natural

1 Laura tem 6 lápis e quer colocá-los em caixas de modo que as quantidades em todas as caixas sejam iguais e não sobrem lápis.

a) Veja alguns casos possíveis e complete os outros. Registre todos e faça os desenhos que faltam.

Usando 1 caixa, coloco os 6 lápis.

Usando 2 caixas, coloco 3 lápis em cada caixa.

Usando 3 caixas, coloco _____ lápis em cada caixa.

Usando _____ caixas, coloco _____ lápis em cada caixa.
Não há outras possibilidades.

Os números 1, 2, 3 e 6 são chamados **divisores** de 6.

> Indicamos assim: D(6): 1, 2, 3, 6

b) Agora, responda: Por que não podemos usar 4 caixas para distribuir esses lápis? _____

> Dizemos então que 4 **não é divisor** de 6.

2 Se Laura tivesse 10 lápis, como poderia ser a distribuição dos lápis em caixas?

a) Complete a tabela.

Possibilidades

Quantidade de caixas	1	2		
Quantidade de lápis em cada caixa				

Tabela elaborada para fins didáticos.

b) Agora, responda: Quais são os divisores de 10? _____

c) Como eles são indicados? _____

d) Nesse caso, podemos usar 3 caixas? Por quê?

_____

3 Complete como nas atividades anteriores.

a) Se temos 9 lápis, então podemos usar 1 caixa, 3 caixas ou _____ caixas. Os divisores de 9 são D(9): _____.

b) Se temos 8 lápis, então podemos usar 1 caixa, _____ caixas, _____ caixas ou _____ caixas. Então D(8): _____.

9 lápis.

4 Indique.

a) Os divisores de 4: _____

b) Os divisores de 12: _____

c) Os divisores de 7: _____

d) D(16): _____

e) D(5): _____

f) D(14): _____

5 **ATIVIDADE ORAL** O que acontece com a divisão de um número natural por qualquer um de seus divisores? E com a divisão de um número natural por outro número natural que não é seu divisor?

6 Descubra e responda.

a) 6 é divisor de 48? _____

c) 15 é divisor de 205? _____

b) 7 é divisor de 67? _____

d) 9 é divisor de 504? _____

7 Registre os divisores.

a) Divisores de 36: _____

b) Divisores de 75: _____

c) Divisores de 100: _____

8 Juca tem 12 balas e quer dar a 1 ou mais crianças a mesma quantidade, sem que sobrem balas. A quantas crianças ele pode distribuir as 12 balas?

Veja como Ana descobriu geometricamente os divisores de 8. Ela construiu todas as regiões retangulares com medida de área de 8 ▢ tendo como medida da largura e medida do comprimento somente números naturais.

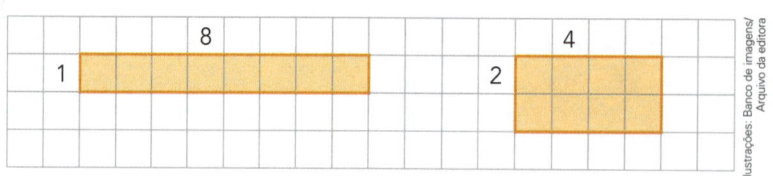

Escrevendo essas dimensões, ela obteve os divisores de 8: D(8): 1, 2, 4, 8.

- Explore o processo geométrico, descubra e registre.

> Atenção! É comum escrever os divisores em ordem crescente.

a) Divisores de 12: _____

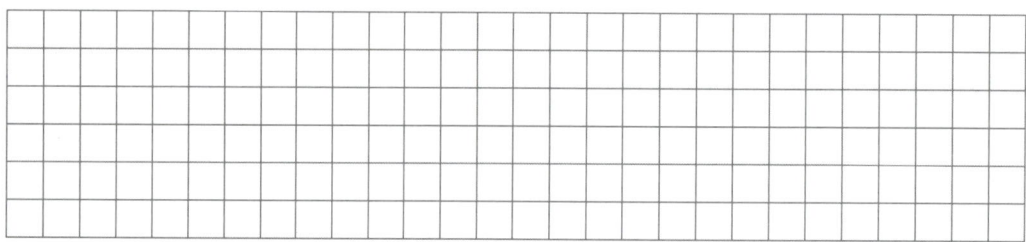

b) Divisores de 7: _____

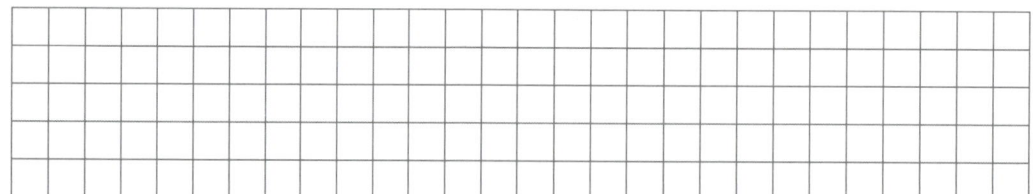

- Observe as regiões retangulares que Paulo desenhou para descobrir os divisores de um número natural.

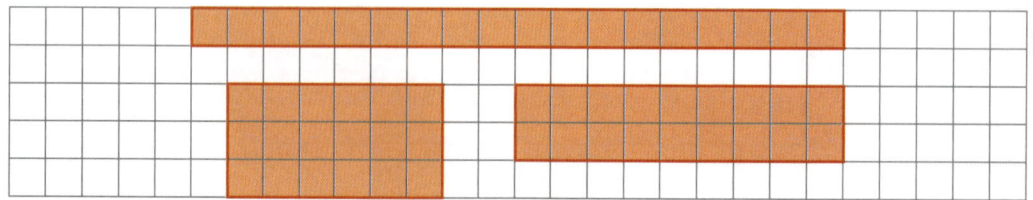

a) Ele descobriu os divisores de qual número natural? _____

b) Registre-os aqui. _____

9 DIVISORES E MULTIPLICAÇÃO

Veja outra maneira de determinar os divisores de um número natural. Por exemplo, os divisores de 18.

Escrevemos todas as multiplicações de 2 números naturais com resultado 18 (escrevendo 1 × 18 não é preciso escrever 18 × 1):

$$1 \times 18 = 18 \qquad 2 \times 9 = 18 \qquad 3 \times 6 = 18$$

Os fatores das multiplicações são os divisores de 18.

$$D(18): 1, 2, 3, 6, 9, 18$$

> Por isso se diz também que 1, 2, 3, 6, 9 e 18 são os fatores de 18.

Use esse processo para determinar os divisores.

a) Divisores de 20 ou fatores de 20: _____

b) Divisores de 25 ou fatores de 25: _____

c) $D(21)$: _____

d) $D(3)$: _____

e) $D(30)$: _____

10 SIMETRIA

Observe.

$$3 \times 4 = 12$$
$$2 \times 6 = 12$$
$$D(12): 1, 2, 3, 4, 6, 12 \qquad 1 \times 12 = 12$$

$$4 \times 4 = 16$$
$$2 \times 8 = 16$$
$$D(16): 1, 2, 4, 8, 16 \qquad 1 \times 16 = 16$$

Verifique e responda: Isso também acontece com $D(18)$, $D(9)$ e $D(21)$? _____

11 DESAFIO

a) Os divisores de um número natural estão escritos em ordem crescente. Complete com os que estão faltando.

$$1, \_\_\_\_\_, 3, \_\_\_\_\_, 7, 14, 21, \_\_\_\_\_$$

b) Esses são todos os divisores de que número natural? _____

12 Quando a divisão de um número natural por outro é exata, dizemos que o primeiro número é **múltiplo** do segundo.

Por exemplo: 10 é múltiplo de 5, pois 10 ÷ 5 é uma divisão exata; 21 não é múltiplo de 5, pois 21 ÷ 5 não é uma divisão exata.

Descubra e responda.

a) 588 é múltiplo de 8? _____

b) 2616 é múltiplo de 12? _____

Saiba mais

Para um ano ser bissexto, o número dele deve ser múltiplo de 4.

Se o número dele terminar em 00, então deve ser também múltiplo de 400.

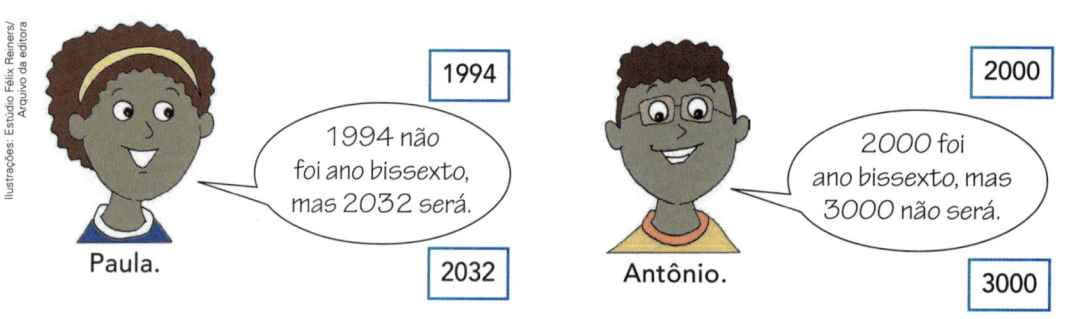

Ilustrações: Estúdio Félix Reiners/Arquivo da editora

1994

1994 não foi ano bissexto, mas 2032 será.

Paula.

2032

2000

2000 foi ano bissexto, mas 3000 não será.

Antônio.

3000

13 De acordo com as informações do **Saiba mais**, justifique as afirmações feitas por Paula e Antônio.

14 Complete.

a) O século XXI teve início no dia 1º/1/2001 e vai até o dia _____/_____/_____.

b) Os 4 primeiros anos bissextos do século XXI foram:

_____, _____, _____ e _____.

c) O último ano bissexto do século XXI será _____.

Mais atividades e problemas

1 Paula, Ana e Sandra fizeram bandeirinhas para uma festa na rua.

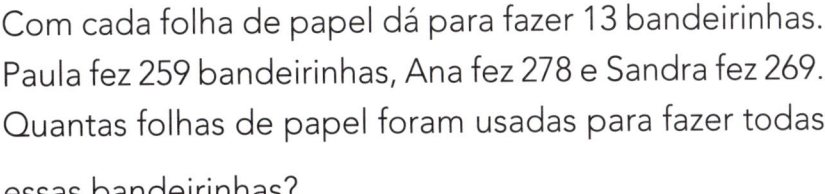

Com cada folha de papel dá para fazer 13 bandeirinhas.
Paula fez 259 bandeirinhas, Ana fez 278 e Sandra fez 269.
Quantas folhas de papel foram usadas para fazer todas

essas bandeirinhas? _____

2 Descubra e registre os números que são, ao mesmo tempo, divisores de 40 e

divisores de 24. _____

3 ESTIMATIVA

a) Faça uma estimativa: o dobro da terça parte de 12 é igual ou diferente da

terça parte do dobro de 12? _____

b) Agora calcule, registre, confira sua estimativa e complete.

Qual é o dobro da terça parte de 12? _____

Qual é a terça parte do dobro de 12? _____

Os resultados são _____ e minha estimativa _____.

4 O SEMÁFORO

O semáforo na frente da casa de Bia abre para o pedestre a cada 20 segundos. Bia ficou observando esse semáforo da janela de sua casa das 11 horas e 50 minutos até as 12 horas e 15 minutos. Nesse período, quantas vezes o semáforo abriu para os pedestres?

_____

5 Ana comprou 15 bicicletas iguais e gastou R$ 2 130,00. Ela conseguiu vender todas as bicicletas e arrecadou R$ 2 550,00 ao todo. Calcule e responda.

a) Nessa venda, ela teve lucro ou prejuízo? De quanto? _____

b) Por quanto ela comprou cada bicicleta? _____

c) Por quanto ela vendeu cada bicicleta? _____

d) Qual foi o lucro na venda de cada bicicleta? _____

6 No final do ano letivo, os alunos do 5º ano **A** de uma escola se reuniram em duplas para fazer o levantamento da quantidade de livros que cada um leu durante o ano. Descubra os números em cada caso e registre.

a) Marcos: _____; Sabrina:_____.
Juntos: 16 livros. Ambos leram a mesma quantidade de livros.

b) Fabiana: _____; Carol: _____.
Juntas: 24 livros. Fabiana leu o dobro da quantidade de livros de Carol.

c) Rogério: _____; Leandro: _____.
Juntos: 22 livros. Leandro leu 4 livros a mais do que Rogério.

7 Na turma do 5º ano **B** dessa escola, o levantamento foi feito com os alunos reunidos em trios. Descubra os números nestes casos e registre.

Livros.

a) Antônio: _____; Bruno: _____;
Camila: _____. Juntos: 32 livros.
Antônio e Bruno leram a mesma quantidade de livros.
Camila leu o dobro da quantidade de Antônio.

b) Davi: _____; Elza: _____; Maria: _____.
Juntos: 34 livros. Davi e Elza leram a mesma quantidade de livros.
Maria leu 4 livros a mais do que Elza.

8 CALCULADORA E REGULARIDADE

a) Use uma calculadora e efetue estas multiplicações.

$11 \times 11 =$ _____

$111 \times 111 =$ _____

$1111 \times 1111 =$ _____

b) Agora, descubra a regularidade e determine, sem o uso da calculadora, o resultado destas multiplicações.

$11\,111 \times 11\,111 =$ _____

$111\,111 \times 111\,111 =$ _____

9 Em cada igualdade abaixo, são conhecidos o resultado e um dos termos da operação. Use uma calculadora, descubra o outro termo e complete a igualdade.

a) $481 +$ _____ $= 977$

b) $617 -$ _____ $= 128$

c) _____ $- 717 = 1080$

d) $48 \times$ _____ $= 768$

e) _____ $\div 75 = 15$

f) $481 \div$ _____ $= 13$

10 Nas situações seguintes, escreva a igualdade, indique a operação que você deve efetuar com a calculadora e complete cada informação.

a) Um carro percorreu 378 km, depois percorreu _____ km, completando um trajeto de 817 km.

☐ ___ ☐ $= 378 \longrightarrow$ _____

b) Uma compra foi paga em 5 prestações iguais de R$ 495,00 cada uma. O preço total pago foi de R$ _____.

☐ ___ ☐ $= 495 \longrightarrow$ _____

c) A construção de uma casa durou 378 dias e o acabamento durou 97 dias. No total, construção e acabamento duraram _____ dias.

☐ ___ ☐ $= 97 \longrightarrow$ _____

11 Veja o dinheiro de Rafael e de Mara.

Em cada item abaixo complete as operações com os números que faltam. Use também os sinais = e ≠ para comparar os resultados obtidos nas 2 operações. Observe o item **a**, que já está feito.

a) Quanto Rafael e Mara têm, em reais: $5 + 1$ e $3 \times 2 \longrightarrow 6 = 6$

b) Se cada um ganhar 5 reais: _____ + _____ + _____ e

_____ × _____ + _____ $\longrightarrow$ _____

c) Se cada um gastar 3 reais: _____ + _____ − _____ e

_____ × _____ − _____ $\longrightarrow$ _____

d) Se a quantia de cada um dobrar: _____ × (_____ + _____) e

_____ × (_____ × _____) $\longrightarrow$ _____

e) Se cada um ficar com a terça parte da quantia que tem:

(_____ + _____) ÷ _____ e

(_____ × _____) ÷ _____ $\longrightarrow$ _____

12 **OPERAÇÕES E MEDIDAS**

Calcule e complete. No primeiro traço coloque o maior valor possível.

a) 880 min = _____ h _____ min

b) 100 dias = _____ semanas e _____ dias

c) 368 cm = _____ m e _____ cm

d) 12 500 kg = _____ t e _____ kg

e) 738 meses = _____ anos e _____ meses

f) 7 400 segundos = _____ h _____ min _____ s

Vamos ver de novo?

1 LETRAS E NÚMEROS

a) Descubra os algarismos correspondentes a **A** e **B** na adição do quadro ao lado.

b) Agora, represente e efetue a multiplicação correspondente.

$$\begin{array}{r} {}^{1\ 1} \\ A\ 5\ A \\ +\ B\ 6\ A \\ \hline 1\ 3\ 2\ 4 \end{array}$$

A: ____

B: ____

B × ABA = _____ × _____ = _____

2 Observe as figuras com atenção e complete.

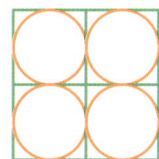 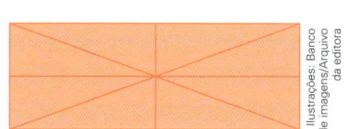

Ilustrações: Banco de imagens/Arquivo da editora

a) A 1ª figura tem _____ quadrados e _____ circunferências.

b) A 2ª figura tem _____ regiões retangulares e _____ regiões triangulares.

3 POSSIBILIDADES

Quando fazemos um levantamento de possibilidades, estamos usando o raciocínio combinatório.

Descubra todas as possibilidades de se fazer um pagamento de R$ 15,00 com notas de R$ 10,00, notas de R$ 5,00 e moedas de R$ 1,00 e complete.

> As imagens não estão representadas em proporção.

Possibilidades

Reprodução/Casa da Moeda do Brasil/Ministério da Fazenda

10	5	(moeda 1)
1	1	0
1	0	5

Tabela elaborada para fins didáticos.

4 Arredonde cada número para a ordem exata mais próxima da ordem indicada pelo algarismo destacado.

a) **2**97 468 → _____

b) 1 29**4** 782 → _____

c) **5** 237 128 656 → _____

d) 1 200 **9**78 056 → _____

5 RESULTADOS POSSÍVEIS E CHANCES

Em cada situação, indique todos os resultados possíveis e escreva se todos **têm** ou **não têm** a mesma chance de ocorrer.

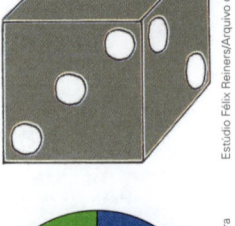

a) Quando lançamos um dado.

- Resultados possíveis: sair _____.

- Eles _____ a mesma chance de ocorrer.

b) Quando giramos um clipe nesta roleta.

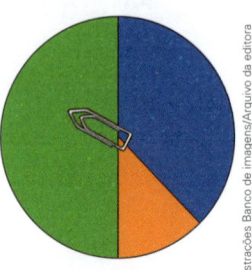

- Resultados possíveis: sair _____

_____.

- Eles _____.

c) Quando giramos um clipe nesta roleta.

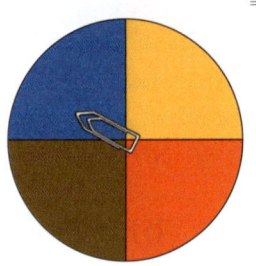

- Resultados possíveis: _____

_____.

- Eles _____.

d) Quando lançamos uma moeda e verificamos qual face caiu para cima.

- Resultados possíveis: _____.

- Eles _____.

e) Quando sorteamos uma destas moedas.

As imagens não estão representadas em proporção.

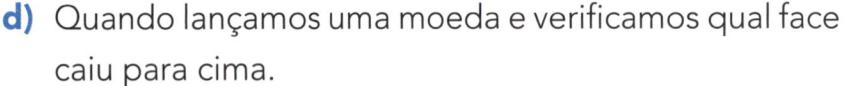

- _____

- _____

f) Quando sorteamos uma destas moedas.

- _____

- _____

O que estudamos

Retomamos as operações de multiplicação e de divisão: as ideias, os algoritmos e o nome dos termos delas.

$$\overset{3}{1}\,4 \longleftarrow \text{fator}$$
$$\times\quad 9 \longleftarrow \text{fator}$$
$$\overline{1\,2\,6} \longleftarrow \text{produto}$$

dividendo $\longrightarrow$ 9 2 | 1 5 $\longleftarrow$ divisor
$$-\,9\,0 \quad | 6\longleftarrow \text{quociente}$$
resto $\longrightarrow$ 0 2 |

Constatamos propriedades da multiplicação.

- Na ordem dos fatores. $\quad 3 \times 5 = 5 \times 3$
  $$\qquad\qquad\qquad\uparrow\qquad\quad\uparrow$$
  $$\qquad\qquad\qquad 15\qquad\ 15$$
- Na maneira de agrupar mais do que 2 fatores. $(2 \times 5) \times 3 = 2 \times (5 \times 3) = 2 \times 5 \times 3$

Identificamos a multiplicação e a divisão como operações inversas.

- $12 \times 20 = 240$ e $240 \div 20 = 12$
- $300 \div 6 = 50$ e $50 \times 6 = 300$
- O dobro de qual número é igual a 78? O dobro de 39.
  $$2 \times \,? = 78 \qquad\quad 78 \div 2 = 39$$

Exploramos arredondamento, cálculo mental e resultado aproximado, envolvendo multiplicação e divisão.

- $98 \times 41 \rightarrow$ aproximadamente $4\,000$ $\qquad$ $100 \times 40 = 4\,000$
- $5\,972 \div 603 \rightarrow$ aproximadamente 10 $\qquad$ $6\,000 \div 600 = 10$

Resolvemos problemas que envolvem multiplicação e divisão.

Se 3 televisores custam R$ 1 500,00, então qual é o preço de 2 televisores? R$ 1 000,00
$$1\,500 \div 3 = 500 \qquad 2 \times 500 = 1\,000$$

- Quando há várias lições de casa para fazer em um mesmo dia, você escreve uma lista para ajudar a se lembrar de todas elas?

- Você costuma rever em casa o que estudou na escola?

- Você tem cuidado de sua postura ao estudar? Cuidado para não prejudicar a coluna!

PASTAS
R$4,00
CADA

ESTOJOS
R$8,00
CADA

CADERNOS
R$10,00 CADA

- O que mostra esta cena?
- Quais produtos estão com os preços indicados?
- Você já foi a alguma loja parecida com esta? Conte para os colegas.

Para iniciar

São muitas as situações do dia a dia em que usamos as operações matemáticas. Nas compras, por exemplo, além de saber efetuar as operações, precisamos saber em que ordem elas devem ser efetuadas.

Nesta Unidade, vamos aprofundar um pouco mais o estudo das operações e de suas aplicações.

- Analise a cena das páginas de abertura desta Unidade. Converse com os colegas e respondam às questões a seguir.

Quanto vou gastar ao comprar 1 caderno e 5 pastas nessa papelaria?

Se uma pessoa comprar 2 estojos e pagar com 2 notas de R$ 10,00, então quanto ela vai receber de troco?

Uma pessoa comprou 1 pasta e 3 borrachas nessa papelaria e gastou R$ 10,00 nessa compra. Quanto custou cada borracha?

Carlos comprou 2 cadernos e Maria comprou 3 pastas. Quanto Carlos gastou a mais do que Maria?

- Converse com os colegas sobre mais estas questões.

a) A divisão indicada ao lado é exata, pois seu resto é 0 (zero). Quais números até 30 podem ir no lugar do ● ?

$$\begin{array}{r|l} ● & 6 \\ \hline 0 & \end{array}$$

b) A divisão abaixo também é exata. Quais números podem ir no lugar do ● ?

$$\begin{array}{r|l} 6 & ● \\ \hline 0 & \end{array}$$

c) Neste gráfico de setores, o setor verde indica os votos de 15 pessoas.

Quantos votos o setor amarelo indica?

E o setor azul?

Quantas pessoas estão representadas ao todo no gráfico?

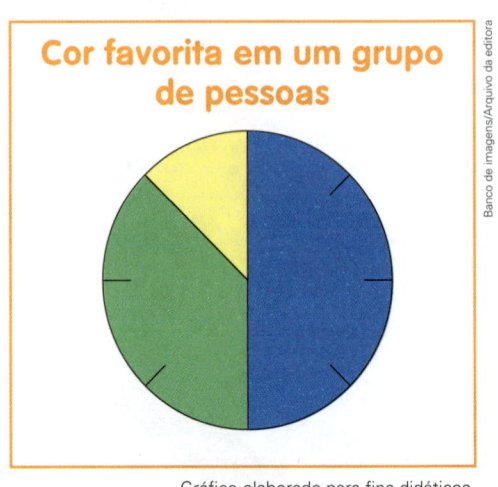

Cor favorita em um grupo de pessoas

Gráfico elaborado para fins didáticos.

Expressões numéricas

As imagens não estão representadas em proporção.

1 Calcule a quantia de Rafael e de Patrícia e registre.

Rafael

_____

Patrícia

_____

Rafael e Patrícia também calcularam as próprias quantias. Veja como eles fizeram.

Rafael
Primeiro multiplicou: $3 \times 10 = 30$
Depois adicionou: $30 + 1 = 31$
Indicou assim: $3 \times 10 + 1 = 31$

Patrícia
Primeiro adicionou: $10 + 1 = 11$
Depois multiplicou: $3 \times 11 = 33$
Indicou assim: $3 \times (10 + 1) = 33$

$3 \times 10 + 1$ e $3 \times (10 + 1)$ são exemplos de **expressões numéricas**.

2 Complete e ligue cada situação à expressão numérica correspondente.

José tinha 4 notas de R$ 10,00 e 2 notas de R$ 5,00.	Maura tinha R$ 50,00, ganhou R$ 20,00 e gastou R$ 30,00.	Ivo tinha 5 notas de R$ 10,00 e gastou R$ 20,00.

$5 \times 10 - 20$	$4 \times 10 + 2 \times 5$	$50 + 20 - 30$

Unidade 5

3 Analise a orientação e observe os exemplos. Depois, calcule o valor das demais expressões numéricas.

> **1ª orientação**
> Nas expressões numéricas com parênteses, devemos efetuar primeiro as operações que estão dentro deles.

$$3 \times (5 + 2)$$
$$3 \times 7$$
$$21$$

$$(7 + 1) \div (5 - 3)$$
$$8 \div 2$$
$$4$$

a) $10 - (3 - 1)$ **b)** $(6 + 6) \div 3$ **c)** $(5 - 1) \div (3 + 1)$ **d)** $40 \div (10 \div 2)$

4 Leia com atenção.

> O valor de $3 + 4 + 2$ é 9.
> Para encontrar esse valor podemos fazer $7 + 2$ ou $3 + 6$ ou $5 + 4$.

> O valor de $2 \times 5 \times 3$ é 30.
> Para encontrar esse valor podemos fazer 10×3 ou 2×15 ou 6×5.

- Complete a orientação.

> **2ª orientação**
> Nas expressões numéricas sem parênteses que só têm $+$ ou que só têm $\times$, podemos agrupar de qualquer modo, pois essas operações admitem a propriedade _____.

- Agora é sua vez! Calcule o valor das expressões numéricas.

    a) $6 \times 2 \times 3 =$ _____   **c)** $5 + 6 + 4 =$ _____

    b) $10 + 60 + 20 =$ _____   **d)** $3 \times 3 \times 3 =$ _____

Veja as notas de Luciana.

     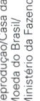

1 Que quantia Luciana tem? Faça ao lado um registro que mostre como você pensou. _____

2 Vamos usar expressões numéricas para calcular a quantia de Luciana.

a) Escreva uma expressão numérica usando somente adições e calcule o valor dela. _____

b) Você encontrou a mesma quantia do item 1? _____

3 Agora, vamos escrever uma expressão numérica usando multiplicações e uma adição.

a) Complete e resolva na ordem em que as operações aparecem.

_____ × _____ + _____ × _____ = _____

b) E agora, você encontrou a mesma quantia do item 1? _____

> Isso aconteceu porque, para calcular o valor de uma expressão numérica, existe uma ordem a ser seguida. É o que veremos na próxima atividade.

5 Analise com atenção as situações e as 4 expressões numéricas.

a)
b)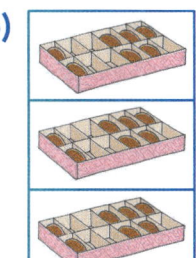
c)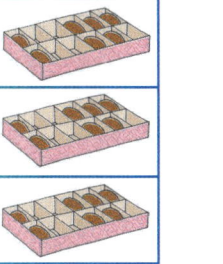
d)

$3 \times (2 + 5)$ $3 \times 2 + 5$ $7 - 2 - 3$ $(3 + 5) \div 2$

Relacione cada situação com a expressão numérica correspondente e escreva seu valor.

a)

b)

c)

d)

6 Veja mais uma orientação e alguns exemplos.

3ª orientação

Nas demais expressões com $+$, $-$, $\times$ e $\div$, sem parênteses, devemos fazer:

1º) $\times$ e $\div$, na ordem em que aparecem.

2º) $+$ e $-$, na ordem em que aparecem.

Vou comprar 1 caneta por 3 reais
e 2 cadernos por 4 reais cada um.
Para saber quanto vou gastar, devo fazer:
1º: 2 vezes 4, que é igual a 8.
2º: 3 mais 8, que é igual a 11.

Essa quantia gasta pode ser indicada pela expressão $3 + 2 \times 4$. Seu valor é 11.

Veja outros exemplos.

- $7 - 3 - 1$ vale 3. $\rightarrow$ Como não há $\times$ nem $\div$, seguimos a ordem da expressão.

$$7 - 3 = 4 \qquad 4 - 1 = \boxed{3}$$

- $5 \times 3 + 10 \div 2$ vale 20. $\rightarrow$ Primeiro fazemos $\times$ e $\div$, depois $+$.

$$5 \times 3 = 15 \qquad 10 \div 2 = 5 \qquad 15 + 5 = \boxed{20}$$

- $12 - 4 \times 2 + 1$ vale 5. $\rightarrow$ Primeiro fazemos $\times$, depois $-$ e $+$ na ordem em que aparecem.

$$4 \times 2 = 8 \qquad 12 - 8 = 4 \qquad 4 + 1 = \boxed{5}$$

Agora, você calcula o valor de cada expressão numérica.

a) $40 \div 4 \times 2 = $ _____

b) $5 - 6 \div 3 + 1 = $ _____

7 Calcule o valor das expressões numéricas usando as 3 orientações já conhecidas.

a) $\left(8 + 6\right) \div \left(8 - 1\right) = $ _____

c) $70 \div 10 \times 7 = $ _____

b) $3 \times 4 - 3 \times 2 = $ _____

d) $70 \div \left(10 \times 7\right) = $ _____

8 PROBLEMAS

Represente cada situação com uma expressão numérica e dê a resposta de acordo com o valor dela.

a) Paula comprou 2 tubos de cola e 3 réguas. Cada tubo de cola custou R$ 5,00 e cada régua custou R$ 2,00. Quanto Paula gastou?

Expressão numérica: _____

Resposta: _____

b) Lucas comprou 1 estojo de R$ 6,00 e 1 caderno de R$ 15,00. Pagou com R$ 30,00. Quanto ele recebeu de troco?

Expressão numérica: _____

Resposta: _____

9

Veja mais uma orientação e um exemplo. Depois, calcule o valor da outra expressão numérica.

4ª orientação

Nas expressões numéricas com parênteses ( ), colchetes [ ] ou chaves { }, efetuamos:

- primeiro as operações que estão dentro dos parênteses;
- depois as operações que estão dentro dos colchetes;
- finalmente as operações que estão dentro das chaves.

$25 + 5 \times \{46 - [(68 + 2) \div 7] \times 4\} =$

$3 \times \{[(5 + 4) \div (8 - 5) + 7]\} \div 6 =$

$= 25 + 5 \times \{46 - [70 \div 7] \times 4\} =$

$= 25 + 5 \times \{46 - 10 \times 4\} =$

$= 25 + 5 \times \{46 - 40\} =$

$= 25 + 5 \times 6 =$

$= 25 + 30 = \boxed{55}$

10 Determine o valor de mais estas expressões numéricas.

a) $100 \div 5 + 3 \times 20 - 5 =$

d) $4 \times (10 \div 2 + 4 \times 5) + 1 =$

b) $(45 \div 9) \times (38 - 30) =$

e) $50 - 3 \times [21 \div (3 + 4)] - 1 + 2 \times 5 =$

c) $(12 - 3 + 5) \div 2 =$

11 **EXPRESSÃO NUMÉRICA E GEOMETRIA**

a) Escreva o número de vértices (**V**), o número de faces (**F**) e o número de arestas (**A**) de cada poliedro. Em seguida, calcule para cada poliedro o valor da expressão numérica correspondente a $V + F - A$.

Ilustrações: Banco de imagens/ Arquivo da editora

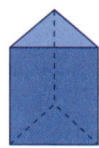

Poliedro I.

Poliedro III.

_____

_____

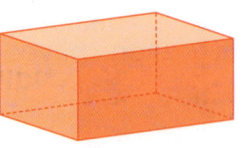

Poliedro II.

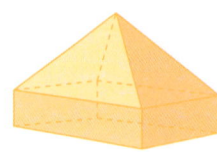

Poliedro IV.

_____

_____

b) O que aconteceu com o valor da expressão $V + F - A$ em todos esses poliedros?

A relação $V + F - A = 2$ é outra maneira de escrever a relação de Euler, vista na Unidade 2, página 49.

Estúdio Félix Reiners/Arquivo da editora

_____

_____

Propriedade distributiva

1 Veja como estavam arrumados os brinquedos em uma loja.

$$3 \times (4 + 2)$$
Total: 18 brinquedos

> A **propriedade distributiva** envolve a multiplicação com a adição ou a multiplicação com a subtração.

Veja agora os mesmos brinquedos arrumados de outra maneira.

3×4 3×2

$$3 \times 4 + 3 \times 2$$
Total: 18 brinquedos

> Este exemplo mostra a propriedade distributiva da multiplicação em relação à adição.

Estas 2 expressões numéricas têm o mesmo valor. Complete-as.

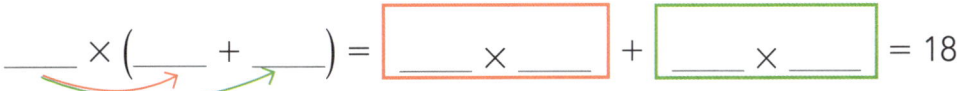

$$\underline{\quad} \times \left(\underline{\quad} + \underline{\quad} \right) = \boxed{\underline{\quad} \times \underline{\quad}} + \boxed{\underline{\quad} \times \underline{\quad}} = 18$$

2 Para indicar a quantia total referente às notas ao lado, Pedro e Marta usaram as seguintes expressões numéricas.

Pedro: $3 \times (5 + 2)$ Marta: $3 \times 5 + 3 \times 2$

As imagens não estão representadas em proporção.

a) Qual é o valor de cada expressão numérica que eles escreveram?

_____

b) Relacione as 2 expressões numéricas com o sinal adequado: = (é igual a) ou ≠ (é diferente de). _____

3 Calcule o valor das expressões numéricas e complete com = ou ≠ entre elas para comprovar a propriedade distributiva da multiplicação em relação à subtração.

a) $4 \times (7 - 2)$ _____ $4 \times 7 - 4 \times 2$ **b)** $10 \times 6 - 10 \times 1$ _____ $10 \times (6 - 1)$

4 Veja um exemplo geométrico da propriedade distributiva. Podemos calcular o número total de quadrinhos de 2 maneiras.

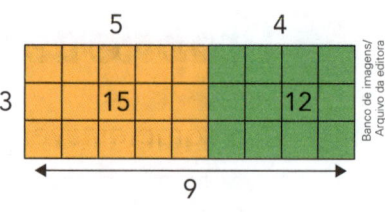

- Usando a figura toda: $3 \times (5 + 4) = 3 \times 9 = 27$
- Usando as 2 partes da figura (laranja e verde) separadamente:

$$\boxed{3 \times 5} + \boxed{3 \times 4} = 15 + 12 = 27$$

Complete: _____ × (_____ + _____) = _____ × _____ + _____ × _____

5 Comprove geometricamente a propriedade distributiva nestes exemplos:

a)

b)
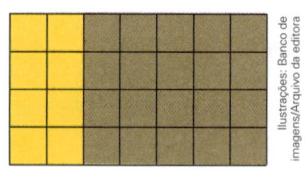

6 CÁLCULO MENTAL

Aplicando a propriedade distributiva podemos efetuar algumas multiplicações mentalmente. Observe.

$6 \times 25 \longrightarrow 6 \times (20 + 5)$
120
30
$120 + 30 = 150$

$3 \times 126 \longrightarrow 3 \times (100 + 20 + 6)$
300
60
18
$300 + 60 + 18 = 378$

Podemos simplificar a representação dos cálculos.

$4 \times 35 = 140$
$120 + 20$

$2 \times 117 = 234$
$200 + 20 + 14$

$67 \times 2 = 134$
$120 + 14$

Agora, calcule mentalmente usando a propriedade distributiva e registre o resultado.

a) $5 \times 43 =$ _____ **b)** $7 \times 14 =$ _____ **c)** $8 \times 122 =$ _____ **d)** $35 \times 6 =$ _____

Divisibilidade

Retomando múltiplos e divisores de um número natural

1 Todas as caixas têm o "peso" igual. Observe as balanças e responda.

a) Quais números as 5 balanças vão registrar? _____

b) Que nome pode ser dado a esses números? _____

c) Continuando a colocar caixas iguais a essas na balança, ela pode registrar 220 g? Justifique.

_____

2 Arnaldo tem um rolo de fita com 8 metros e pretende vendê-lo inteiro ou cortando-o em pedaços, todos com medidas iguais em metros exatos.

a) Complete como ele pode vender o rolo de fita.

1 pedaço de 8 m. _____ pedaços de 2 m.

_____ pedaços de 4 m. _____ pedaços de 1 m.

b) Qual o nome dado aos números que indicam os pedaços de fita? _____

c) Quais são eles? _____

As imagens não estão representadas em proporção.

Caixa de presente com laço de fita.

3 Escreva o que se pede.

a) Múltiplos de 12: _____

c) D$\left(25\right)$: _____

b) Divisores de 12: _____

d) M$\left(25\right)$: _____

4 **DESAFIO**

Use 2 destes números para completar a sentença.

| 37 | | 17 | | 111 |

_____ é divisor de _____.

Número primo

1 DIVISORES E NÚMERO PRIMO

- Escreva os divisores.

a) Divisores de 15: _____

b) Divisores de 9: _____

c) Divisores de 12: _____

d) Divisores de 5: _____

e) Divisores de 17: _____

f) Divisores de 2: _____

- Agora, leia a informação e responda.

Número primo é todo número natural maior do que 1 cujos divisores são apenas o 1 e ele mesmo.

a) Dos números 2, 5, 9, 12, 15 e 17, quais são números primos? _____

b) 21 é número primo?

_____

_____

c) Quais são os números primos até 20?

_____

Saiba mais

A palavra **primo** vem do latim *primus*, que significa "primeiro".

A partir dos números primos, usando a multiplicação, podemos obter (gerar) os demais números naturais maiores do que 1, chamados de **números compostos**. Por exemplo:

$$4 \longrightarrow 2 \times 2 \qquad 21 \longrightarrow 3 \times 7 \qquad 27 \longrightarrow 3 \times 3 \times 3$$

2

Todo número composto pode ser escrito como uma multiplicação de números primos. Veja os exemplos e complete os itens.

$$15 = 3 \times 5 \qquad 8 = 2 \times 4 \qquad 18 = 6 \times 3 \quad ou \quad 9 \times 2$$
$$2 \times 2 \times 2 \qquad 2 \times 3 \times 3 \qquad 3 \times 3 \times 2$$

a) $36 = 2 \times 2 \times$ _____ $\times$ _____

b) $14 =$ _____

c) $30 =$ _____

d) $40 =$ _____

Mínimo múltiplo comum (mmc) e máximo divisor comum (mdc) de números naturais

1 Observe os saltos do grilo e do sapo.

As imagens não estão representadas em proporção.

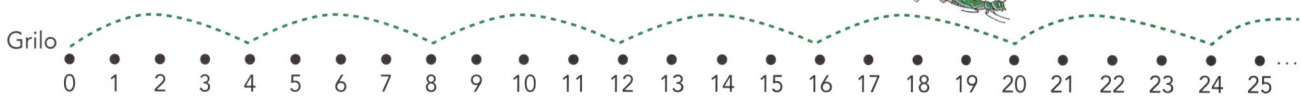

Grilo

a) Escreva a sequência dos números sobre os quais o grilo está saltando.

_____

b) Que sequência é essa? _____

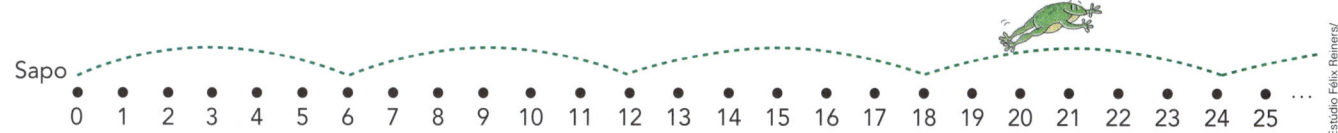

Sapo

c) Escreva a sequência dos números sobre os quais o sapo está saltando.

_____

d) Que sequência é essa? _____

e) Circule nas 2 sequências os números que tanto o grilo como o sapo saltaram.

Os números que se repetem nas duas sequências são os **múltiplos comuns** de 4 e 6.

O menor desses números, excluído o zero, é chamado **mínimo múltiplo comum** de 4 e 6 e é indicado por **mmc(4, 6)**.

f) Quais são os 4 primeiros múltiplos comuns de 4 e 6? _____

g) Qual é o mínimo múltiplo comum de 4 e 6? _____

h) Complete: mmc(_____, _____) = _____

2 Escreva os 5 primeiros números de cada sequência. Depois, complete.

Múltiplos de 15 ⟶ M(15): _____

Múltiplos de 20 ⟶ M(20): _____

Múltiplos comuns de 15 e 20 ⟶ _____

mmc(15, 20) = _____

3 A professora Zuza quer repartir 8 cadernos e 12 lápis igualmente para um grupo de alunos de modo que não sobrem cadernos nem lápis. Complete.

Ilustrações: Félix Reiners/Arquivo da editora

a) Se fosse repartir só os cadernos, então poderia ser

para _____, _____, _____ ou _____ alunos.

b) Se fosse repartir só os lápis, então poderia ser para _____, _____,

_____, _____, _____ ou _____ alunos.

*Os números do item **c** são os **divisores comuns** de 8 e 12.*

*O maior deles, que está no item **d**, é o **máximo divisor comum** de 8 e 12 e é indicado por **mdc(8, 12)**.*

c) Juntos, os cadernos e os lápis poderão ser

repartidos para _____, _____ ou _____ alunos.

d) Se ela for repartir para o maior número possível de pessoas, então o grupo será formado por

_____ alunos.

4 Observe os números em cada item da atividade anterior e escreva o nome que se dá a esses números. Depois, complete.

Números 1, 2, 4 e 8: _____

Números 1, 2, 3, 4, 6 e 12: _____

Números 1, 2 e 4: _____ $mdc(8, 12) =$ _____

5 **CÁLCULO MENTAL**

a) **Cálculo do mínimo múltiplo comum (mmc)**

Excluindo o 0 (zero), pense no menor número que é múltiplo comum dos números indicados e registre-o.

- $mmc(6, 10) =$ _____
- $mmc(12, 8) =$ _____
- $mmc(4, 14) =$ _____
- $mmc(3, 7) =$ _____
- $mmc(15, 5) =$ _____
- $mmc(9, 12) =$ _____

b) **Cálculo do máximo divisor comum (mdc)**

Pense sempre no maior número que é divisor comum dos números indicados e registre-o.

- $mdc(14, 10) =$ _____
- $mdc(6, 18) =$ _____
- $mdc(4, 9) =$ _____
- $mdc(20, 50) =$ _____
- $mdc(9, 15) =$ _____
- $mdc(12, 30) =$ _____

6 Na loja de tecidos de Alfredo há 2 peças de seda, uma com 20 m e outra com 12 m de medida de comprimento. Ele quer cortar as 2 peças de seda em partes iguais, com o maior comprimento possível, de modo que não sobre tecido.

a) Quantos metros de comprimento deve ter cada parte?

_____

b) Quantas partes ele vai obter em cada peça?

_____

7 De 3 em 3 horas partem ônibus de Campo Grande (Mato Grosso do Sul) a Belo Horizonte (Minas Gerais). De 4 em 4 horas partem ônibus de Campo Grande a Porto Alegre (Rio Grande do Sul).

À meia-noite, ou 0 hora, partiram simultaneamente ônibus de Campo Grande a Belo Horizonte e a Porto Alegre. A que horas ocorrerá a próxima partida simultânea? _____

8 O dono do terreno retangular indicado na figura ao lado quer dividi-lo em lotes iguais, todos quadrados, e com o maior tamanho possível.

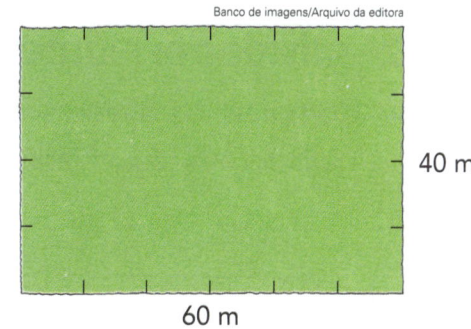

Banco de imagens/Arquivo da editora

40 m

60 m

a) Qual deve ser a medida do comprimento do lado de cada lote? _____

b) Quantos lotes serão? _____

c) Faça a divisão do terreno na figura.

9 Carlos tem várias moedas, todas de 25 centavos. Rosa também tem várias moedas, todas de 10 centavos. Qual é o menor número de moedas que cada um deve separar para que obtenham quantias iguais com essas moedas?

_____

Brincando também aprendo

1ª atividade: Cruzadinha

Complete de acordo com o indicado.

a) O resultado da adição chama-se... ⟶ `[ ][O][ ][ ]`

b) Em $60 \times 20 = 1\,200$, a operação é a... ⟶ `[ ][ ][ ][ ][ ][P][ ][ ][ ][ ][ ][ ]`

c) O resultado da subtração chama-se... ⟶ `[ ][ ][ ][ ][ ][ ][E][ ][ ][ ]`

d) Em $60 - 20 = 40$, a operação chama-se... ⟶ `[ ][ ][ ][ ][R][ ][ ][ ][ ]`

e) Em $60 + 20 = 80$, os números 60 e 20 são as... ⟶ `[ ][A][ ][ ][ ][ ][ ][ ]`

f) Em $60 + 20 = 80$, a operação chama-se... ⟶ `[ ][ ][ ][Ç][ ][ ]`

g) O resultado da multiplicação é o... ⟶ `[ ][ ][O][ ][ ][ ]`

h) O resultado da divisão chama-se... ⟶ `[ ][ ][ ][ ][ ][E][ ][ ][ ]`

i) Em $60 \div 20 = 3$, a operação é a... ⟶ `[ ][ ][ ][ ][S][ ][ ]`

2ª atividade: Números cruzados

Complete os quadros com os valores indicados nas horizontais, colocando 1 algarismo em cada quadrinho. Com os valores das verticais você faz a verificação.

a)

```
        C    D
        ↓    ↓
A →  [    |    ]
B →  [    |    ]
```

Horizontais
- **A:** $10 + 5 \times 11 = $ _____
- **B:** $75 - 15 - 20 = $ _____

Verticais
- **C:** $(3 + 5) \times (10 - 2) = $ _____
- **D:** $100 \div 5 + 30 = $ _____

b)

```
        G    H
        ↓    ↓
E →  [    |    ]
F →  [    |    ]
```

Horizontais
- **E:** $\text{mmc}(4, 6) = $ _____
- **F:** $\text{mdc}(40, 60) = $ _____

Verticais
- **G:** $\text{mdc}(12, 24) = $ _____
- **H:** $\text{mmc}(4, 10) = $ _____

Estatística

Interpretação de tabelas e gráficos

1 **TABELA**

A seguinte questão foi proposta em uma votação na turma de Aline: Qual é seu animal doméstico favorito?

a) Complete a tabela.

b) Agora, responda: Qual animal teve maior frequência? Quantos votos ele teve?

_____

c) Quantos alunos votaram? _____

Animais domésticos favoritos da turma

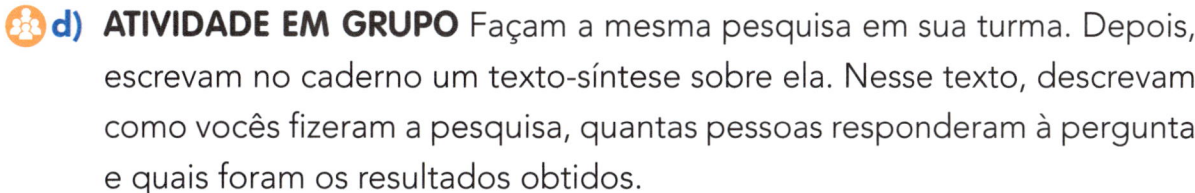

Animal	Marcas	Quantidade de votos
Cachorro	▱▱L	12
Gato	▱□	
Passarinho		7
Tartaruga	□	

Tabela elaborada para fins didáticos.

As imagens não estão representadas em proporção.

d) 👥 **ATIVIDADE EM GRUPO** Façam a mesma pesquisa em sua turma. Depois, escrevam no caderno um texto-síntese sobre ela. Nesse texto, descrevam como vocês fizeram a pesquisa, quantas pessoas responderam à pergunta e quais foram os resultados obtidos.

2 **GRÁFICO DE SETORES**

Veja no gráfico de setores o registro das vendas de um dia em uma loja de CDs, por gênero de música.

a) No gráfico há marcações que dividem a circunferência em quantas partes iguais? _____

b) Qual é o nome que damos às regiões coloridas desse tipo de gráfico? _____

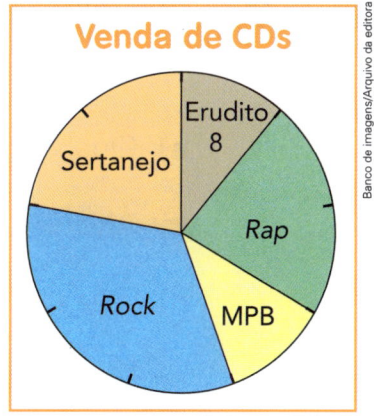

Venda de CDs

Erudito 8 · Sertanejo · Rap · Rock · MPB

Gráfico elaborado para fins didáticos.

c) O setor marrom corresponde a quantos CDs? _____

d) O setor verde corresponde a quantas vezes o setor marrom? _____

e) Então, quantos CDs do gênero *rap* foram vendidos nesse dia? _____

f) Qual foi o gênero musical mais vendido? Quantos CDs? _____

g) Quantos CDs foram vendidos no total? _____

3 GRÁFICO DE BARRAS

Na volta das férias, cada equipe de uma turma fez uma pesquisa a partir desta questão.

> Você assistiu a quantos filmes nas férias?

O resultado da pesquisa feita pela equipe de Álvaro foi registrado neste gráfico de barras. Veja.

Pessoas assistindo a um filme.

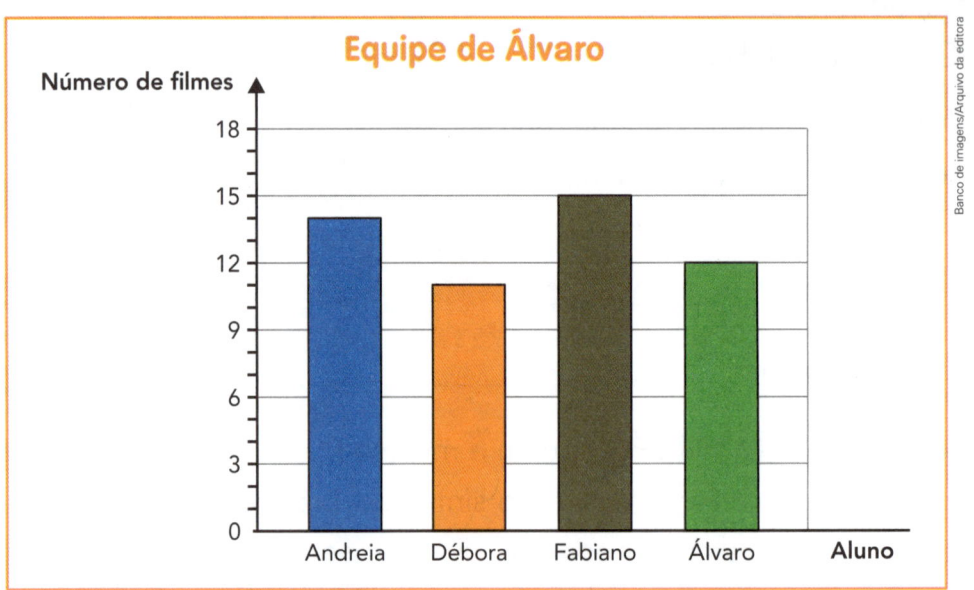

Gráfico elaborado para fins didáticos.

a) Qual dos alunos dessa equipe assistiu a mais filmes? A quantos filmes esse aluno assistiu? _____

b) Qual dos alunos assistiu a exatamente 11 filmes? _____

c) Álvaro assistiu a quantos filmes? _____

d) Quantos filmes Fabiano viu a mais do que Álvaro? _____

e) Quais alunos assistiram a mais do que 10 filmes? _____

f) Quem assistiu a mais filmes: Álvaro ou Andreia? _____

g) Quem assistiu a menos do que 14 filmes? _____

h) Formule mais uma pergunta sobre essa pesquisa e dê a resposta.

_____

_____

4 **GRÁFICO DE SEGMENTOS**

Este gráfico mostra a evolução da medida da temperatura em uma cidade, registrada de 4 em 4 horas durante certo dia.

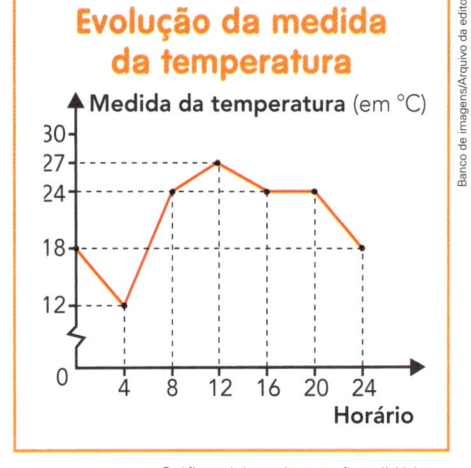

Evolução da medida da temperatura

Gráfico elaborado para fins didáticos.

a) Qual foi a medida da temperatura registrada às 20 h? E às 12 h? _____

b) Em quais horários desse dia foram registrados 24 °C? _____

c) Dos registros feitos às 4 h e às 8 h, a medida da temperatura subiu ou caiu? Quantos graus? _____

d) Qual foi a medida da temperatura máxima registrada nesse dia? Em qual horário? _____

e) Qual foi a variação da medida da temperatura registrada às 8 h e às 12 h? _____

f) Escreva no caderno um texto-síntese sobre os resultados obtidos nesta atividade.

Sugestão de...
Livro

Bola no pé: a incrível história do futebol.
Luísa Massarani e Marcos Abrucio. São Paulo: Cortez, 2014.

Saiba mais

Alguns gráficos, para ficarem mais bonitos e chamativos, trazem imagens relativas ao assunto deles. São os **gráficos pictóricos**.

Veja um exemplo ao lado.

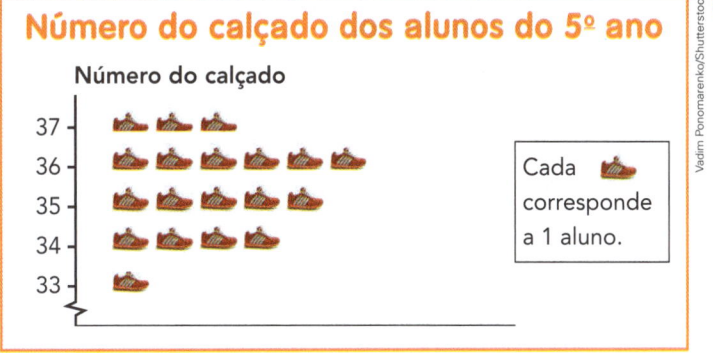

Número do calçado dos alunos do 5º ano

Número do calçado

Cada 👟 corresponde a 1 aluno.

Gráfico elaborado para fins didáticos.

---

5 **PESQUISA**

ATIVIDADE EM GRUPO

a) Procurem um gráfico pictórico em revistas e jornais, recortem-no, colem-no em uma folha de papel sulfite e apresentem-no para toda a turma.

b) Levantem questões referentes ao gráfico pictórico pesquisado e ao gráfico do **Saiba mais** e conversem com toda a turma para responder a elas.

JOGO COM TABELA E GRÁFICOS

Vamos jogar?

Confeccionem 14 papeizinhos com as letras de **A** a **N** para serem sorteados. Na sua vez, cada jogador sorteia um papel, localiza os pontos correspondentes à letra sorteada na tabela ou em um dos gráficos e anota os pontos na tabela de pontuação. Ganha a partida quem conseguir o maior total de pontos após 7 rodadas.

Pontos correspondentes às letras

Letra	Quantidade de pontos
D	▨
H	☐
L	▨

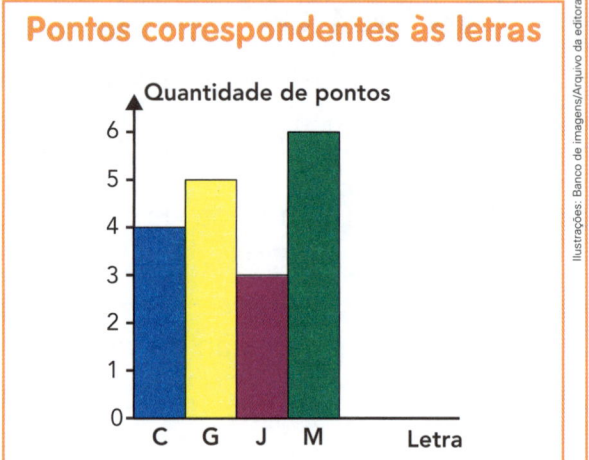

Pontos correspondentes às letras

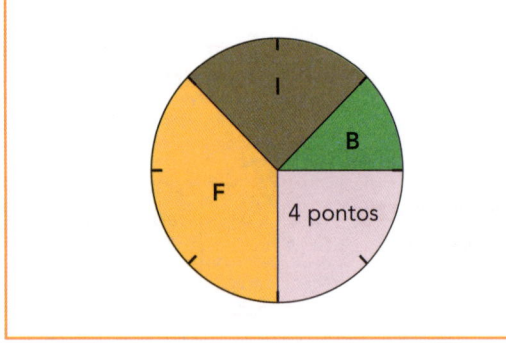

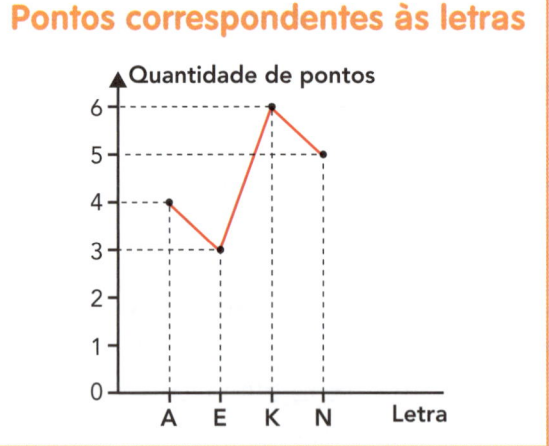

Pontos correspondentes às letras

Tabela e gráficos elaborados para fins didáticos.

Tabela de pontuação

Nome \ Rodada	1ª	2ª	3ª	4ª	5ª	6ª	7ª	Total de pontos

Tabela elaborada para fins didáticos.

Construção de tabelas e gráficos

1 Conte quantas de cada uma das vogais (**a**, **e**, **i**, **o**, **u**) há na frase em destaque.

> É muito importante preservar os rios e as florestas.

Preencha a tabela e complete o gráfico de barras com essa contagem.

Vogais na frase

Vogal	Número de vezes que aparece

Tabela e gráfico elaborados para fins didáticos.

a) Qual vogal aparece com maior frequência? _____

b) E com menor frequência? _____

c) Qual é a frequência com que aparece a vogal **i**? _____

2 ATIVIDADE EM GRUPO

a) Forme uma equipe com mais 2 colegas e façam uma pesquisa em sua turma: "Para qual time de futebol você torce?".

b) Registrem na tabela o número de votos para os 4 times mais votados. Depois, na malha quadriculada, construam um gráfico de barras.

Times mais votados de sua turma

Time	Quantidade de votos

Tabela e gráfico elaborados para fins didáticos.

c) Escrevam no caderno um texto-síntese sobre os resultados obtidos na pesquisa realizada.

 # Estatística: média de 2 ou mais números

ATIVIDADE EM GRUPO (TODA A TURMA)

Parte 1

- Formem 4 pilhas de livros, uma com 2 livros, uma com 5 livros, outra com 2 livros e a última com 3 livros, como nesta imagem.

- Façam uma arrumação de modo que os livros fiquem ainda em 4 pilhas, mas todas com o mesmo número de livros.

- Agora, respondam (cada um em seu livro).

   a) Quantos livros havia em cada pilha antes da arrumação? _____

   b) Quantos livros ficaram em cada pilha depois da arrumação? _____

   Veja como podemos ilustrar essa situação.

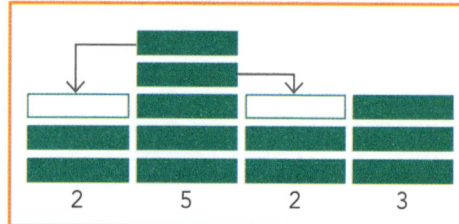 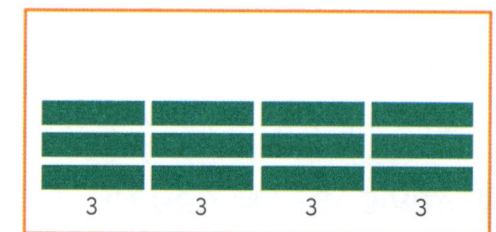

Parte 2

- Agora vamos pensar em quais operações matemáticas devem ser efetuadas para determinar o número total de livros e o número de livros em cada pilha, depois da arrumação.

   Respondam (cada um em seu livro).

   a) Quais operações matemáticas foram realizadas nessa situação?

   _____

   b) Usem os dados do problema para indicar e efetuar essas operações.

   _____

   c) Completem.

   > Dizemos que o número _____ é a **média** dos números _____.

1 Cláudia assistiu à TV durante 3 horas no sábado e 5 horas no domingo. Nesse fim de semana, em média, durante quantas horas por dia ela assistiu à TV? _____

2 Valdir disputou 3 partidas de basquete e marcou 15 pontos, 19 pontos e 14 pontos.

a) Quantos pontos ele marcou no total? _____

b) Imagine agora se ele tivesse marcado esse mesmo total de pontos nas 3 partidas, mas com o mesmo número de pontos em cada uma delas. Qual seria o número de pontos por partida? _____

c) Então, nas 3 partidas que disputou, Valdir fez quantos pontos, em média, por partida? _____

d) Qual é a média de pontos por partida de um jogador que fez 18 pontos, 23 pontos, 21 pontos e 18 pontos em 4 partidas? _____

3 DESAFIO

Danilo mora em Porto Seguro (Bahia) e resolveu viajar para Cuiabá (Mato Grosso). Durante os 4 dias da viagem ele planejou gastar R$ 60,00 por dia, em média, com alimentação.

No 1º dia ele gastou R$ 58,00, no 2º dia, R$ 64,00 e no 3º dia, R$ 57,00.

Calcule, responda e faça a verificação. Para não ultrapassar a média planejada, quanto ele pôde gastar no 4º dia? _____

A população média por quilômetro quadrado de uma cidade, estado ou país é chamada **densidade demográfica**.

Por exemplo: uma cidade com população de 300 000 habitantes e medida de área de 2 000 km² tem densidade demográfica de 150 habitantes por km², pois 300 000 ÷ 2 000 = 150.

4 CALCULADORA

Em 2010, segundo dados do Censo, considerando todos os estados brasileiros e o Distrito Federal, este último era o que tinha a maior densidade demográfica. O que tinha a menor densidade demográfica era o estado de Roraima.

Vista aérea do Eixo Monumental, Brasília, Distrito Federal. Foto de 2018.

Distrito Federal

População aproximada: 2 572 100 habitantes

Medida de área: 5 780 km²

Vista aérea de Boa Vista, Roraima. Foto de 2019.

Roraima

População aproximada: 450 500 habitantes

Medida de área: 225 000 km²

Fonte de consulta: IBGE CIDADES. Disponível em: <https://cidades.ibge.gov.br/>. Acesso em: 27 jan. 2020.

Use uma calculadora, descubra e responda.

a) Qual era a densidade demográfica aproximada do Distrito Federal em 2010?

_____

b) A densidade demográfica de Roraima era maior ou menor do que 2 habitantes por km²? _____

Mais atividades e problemas

1 Complete.

a) $4 \times 3 \times 5 =$ _____

b) $20 - 10 \div 5 =$ _____

c) $(5 + 4) \div (7 - 4) =$ _____

d) $12 \div 6 \div 2 =$ _____

e) $17 +$ _____ $+ 4 = 25$

f) $2 +$ _____ $\times 2 = 12$

2 CALCULADORA

Use uma calculadora, descubra o número e complete.

a) $8\,027 - 541 =$ _____

b) $37 \times 956 =$ _____

c) _____ $\div 25 = 49$

d) $7\,000 -$ _____ $= 1\,274$

e) $1\,036 \div 37 + 412 =$ _____

f) $5\,040 - 420 \times 12 =$ _____

3 Escreva os números indicados.

a) Os múltiplos de 35 menores do que 150. _____

b) Os divisores ímpares de 30. _____

c) Os 4 primeiros múltiplos comuns de 4 e 10. _____

d) Os divisores comuns de 25 e 40. _____

e) Os números primos entre 20 e 30. _____

f) A soma de mdc$(4, 10)$ com mmc$(6, 9)$. _____

4 Daniel foi ao médico e ele receitou um comprimido de 6 em 6 horas e um xarope de 4 em 4 horas. À meia-noite, Daniel tomou um comprimido e o xarope. Indique os horários.

a) Durante o dia, um horário em que ele voltará a tomar um comprimido e o xarope ao mesmo tempo. _____

b) Um horário em que ele tomará um comprimido, mas não tomará o xarope.

_____

c) Um horário em que ele não tomará nem comprimido nem xarope.

_____

5 Na escola de Patrícia há 4 turmas de 5º ano: 5º **A**, 5º **B**, 5º **C** e 5º **D**. Ela e os colegas estão fazendo um levantamento da quantidade de meninos e meninas nessas turmas.

Veja parte do registro que eles fizeram.

Alunos nas turmas

Turma	Meninos	Meninas	Total
5º A	18	16	
5º B	19		32

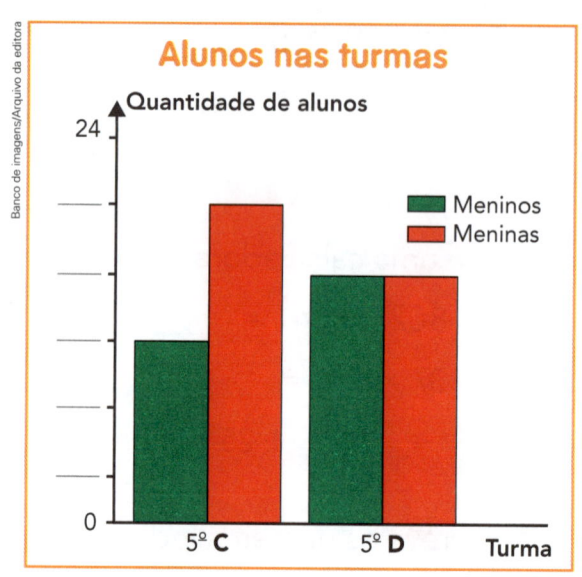

Tabela e gráfico elaborados para fins didáticos.

a) De 0 a 24 alunos, há quantas partes iguais no eixo do gráfico?

_____

b) Então cada uma dessas partes corresponde a quantos alunos?

_____

c) Complete as informações que faltam no gráfico de barras acima.

d) Agora, complete a tabela. Nela, inclua os valores do 5º **C** e do 5º **D**.

e) Registre os números e compare-os usando >, < ou =.

- Meninos do 5º **A** e meninas do 5º **A**. _____

- Alunos do 5º **B** e alunos do 5º **C**. _____

- Meninas do 5º **B** e meninas do 5º **D**. _____

- Meninos do 5º **D** e meninas do 5º **B**. _____

- Meninos do 5º **A** e meninos do 5º **B**. _____

- Meninos do 5º ano e meninas do 5º ano. _____

 **6** **ATIVIDADE EM GRUPO** Alex elaborou este gráfico de segmentos a partir dos dados da conta de água dele.

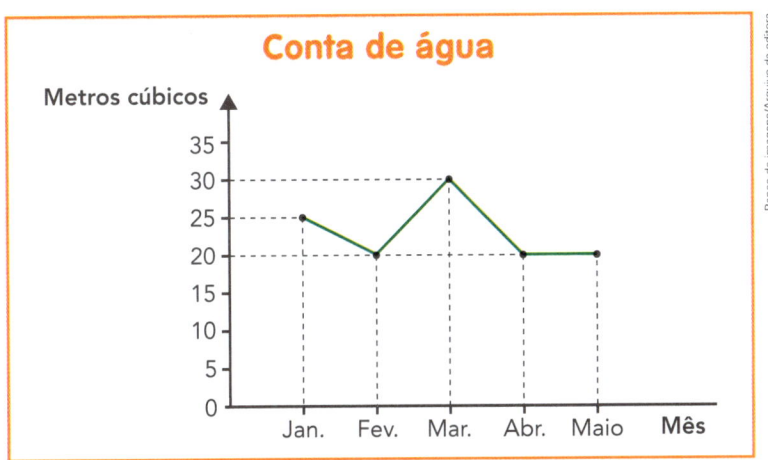

Conta de água

1 metro cúbico corresponde à capacidade de um cubo com arestas de 1 metro.

Gráfico elaborado para fins didáticos.

a) O que está representado no eixo horizontal deste gráfico?

_____

b) E o que está representado no eixo vertical?

_____

c) O que o gráfico está mostrando?

_____

d) Quantos metros cúbicos foram consumidos em março? _____

e) Em que meses o consumo foi o mesmo? _____

f) Em que mês o consumo foi menor do que 20 metros cúbicos?

_____

g) Qual foi a média de consumo nesses 5 meses? _____

h) De janeiro para fevereiro, o consumo aumentou ou diminuiu? Quanto?

_____

i) Agora, junto com os demais grupos, elaborem e respondam a outras questões referentes ao gráfico.

_____

_____

7 **PROBLEMA**

Leia, pense, resolva e responda.

Em um jogo que Mauro comprou, são distribuídas igualmente 30 fichas azuis e 18 fichas verdes entre os participantes e não podem sobrar fichas. Qual é o maior número de participantes que esse jogo pode ter?

_____

8 Uma pesquisa sobre cor favorita foi feita com 32 alunos da turma de Mauro. O resultado está neste gráfico de setores. Calcule e escreva quantos votos cada cor teve.

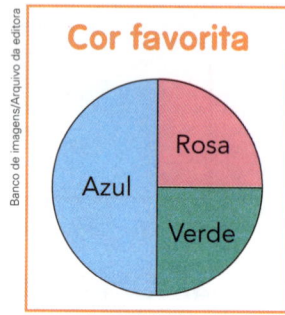

Cor favorita

Gráfico elaborado para fins didáticos.

- Azul: _____.

- Rosa: _____.

- Verde: _____.

9 Os alunos do 5º ano B da escola de Lia realizaram uma pesquisa sobre o animal preferido dos colegas do 5º ano A.

Com os dados obtidos na pesquisa, eles elaboraram um gráfico pictórico registrando os 5 animais mais votados.

Animais favoritos no 5º B

Gráfico elaborado pelos alunos do 5º ano B.

a) Complete estas conclusões sobre os resultados da pesquisa.

O animal mais votado foi _____, com _____ votos.

_____ e _____ tiveram o mesmo número de votos.

Tartaruga teve _____ votos menos do que gato.

b) Escreva mais uma conclusão no caderno e, depois, relate aos colegas.

c) Agora, realize com os colegas uma pesquisa sobre a fruta favorita dos alunos da sua turma. Anote os votos e verifique quais foram as 5 frutas mais votadas. Depois, em uma folha de papel sulfite construa um gráfico pictórico bem colorido.

Vamos ver de novo?

1 Escreva por extenso ou com algarismos.

a) 1 000 106 _____

b) Quinze bilhões, doze milhões e duzentos mil. _____

2 Um tesouro foi guardado em um destes baús: **L**, **J** ou **K**. A partir de **A**, procure as regiões planas simétricas em relação aos eixos vermelhos horizontais ou verticais. Registre o roteiro e escreva onde está o tesouro.

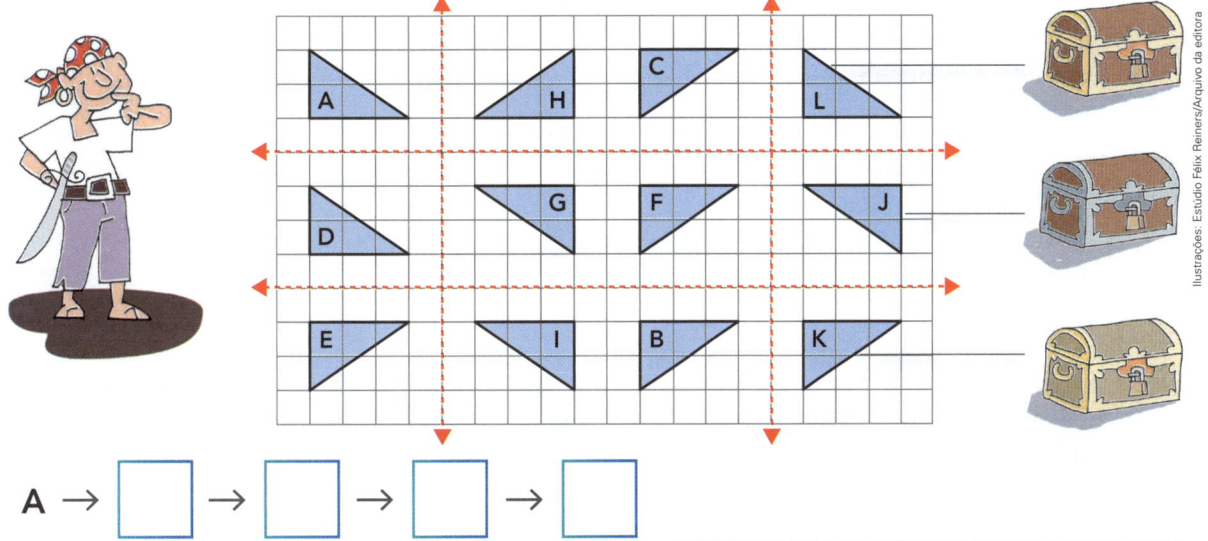

Ilustrações: Estúdio Félix Reiners/Arquivo da editora

A → ☐ → ☐ → ☐ → ☐

_____

3 Luís ganhou 4 selos para sua coleção, mas não sabe a origem deles. Observe as dicas e complete o quadro com as características dos selos.

- O selo com a figura de um trem é vermelho e o com uma flor não é francês.
- O selo alemão tem a figura de um corredor.
- O selo da Suíça não é vermelho e o selo com um avião não é amarelo.
- O selo dos Estados Unidos é azul e o selo com a figura de uma flor é verde.

País				
Cor				
Figura				

O que estudamos

Estudamos o significado de expressão numérica e conhecemos a ordem em que as operações devem ser efetuadas para calcular o valor da expressão numérica.

$$18 - (7 + 3)$$
$$18 - 10 = 8$$

$$18 - 7 + 3$$
$$11 + 3 = 14$$

$$3 + 4 \times 5$$
$$3 + 20 = 23$$

Retomamos as ideias de múltiplo e de divisor de um número natural e vimos o significado de mínimo múltiplo comum (mmc) e máximo divisor comum (mdc) de 2 ou mais números naturais.

- $mmc(6, 10) = 30$, pois 30 é o menor número natural diferente de 0 (zero) que é, ao mesmo tempo, múltiplo de 6 e múltiplo de 10.

- $mdc(20, 12) = 4$, pois 4 é o maior número natural que é, ao mesmo tempo, divisor de 20 e divisor de 12.

Estudamos alguns assuntos de estatística e tratamento da informação.

Vimos, por exemplo, como interpretar e construir tabelas e gráficos com base nas respostas dadas em uma pesquisa.

Em uma turma com 30 alunos, por exemplo.

- **Tabela**

Qual é sua cor favorita?

Cor favorita

Cor	Marcas	Quantidade de votos
Azul		6
Verde		10
Amarelo		4
Vermelho		10

Tabela elaborada para fins didáticos.

- **Gráfico de setores**

O número de meninas é o dobro do de meninos.

Quantos meninos e meninas há na turma?

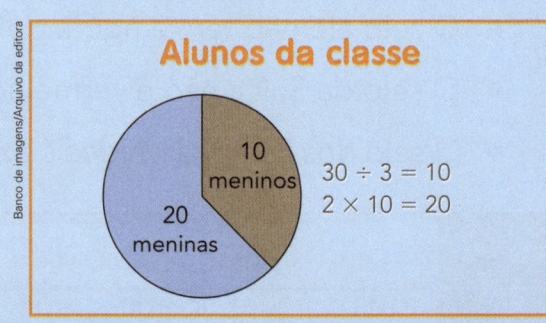

Alunos da classe

10 meninos
20 meninas

$$30 \div 3 = 10$$
$$2 \times 10 = 20$$

Banco de imagens/Arquivo da editora

Gráfico elaborado para fins didáticos.

- **Gráfico de segmentos**

Quantos alunos faltaram na escola em cada dia da semana?

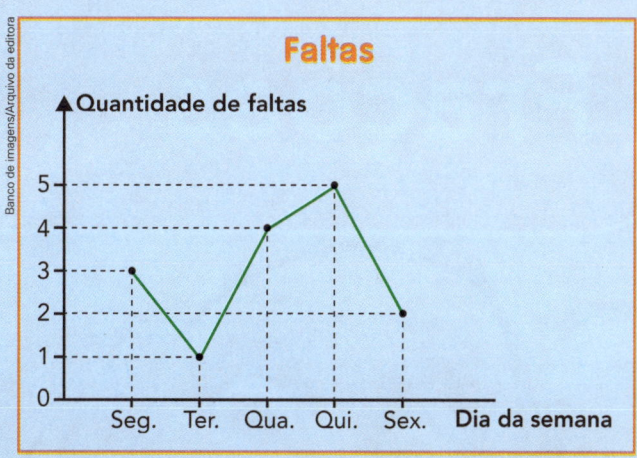

Gráfico elaborado para fins didáticos.

- **Gráfico de barras**

Qual é seu animal favorito?

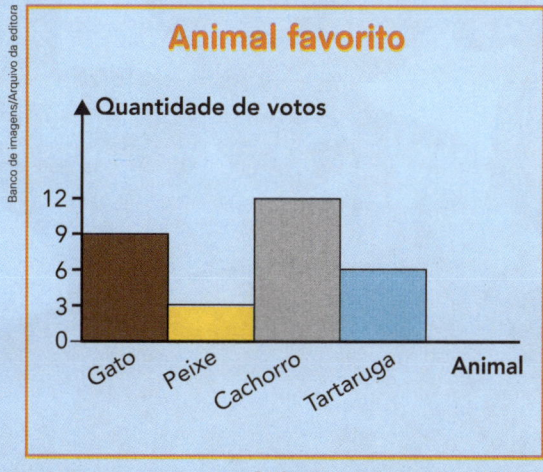

Gráfico elaborado para fins didáticos.

Conhecemos a ideia de média de 2 ou mais números.

Se uma pessoa gastou R$ 25,00 na sexta-feira, R$ 35,00 no sábado e R$ 36,00 no domingo, dizemos que, nesses 3 dias, em média, ela gastou R$ 32,00 por dia.

$$25 + 35 + 36 = 96 \qquad\qquad 96 \div 3 = 32$$

- Você entendeu bem a ordem das operações no cálculo do valor de uma expressão numérica?

- Você tem dado opiniões nas atividades em grupo? E tem ouvido com atenção e respeito as opiniões dos colegas?

- Você tem distribuído bem as atividades de estudo, lazer, uso do celular, descanso e outras?

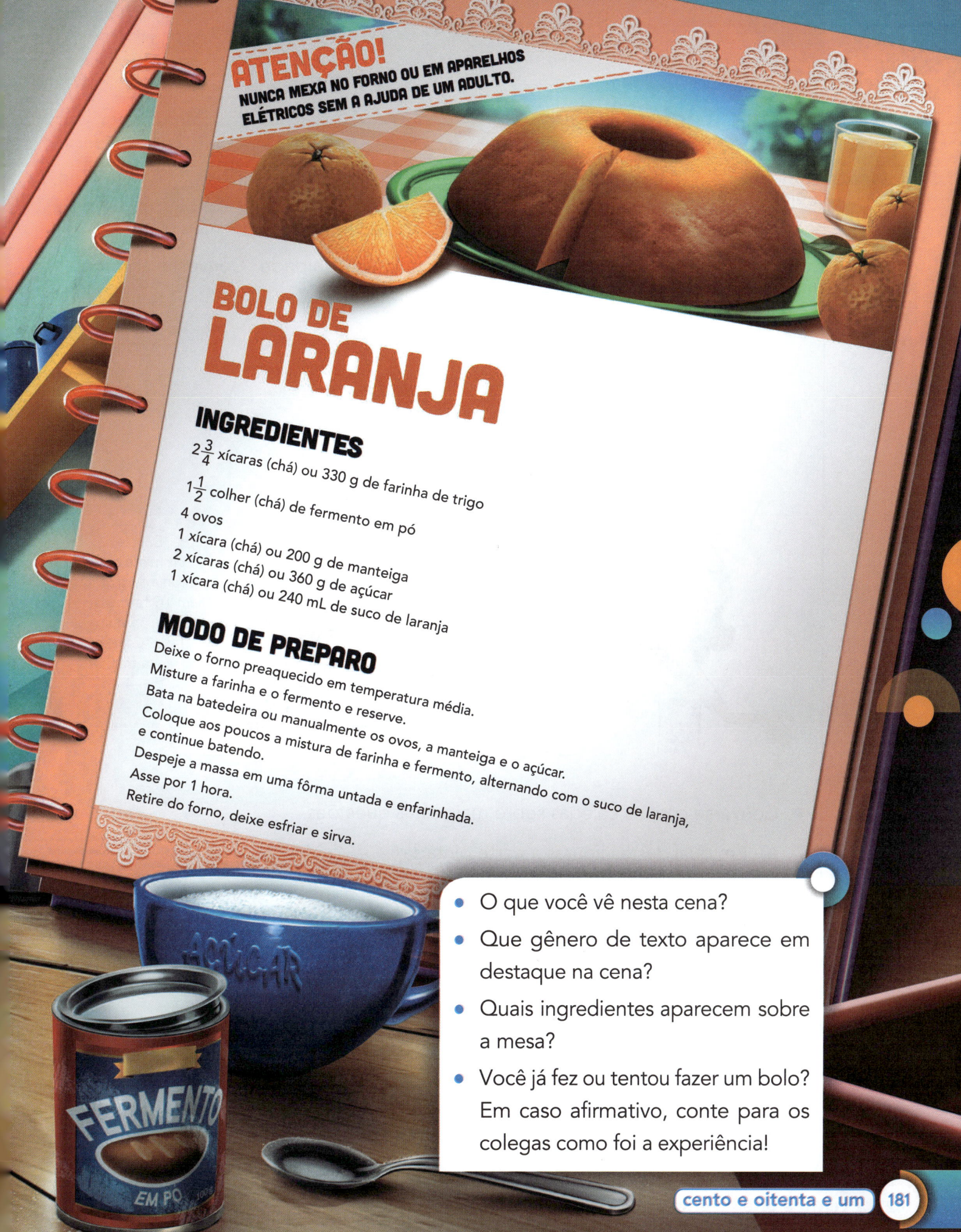

BOLO DE LARANJA

INGREDIENTES

$2\frac{3}{4}$ xícaras (chá) ou 330 g de farinha de trigo

$1\frac{1}{2}$ colher (chá) de fermento em pó

4 ovos

1 xícara (chá) ou 200 g de manteiga

2 xícaras (chá) ou 360 g de açúcar

1 xícara (chá) ou 240 mL de suco de laranja

MODO DE PREPARO

Deixe o forno preaquecido em temperatura média.

Misture a farinha e o fermento e reserve.

Bata na batedeira ou manualmente os ovos, a manteiga e o açúcar.

Coloque aos poucos a mistura de farinha e fermento, alternando com o suco de laranja, e continue batendo.

Despeje a massa em uma fôrma untada e enfarinhada.

Asse por 1 hora.

Retire do forno, deixe esfriar e sirva.

- O que você vê nesta cena?
- Que gênero de texto aparece em destaque na cena?
- Quais ingredientes aparecem sobre a mesa?
- Você já fez ou tentou fazer um bolo? Em caso afirmativo, conte para os colegas como foi a experiência!

Para iniciar

As frações são usadas em muitas situações do dia a dia. Um exemplo é na elaboração de receitas culinárias.

Nesta Unidade, vamos retomar o estudo das frações e aprender mais sobre elas.

- Analise a cena das páginas de abertura desta Unidade. Converse com os colegas e respondam às questões a seguir.

O que significa $1\frac{1}{2}$ colher (de chá)?

Como se obtêm $\frac{3}{4}$ de uma xícara (de chá) de farinha?

200 gramas representam $\frac{1}{3}$, $\frac{1}{4}$ ou $\frac{1}{5}$ de 1 quilograma?

Depois de pronto, o bolo de laranja será dividido em 10 fatias iguais. Que fração indica cada fatia? Como se lê essa fração?

Ilustrações: Estúdio Félix Reiners/Arquivo da editora

- Converse com os colegas sobre mais estas questões.

a) Em qual destas figuras a parte pintada representa $\frac{2}{3}$ da figura?

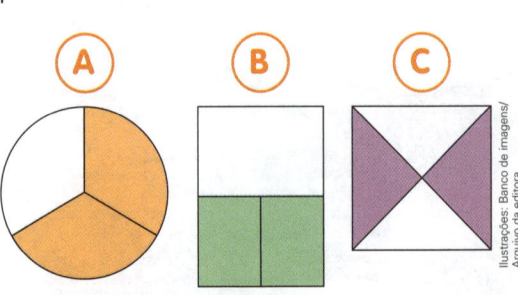

Ilustrações: Banco de imagens/Arquivo da editora

b) Que número é o denominador da fração $\frac{2}{3}$? O que ele indica?

c) E que número é o numerador dessa fração? O que ele indica?

d) Como se lê essa fração?

e) Uma pessoa tinha R$ 20,00 e gastou $\frac{1}{5}$ dessa quantia. Quantos reais ela gastou? Com quanto ainda ficou?

Ideias de fração

Fração de uma figura ou de um objeto

1 Observe a figura ao lado e complete as informações a seguir.

a) A região delimitada por esta circunferência foi dividida

em _____ partes iguais.

b) Foram pintadas _____ dessas partes.

c) Escrevemos a fração $\dfrac{\square}{\square}$ para indicar as partes em amarelo.

Banco de imagens/Arquivo da editora

número de partes pintadas $\longrightarrow$ $\underline{3}$ $\longleftarrow$ numerador da fração

número de partes iguais $\longrightarrow$ 4 $\longleftarrow$ denominador da fração
em que a região foi dividida

Explorar e descobrir

- Pegue uma folha de papel, dobre-a em 2 partes iguais e pinte 1 delas de vermelho.

  a) Quantas partes iguais há ao todo? _____

  b) Quantas delas foram pintadas de vermelho? _____

  c) Indique por meio de uma fração a parte pintada de vermelho. $\dfrac{\square}{\square}$

  d) Complete: Você pintou um _____ ou a _____ da folha.

- Agora, dobre outra folha de papel em 4 partes iguais. Pinte 1 parte de roxo.

  a) Complete: Há _____ partes iguais ao todo e _____ parte foi pintada.

  b) Indique por meio de uma fração a parte pintada de roxo. $\dfrac{\square}{\square}$

  c) Complete: Você pintou um _____ da folha.

- Desta vez a dobra da folha será em 8 partes iguais. Pinte 3 partes de verde.

  Complete: Há _____ partes iguais ao todo e _____ partes foram pintadas.

  Ou seja, você pintou $\dfrac{\square}{\square}$ (leitura: _____) da folha.

2 A fração que representa a parte da *pizza* que Bia está comendo é $\frac{1}{3}$.

Escreva a fração que indica a parte da *pizza* que sobrou no prato. _____

3 Indique a fração correspondente à parte da figura que está pintada em cada item.

a)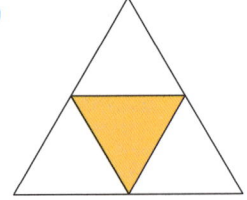
b)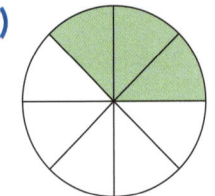
c)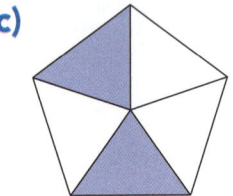
d)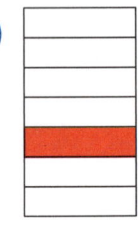

_____   _____   _____   _____

4 Pinte a parte da figura indicada pela fração em cada item.

a) $\frac{5}{8}$

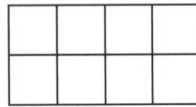

b) $\frac{1}{2}$

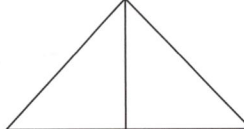

c) $\frac{2}{3}$

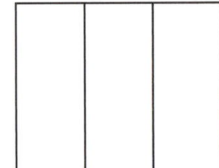

5 Responda com a fração correspondente.

a) Que parte da parede representada ao lado já foi pintada? E que parte ainda falta pintar?

_____

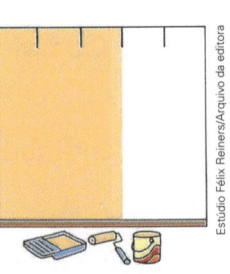

b) O frasco ao lado estava cheio de tinta. Que parte já foi usada?

_____

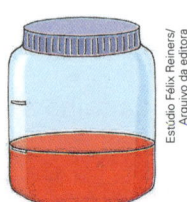

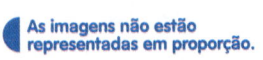 As imagens não estão representadas em proporção.

6 **ATIVIDADE ORAL EM DUPLA** Vocês já ouviram a expressão **em uma fração de segundo**? O que ela quer dizer?

7 LEITURA DE FRAÇÕES

A leitura das frações com denominadores de 2 até 9 você já conhece.

$\dfrac{1}{2}$ — Um meio. $\dfrac{3}{4}$ — Três quartos. $\dfrac{5}{6}$ — Cinco sextos. $\dfrac{7}{8}$ — Sete oitavos.

$\dfrac{1}{3}$ — Um terço. $\dfrac{1}{5}$ — Um quinto. $\dfrac{4}{7}$ — Quatro sétimos. $\dfrac{1}{9}$ — Um nono.

Veja também a leitura das frações com denominadores 10, 100 ou 1 000 (chamadas **frações decimais**).

$\dfrac{1}{10}$ — Um décimo. $\dfrac{1}{100}$ — Um centésimo. $\dfrac{1}{1\,000}$ — Um milésimo.

Agora, conheça a leitura de frações com outros denominadores.

$\dfrac{5}{12}$ — Cinco doze avos. $\dfrac{3}{20}$ — Três vinte avos.

$\dfrac{7}{31}$ — Sete trinta e um avos.

Avos quer dizer "divisão em partes iguais". A fração **cinco doze avos** representa 5 das 12 partes iguais em que a unidade foi dividida.

Estúdio Félix Reiners/Arquivo da editora

Agora, escreva como se lê ou indique a fração.

a) $\dfrac{4}{5} \rightarrow$ _____

b) $\dfrac{7}{100} \rightarrow$ _____

c) $\dfrac{11}{15} \rightarrow$ _____

d) $\dfrac{6}{7} \rightarrow$ _____

e) Nove milésimos. $\rightarrow$ _____

f) Sete trinta avos. $\rightarrow$ _____

g) Cinco sextos. $\rightarrow$ _____

h) Nove décimos. $\rightarrow$ _____

Saiba mais

Há cerca de 3 000 anos os egípcios consideravam frações só as de numerador igual a 1, ou seja, $\dfrac{1}{2}$, $\dfrac{1}{3}$, $\dfrac{1}{4}$, $\dfrac{1}{5}$, $\dfrac{1}{6}$, etc.

Fração de um conjunto de elementos

1 Na foto ao lado há 8 balões, dos quais 5 são vermelhos: 5 em 8. Dizemos que $\frac{5}{8}$ (cinco oitavos) dos balões são vermelhos.

$\frac{5}{8}$ ← número de balões vermelhos
← número total de balões

Balões coloridos.

Escreva as frações, considerando o total de balões.

a) A fração correspondente aos balões amarelos. _____

b) A fração correspondente ao balão azul. _____

c) A fração correspondente aos balões que não são vermelhos. _____

2 Indique a fração correspondente a cada caso.

◖ As imagens não estão representadas em proporção.

a) As flores vermelhas neste conjunto de flores. _____

Flores.

b) Os serrotes neste grupo de ferramentas. _____

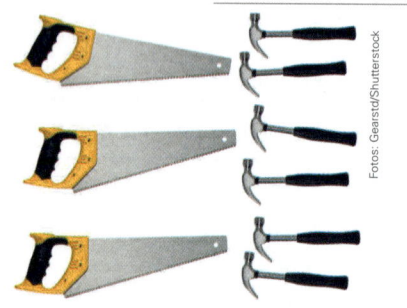
Ferramentas.

3 Observe os polígonos ao lado e responda.

a) Do total de polígonos, que fração representa os triângulos?

_____

b) Que fração representa os quadriláteros? _____

c) Que fração representa o pentágono? _____

d) E que fração representa os polígonos com mais de 3 lados?

_____

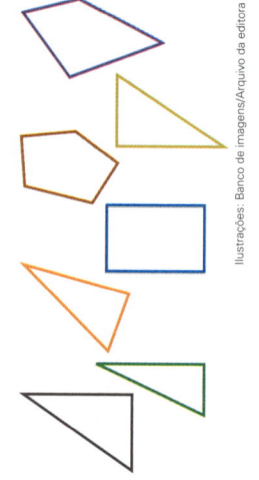

4 Em um grupo com 7 meninos e 3 meninas, as meninas correspondem a que fração do grupo? _____

Fração de um número

1 Complete cada item e descubra a fração de um número.

a) Para calcular $\frac{1}{2}$ de um número (a metade), dividimos o número por 2.

$\frac{1}{2}$ de 14 = _____ , pois _____ ÷ _____ = _____ .

b) Para calcular $\frac{1}{3}$ de um número (a terça parte), dividimos por 3.

$\frac{1}{3}$ de 15 = _____ , pois _____ .

c) $\frac{1}{5}$ de 40 = _____

d) $\frac{1}{8}$ de 32 = _____

2 Rafaela comprou 1 dúzia de ovos e usou $\frac{5}{6}$ deles para fazer uma receita. Quantos ovos ela usou?

◀ As imagens não estão representadas em proporção.

> 1 dúzia de ovos são 12 ovos. Fazendo 12 dividido por 6, que é igual a 2, eu descubro que $\frac{1}{6}$ de 12 é igual a 2.

> Como são $\frac{5}{6}$ de 12, eu faço 5 vezes 2, que é igual a 10. Logo, $\frac{5}{6}$ de 12 é igual a 10.

$\frac{1}{6}$ de 1 dúzia de ovos.

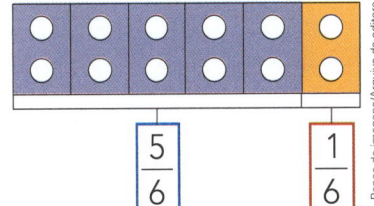

$\frac{5}{6}$ $\frac{1}{6}$

Complete e depois escreva a resposta do problema.

$\frac{5}{6}$ de 12 = _____ , pois _____ ÷ _____ = _____ e _____ × _____ = _____ .

Resposta: _____

3 **CÁLCULO MENTAL**

Calcule mentalmente e escreva o resultado.

a) $\frac{3}{4}$ de 8 = _____

c) $\frac{5}{7}$ de 21 = _____

b) $\frac{2}{3}$ de 6 = _____

d) $\frac{3}{5}$ de 20 = _____

> Depois, confira os resultados com os dos colegas.

Fração e divisão

- Divida a região determinada pelo quadrado ao lado em 4 partes iguais. Depois, pinte as 4 partes de amarelo.

  a) Que fração indica a parte da região que você pintou? $\dfrac{\square}{\square}$

  b) Complete.

  > Como a região toda foi pintada, dizemos que $\dfrac{\square}{\square}$ é o mesmo que 1 inteiro ou 1 unidade.
  >
  > Indicamos assim: $\dfrac{\square}{\square} = 1$.

- Veja agora.

  a) Represente com uma fração a parte pintada.

  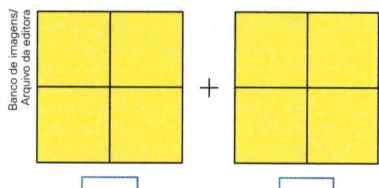

  $\dfrac{\square}{\square}$ + $\dfrac{\square}{\square}$ = $\dfrac{\square}{\square}$ ou _____ inteiros ou _____ unidades.

  b) Em quantas partes iguais cada região foi dividida? _____

  c) Quantas partes foram pintadas ao todo? _____

- Agora, considere como unidade a mesma região quadrada.

  a) Represente com um desenho a fração $\dfrac{12}{4}$.

  b) As partes pintadas correspondem a quantos inteiros ou unidades?

  _____

1 Analisando o *Explorar e descobrir* da página anterior, podemos perceber estas relações.

O traço de fração é um símbolo que indica a divisão do numerador pelo denominador.

$$\frac{4}{4} = 4 \div 4 = 1 \qquad \frac{8}{4} = 8 \div 4 = 2 \qquad \frac{12}{4} = 12 \div 4 = 3$$

Verifique essa ideia em mais estes itens. Escreva a fração e o número natural que representam o que foi pintado nas figuras.

a) 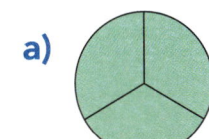 _____

b) 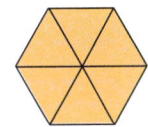 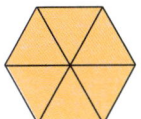 _____

2 Escreva o número natural representado em cada item.

a) $\frac{5}{5} =$ _____

c) $\frac{872}{8} =$ _____

e) $\frac{8}{8} =$ _____

b) $\frac{10}{2} =$ _____

d) $\frac{26}{13} =$ _____

f) $\frac{18}{2} =$ _____

3 Escreva frações que representem cada número natural.

a) $2 = \dfrac{\square}{10}$ ou $\dfrac{10}{\square}$, e outras.

c) $4 = \dfrac{12}{\square}$ ou $\dfrac{\square}{12}$, e outras.

b) $3 = \dfrac{\square}{\square}$ ou $\dfrac{\square}{\square}$, e outras.

d) $10 = \dfrac{\square}{\square}$ ou $\dfrac{\square}{\square}$, e outras.

4 **ATIVIDADE ORAL EM DUPLA** As frações que representam números naturais são chamadas **frações aparentes**.
Por que será que elas têm esse nome? Você conhece o ditado popular "As aparências enganam"? Dá para fazer alguma relação entre o nome e esse ditado popular? Troque ideias com um colega.

5 Observe com atenção as frações e assinale com um **X** apenas os quadrinhos das frações aparentes. Em seguida, em cada fração aparente, indique quantos inteiros ou unidades ela representa.

$\square$ $\dfrac{12}{4} =$ ____ $\square$ $\dfrac{8}{5} =$ ____ $\square$ $\dfrac{3}{6} =$ ____ $\square$ $\dfrac{6}{3} =$ ____

6 Paula repartiu igualmente 1 melão entre seus 2 primos.

1

$\frac{1}{2}$ $\frac{1}{2}$

1 melão ÷ 2 = $\frac{1}{2}$ melão ou 1 ÷ 2 = $\frac{1}{2}$

a) Complete: Cada um recebeu $\frac{\square}{\square}$ melão.

b) E se Paula fosse repartir igualmente o melão entre 4 pessoas, então quanto cada uma receberia?
Faça um desenho, indique a divisão e responda.

_____

7 Veja 2 maneiras de dividir igualmente 2 folhas de papel sulfite entre 3 pessoas: Mário (**M**), André (**A**) e Sílvia (**S**).

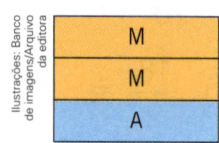

M
M
A

A
S
S

ou

M
A
S

M
A
S

> Escrevemos: 2 folhas ÷ 3 = $\frac{2}{3}$ de folha, ou simplesmente 2 ÷ 3 = $\frac{2}{3}$.

Cada pessoa vai receber o correspondente a $\frac{2}{3}$ de uma folha.

Faça desenhos ou verifique concretamente e complete.

Se 3 folhas de papel sulfite forem repartidas entre 4 pessoas, então cada uma

vai ficar com $\frac{\square}{\square}$ de folha, pois _____ ÷ _____ = $\frac{\square}{\square}$.

8 CÁLCULO MENTAL

Efetue as divisões mentalmente e registre os resultados.

a) 5 ÷ 7 = _____   **b)** 12 ÷ 4 = _____   **c)** 21 ÷ 3 = _____

9 Invente os valores e complete.

a) Um bolo foi repartido igualmente entre _____ pessoas. Cada uma recebeu

_____ do bolo, pois _____ ÷ _____ = _____ .

b) _____ litros de suco foram repartidos igualmente em _____ copos. Cada

copo ficou com _____ de um litro, pois _____ ÷ _____ = _____ .

Número misto

Explorar e descobrir

ATIVIDADE EM DUPLA

- Recortem as tiras da página 21 do **Ápis divertido**.

- Peguem 1 tira que representa 1 inteiro. Peguem também 3 tiras que representam $\frac{1}{3}$ e arrumem-nas sobre a tira de 1 inteiro.

   a) Quantos terços vocês precisam para formar 1 inteiro? _____

   b) Complete: $\dfrac{\square}{\square} = 1$.

- Agora, troquem 1 tira de 1 inteiro por tiras de $\frac{1}{3}$. Em seguida, acrescente mais 1 tira de $\frac{1}{3}$.

   a) Com quantos terços vocês ficaram? _____

   b) Podemos representar esses terços assim: $1\frac{1}{3}$. Esse é um **número na forma mista** ou, simplesmente, **número misto**. Leia a explicação e complete.

$1\frac{1}{3}$ é um **número misto**, ou seja, ele é formado por um número natural (1) e uma fração $\left(\frac{1}{3}\right)$.

Esse número misto pode ser escrito em forma de fração: $1\frac{1}{3} = \frac{4}{3}$, pois

$$1\frac{1}{3} = 1 + \frac{1}{3} = \frac{\square}{\square} + \frac{1}{\square} = \frac{\square}{\square}.$$

- Vamos trabalhar com outro número misto. Troquem 1 tira de 1 inteiro por tiras de $\frac{1}{6}$.

   a) Complete: Devemos trocar a tira do inteiro por _____, porque $\dfrac{\square}{\square} = 1$.

   b) Juntem 2 tiras de $\frac{1}{6}$. Com quantos sextos vocês ficaram? _____

   c) Complete: $1\frac{2}{6} = 1 + \frac{2}{6} = \frac{\square}{\square} + \frac{2}{6} = \frac{\square}{\square}$

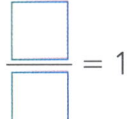

Estúdio Félix Reiners/Arquivo da editora

Unidade 6

1 Tatiane comprou 1 queijo inteiro e mais a metade de outro queijo do mesmo tipo.

Indicamos assim: $1 + \dfrac{1}{2}$ ou $1\dfrac{1}{2}$.

$1\dfrac{1}{2}$ é um número na forma mista ou, simplesmente, número misto. Lemos assim: um inteiro e um meio.

Veja que, se o queijo inteiro for cortado em 2 partes iguais, então Tatiane ficará

com 3 metades ou três meios $\left(\dfrac{3}{2}\right)$.

Estúdio Félix Reiners/ Arquivo da editora

◖ **As imagens não estão representadas em proporção.**

Logo, $1\dfrac{1}{2} = \dfrac{3}{2}$.

Faça o mesmo para o caso de 2 queijos inteiros e mais um quarto de queijo. Indique o número misto e a

fração correspondente. _____

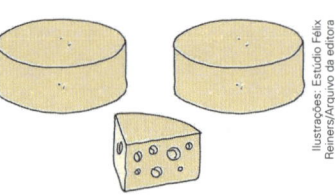

Ilustrações: Estúdio Félix Reiners/Arquivo da editora

2 Veja outros exemplos de números mistos e as frações correspondentes.

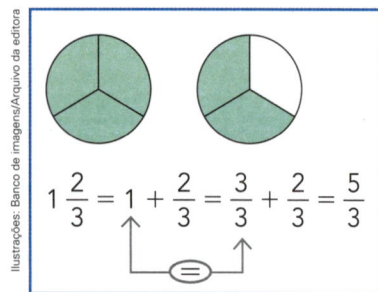

$1\dfrac{2}{3} = 1 + \dfrac{2}{3} = \dfrac{3}{3} + \dfrac{2}{3} = \dfrac{5}{3}$

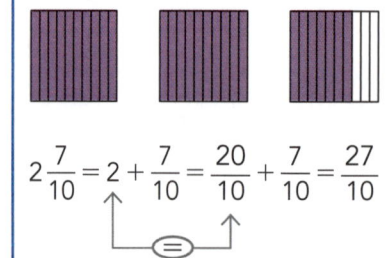

$2\dfrac{7}{10} = 2 + \dfrac{7}{10} = \dfrac{20}{10} + \dfrac{7}{10} = \dfrac{27}{10}$

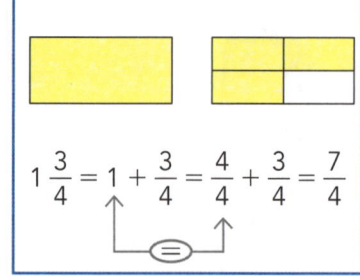

$1\dfrac{3}{4} = 1 + \dfrac{3}{4} = \dfrac{4}{4} + \dfrac{3}{4} = \dfrac{7}{4}$

Ilustrações: Banco de imagens/Arquivo da editora

Agora, escreva um número misto e a fração correspondente à parte pintada em mais estes casos.

a)

_____ = _____ + _____ = _____ + _____ = _____

c)

_____

Ilustrações: Banco de imagens/ Arquivo da editora

b)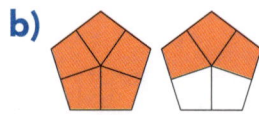

_____

d)

_____

3 A professora de Cássia propôs à turma o seguinte problema.

> Como repartir igualmente 4 folhas de cartolina para 3 alunos?

Um grupo fez assim:

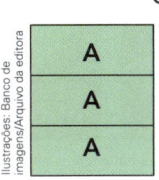 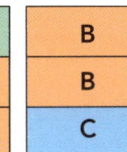 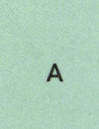 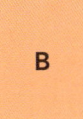

Outro grupo fez assim:

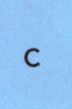 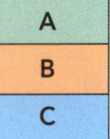

Indique a divisão correspondente a essa situação e escreva o resultado de

2 maneiras (fração e número misto): _____

4 Observe a reta numerada.

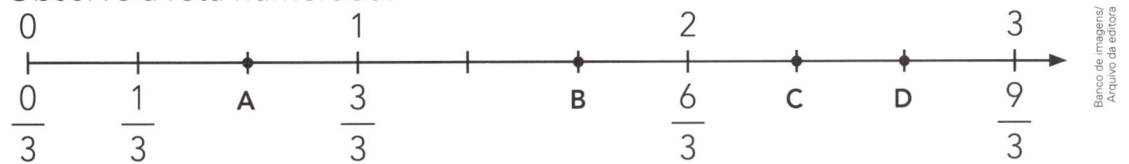

a) Em quantas partes iguais estão divididos os inteiros? _____

b) Escreva a letra que corresponde a cada fração ou a cada número misto.

$1\frac{2}{3}$: _____ $2\frac{2}{3}$: _____ $\frac{2}{3}$: _____ $2\frac{1}{3}$: _____

5 Observe mais uma reta numerada.

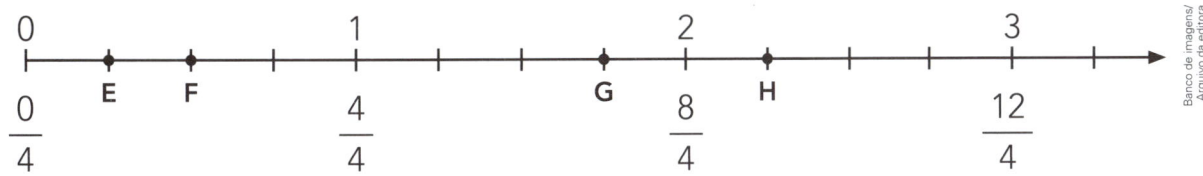

a) Em quantas partes iguais estão divididos os inteiros? _____

b) Indique com uma fração ou um número misto a posição de cada ponto representado na reta numerada.

E: _____   **F:** _____   **G:** _____   **H:** _____

6 Complete.

a) $2\frac{1}{2}$ cm = _____ mm   **b)** $1\frac{1}{4}$ m = _____ cm

7 DESAFIO

Quantos minutos correspondem a $2\frac{1}{4}$ horas? _____

Frações próprias e frações impróprias

1 Observe as figuras e indique a fração que representa a parte pintada em cada item.

a)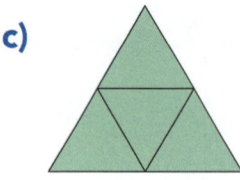

_____

c)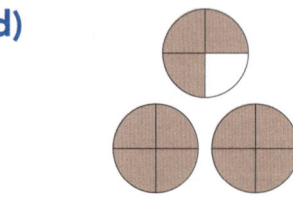

_____

e)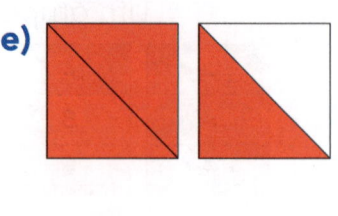

_____

b)

_____

d)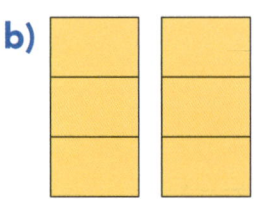

_____

f)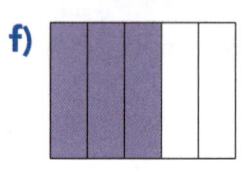

_____

> Frações com valor **menor do que 1 unidade** são chamadas de **frações próprias**. Frações com valor **igual a 1 unidade** ou **maior do que 1 unidade** são chamadas de **frações impróprias**. Elas correspondem aos números naturais e aos números mistos.

2 Analise as frações da atividade anterior e indique aqui o que se pede.

a) As frações próprias. _____

b) As frações impróprias. _____

3 Como podemos identificar as frações próprias e impróprias sem usar figuras?

- **ATIVIDADE ORAL EM GRUPO** Converse com os colegas sobre essa pergunta.
- Agora, escreva se cada fração é fração própria ou fração imprópria.

   Nas frações próprias coloque "< 1" e nas impróprias indique o número natural ou o número misto correspondente.

a) $\dfrac{10}{5}$ _____ **d)** $\dfrac{5}{8}$ _____

b) $\dfrac{7}{4}$ _____ **e)** $\dfrac{9}{9}$ _____

c) $\dfrac{2}{9}$ _____ **f)** $\dfrac{11}{5}$ _____

Frações equivalentes

Explorar e descobrir

Nesta atividade você vai usar 1 folha de papel sulfite, régua, caneta e 1 lápis vermelho.

a) Dobre a folha ao meio, como na figura ao lado. Com régua e caneta, marque a linha sobre a dobra.

Depois, pinte 1 das partes $\left(\dfrac{1}{2}\right)$ de vermelho.

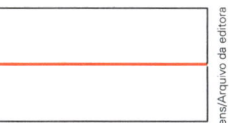

b) Dobre outra vez a folha ao meio e marque a dobra com caneta, como na figura ao lado.

Depois, complete.

Agora, a folha está dividida em _____ partes iguais e a

parte vermelha corresponde a $\dfrac{1}{2}$ ou _____ .

c) Dobre novamente a folha ao meio 2 vezes, para ficar como indica a figura ao lado. Marque as dobras com caneta.

Depois, complete.

A folha, agora, está dividida em _____ partes iguais e a parte vermelha, de

acordo com a figura, corresponde a _____ ou _____ ou _____ .

d) Pinte as figuras dos itens **a**, **b** e **c** indicando como ficou a folha em cada etapa.

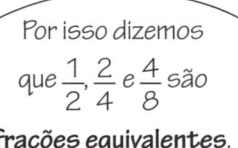

$\dfrac{1}{2}, \dfrac{2}{4}$ e $\dfrac{4}{8}$ representam o mesmo pedaço da folha.

Por isso dizemos que $\dfrac{1}{2}, \dfrac{2}{4}$ e $\dfrac{4}{8}$ são **frações equivalentes**.

> **equi:** mesmo ou igual;
> **valente:** valor.

Indicamos assim: $\boxed{\dfrac{1}{2} = \dfrac{2}{4}}$ ou $\boxed{\dfrac{2}{4} = \dfrac{4}{8}}$ ou $\boxed{\dfrac{1}{2} = \dfrac{4}{8}}$ ou $\boxed{\dfrac{1}{2} = \dfrac{2}{4} = \dfrac{4}{8}}$.

e) Agora, faça outras dobras na folha e descubra

mais uma fração equivalente a $\dfrac{1}{2}, \dfrac{2}{4}$ e $\dfrac{4}{8}$.

Faça um desenho para representar a sua

descoberta. _____

1 Vamos descobrir frações equivalentes nestas figuras.

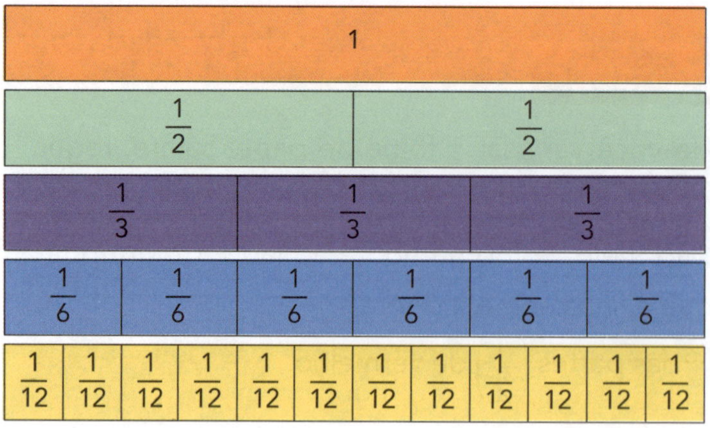

Complete com frações equivalentes.

a) $\dfrac{1}{2} = \dfrac{3}{\square}$

c) $\dfrac{1}{3} = \dfrac{4}{\square}$

e) $\dfrac{2}{2} = \dfrac{\square}{6}$

b) $\dfrac{1}{3} = \dfrac{\square}{6}$

d) $\dfrac{4}{12} = \dfrac{2}{\square}$

f) $\dfrac{6}{12} = \dfrac{\square}{2}$

2 Calcule quanto cada um deles gastou.

a) Pedro gastou $\dfrac{3}{4}$ de R$ 36,00. _____

b) André gastou $\dfrac{6}{9}$ de R$ 36,00. _____

c) Lígia gastou $\dfrac{1}{2}$ de R$ 48,00. _____

d) Bia gastou $\dfrac{2}{3}$ de R$ 36,00. _____

3 Agora, analise com atenção e descubra, entre as 4 frações da atividade anterior, as 2 frações que são equivalentes. Justifique.

_____

_____

4 DESAFIO

ATIVIDADE ORAL EM GRUPO Como descobrir se $\dfrac{3}{4}$ e $\dfrac{7}{10}$ são ou não frações equivalentes? Converse com os colegas sobre isso. Uma dica: usem o número 20, que é múltiplo de 4 e de 10.

5 UMA PROPRIEDADE DAS FRAÇÕES EQUIVALENTES

Vamos usar algumas frações equivalentes das atividades anteriores. Observe.

$$\overset{\times 2}{\frac{2}{4}} = \frac{4}{8} \qquad \overset{\div 2}{\frac{2}{6}} = \frac{1}{3} \qquad \overset{\times 4}{\frac{1}{3}} = \frac{4}{12} \qquad \overset{\div 4}{\frac{4}{12}} = \frac{1}{3} \qquad \overset{\times 3}{\frac{1}{2}} = \frac{3}{6} \qquad \overset{\div 6}{\frac{6}{12}} = \frac{1}{2}$$

> Se temos uma fração e queremos descobrir uma fração equivalente a ela, multiplicamos ou dividimos o numerador e o denominador pelo mesmo número, diferente de 0 (zero).

Complete para que as frações sejam equivalentes.

a) $\overset{\times 5}{\frac{1}{2}} = \frac{5}{\square}$

c) $\frac{3}{12} = \frac{1}{\square}$

e) $\frac{8}{24} = \frac{1}{\square}$

g) $\frac{4}{10} = \frac{\square}{15}$

b) $\frac{6}{9} = \frac{\square}{3}$ (÷ 3)

d) $\frac{4}{5} = \frac{8}{\square}$

f) $\frac{2}{7} = \frac{\square}{28}$

6 Complete com = se as frações forem equivalentes e com ≠ se não forem.

a) $\frac{3}{7} \underline{\quad} \frac{12}{21}$

b) $\frac{1}{3} \underline{\quad} \frac{4}{12}$

c) $\frac{10}{15} \underline{\quad} \frac{2}{3}$

d) $\frac{8}{15} \underline{\quad} \frac{4}{5}$

7 ATIVIDADE ORAL EM GRUPO

$\frac{1}{3}$ e $\frac{2}{6}$ são frações equivalentes, pois $\frac{1}{3}\,\overset{\times 2}{\underset{\times 2}{=}}\,\frac{2}{6}$.

Por que nestes desenhos essas frações não indicam partes iguais?

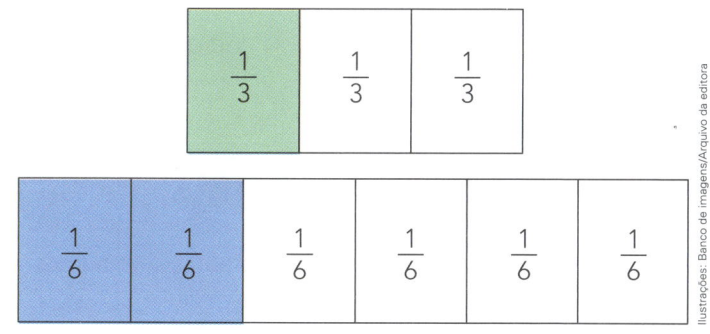

Ilustrações: Banco de imagens/Arquivo da editora

Simplificação de frações

1 Na turma de Fabiano, a professora propôs um desafio que gerou reações diferentes entre os alunos.

Veja a questão, pense na solução e depois leia o que disseram 2 alunos da turma.

> Pintar a parte correspondente a $\dfrac{21}{28}$ da região determinada por uma circunferência.

E agora? Como vou repartir a região em 28 partes iguais?

Se eu dividir o numerador e o denominador por 7, obtenho $\dfrac{3}{4}$, uma fração equivalente a $\dfrac{21}{28}$. Aí fica fácil pintar.

O que Aline fez foi a **simplificação** da fração $\dfrac{21}{28}$, ou seja,

obteve uma fração equivalente e mais simples: $\dfrac{21}{28}{}^{\div 7}_{\div 7} = \dfrac{3}{4}$.

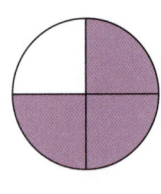

E como você faria se fosse para pintar a parte correspondente a $\dfrac{5}{15}$ da região determinada pela circunferência?

Faça os cálculos e pinte a circunferência ao lado.

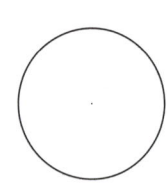

2 Faça as simplificações necessárias e pinte cada figura para representar a parte correspondente à fração indicada.

a) $\dfrac{13}{26}$ da região determinada pelo triângulo.

b) $\dfrac{22}{33}$ da região determinada pelo retângulo.

Sem usar calculadora, descubra e complete.

$\dfrac{28}{35}$ de R\$ 50,00 é igual a R\$ _____ .

4 Para pintar a parte correspondente a $\dfrac{45}{120}$ da região determinada por uma

circunferência, Álvaro simplificou a fração: $\dfrac{45}{120} {\scriptstyle \begin{matrix} \div 3 \\ \div 3 \end{matrix}} = \dfrac{15}{40}$.

Mas o problema continuou complicado: como dividir a região em 40 partes iguais?

Álvaro percebeu que poderia simplificar a fração $\dfrac{15}{40}$ dividindo outra vez o

numerador e o denominador: $\dfrac{15}{40} {\scriptstyle \begin{matrix} \div 5 \\ \div 5 \end{matrix}} = \dfrac{3}{8}$.

Veja como Álvaro indicou na lousa tudo o que fez.

Agora ficou fácil pintar. Pinte a parte correspondente à fração $\dfrac{45}{120}$ na figura abaixo.

Estúdio Félix Reiners/Arquivo da editora

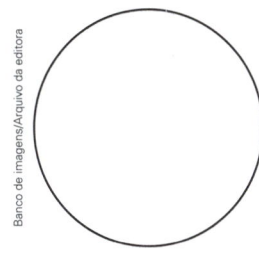

Banco de imagens/Arquivo da editora

> De todas as frações equivalentes a $\dfrac{45}{120}$, a mais simples é $\dfrac{3}{8}$.
>
> Por isso, dizemos que $\dfrac{3}{8}$ é uma **fração irredutível**, ou seja, não admite mais simplificação.

5 Assinale com um **X** os quadrinhos das frações irredutíveis e simplifique as demais até obter uma fração irredutível.

☐ $\dfrac{9}{14} =$ _____

☐ $\dfrac{15}{2} =$ _____

☐ $\dfrac{25}{40} =$ _____

☐ $\dfrac{16}{20} =$ _____

6 DESAFIO

Descubra e registre a fração equivalente a $\dfrac{10}{15}$, com denominador 6. _____

Unidade 6

7 Veja o que Ariane quer saber.

Quais são as frações equivalentes a $\frac{1}{2}$?

Como $\frac{1}{2}$ é fração irredutível, as frações equivalentes a ela são:

$$\frac{1}{2} \overset{\times 2}{=} \frac{2}{4} \overset{\times 3}{=} \frac{3}{6} \overset{\times 4}{=} \frac{4}{8} = \frac{5}{10} = \frac{6}{12} = \ldots$$

Outro exemplo: $\frac{2}{5}$ também é irredutível; logo, as frações equivalentes a ela são:

$$\frac{2}{5} \overset{\times 2}{=} \frac{4}{10} \overset{\times 3}{=} \frac{6}{15} = \frac{8}{20} = \frac{10}{25} = \frac{12}{30} = \ldots$$

Já entendi!
Se temos uma fração irredutível e queremos descobrir frações equivalentes a ela, multiplicamos o numerador e o denominador por números naturais: 2, 3, 4, 5, 6, …

Veja mais algumas frações irredutíveis e escreva as frações equivalentes a cada uma delas.

a) $\frac{1}{9} = $ _____

b) $\frac{4}{3} = $ _____

c) $\frac{2}{7} = $ _____

d) $\frac{5}{6} = $ _____

8 **ATIVIDADE ORAL EM GRUPO** A fração $\frac{6}{24}$ não é irredutível. Converse com os colegas e determine as frações equivalentes a ela.

9 **QUEM SOU EU?**

Sou uma das frações ao lado.

Sou equivalente a $\frac{4}{12}$.

Meu numerador é 6.

Sou _____.

$\frac{6}{6}$ $\frac{6}{9}$ $\frac{2}{6}$ $\frac{6}{18}$ $\frac{3}{9}$

Comparação de frações

Frações com denominadores iguais

1 Observe um círculo dividido em 8 partes iguais.

A parte pintada de verde $\left(\dfrac{2}{8}\right)$ é maior do que a pintada de amarelo $\left(\dfrac{1}{8}\right)$. Indicamos essa comparação assim: $\boxed{\dfrac{2}{8} > \dfrac{1}{8}}$.

Lemos: dois oitavos do círculo é maior do que um oitavo desse círculo.

Registre outras comparações das frações desse círculo.

a) Parte azul $\left(\dfrac{3}{8}\right)$ com parte vermelha $\left(\dfrac{2}{8}\right)$. _____

b) Parte amarela $\left(\dfrac{\square}{\square}\right)$ com parte azul $\left(\dfrac{\square}{\square}\right)$. _____

c) Parte vermelha $\left(\dfrac{\square}{\square}\right)$ com parte verde $\left(\dfrac{\square}{\square}\right)$. _____

2 Lívia usou uma reta numerada para comparar $\dfrac{5}{6}$ com $\dfrac{3}{6}$ de uma mesma unidade.

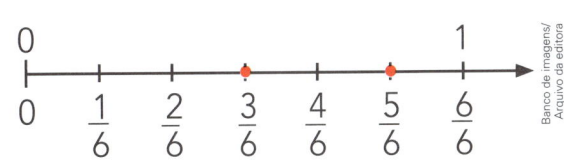

Esta reta numerada tem os números na ordem crescente da esquerda para a direita, e $\dfrac{5}{6}$ fica à direita de $\dfrac{3}{6}$. Logo, $\dfrac{5}{6}$ é maior do que $\dfrac{3}{6}$.

Use a reta numerada acima e compare as frações.

a) $\dfrac{1}{6}$ ___ $\dfrac{4}{6}$

b) $\dfrac{6}{6}$ ___ $\dfrac{5}{6}$

c) $\dfrac{2}{6}$ ___ $\dfrac{1}{6}$

d) $\dfrac{4}{6}$ ___ $\dfrac{5}{6}$

3 **ATIVIDADE ORAL EM GRUPO** Converse com os colegas sobre uma forma prática para comparar 2 frações de uma mesma unidade com denominadores iguais. Depois, faça a comparação destas frações e registre.

a) $\dfrac{5}{9}$ ___ $\dfrac{7}{9}$

b) $\dfrac{7}{10}$ ___ $\dfrac{3}{10}$

c) $\dfrac{2}{5}$ ___ $\dfrac{4}{5}$

d) $\dfrac{7}{8}$ ___ $\dfrac{1}{8}$

Frações com denominadores diferentes

1  **CÁLCULO MENTAL**

ATIVIDADE ORAL EM GRUPO Pedro foi ao mercado e gastou $\dfrac{5}{10}$ do que tinha na compra de uma melancia e $\dfrac{3}{8}$ do que tinha na compra de um salsão.

Qual custou mais caro: a melancia ou o salsão?

> Essa eu descubro mentalmente: $\dfrac{5}{10}$ indica a metade da quantia; $\dfrac{3}{8}$ indica menos do que a metade.
>
> Logo, $\dfrac{5}{10}$ é maior do que $\dfrac{3}{8}$, ou seja, a melancia custou mais caro do que o salsão.

Indicamos: $\dfrac{5}{10} > \dfrac{3}{8}$.

As comparações das frações abaixo também podem ser feitas mentalmente. Converse com os colegas e complete.

a) $\dfrac{3}{3}$ ____ $\dfrac{5}{7}$

b) $\dfrac{4}{8}$ ____ $\dfrac{3}{4}$

c) $\dfrac{5}{5}$ ____ $\dfrac{6}{3}$

d) $\dfrac{4}{8}$ ____ $\dfrac{3}{6}$

e) $\dfrac{5}{9}$ ____ $\dfrac{3}{3}$

f) $\dfrac{7}{2}$ ____ $\dfrac{16}{8}$

2 Use as tiras que você destacou do **Ápis divertido**, faça as comparações e complete com <, > ou =.

a) $\dfrac{1}{3}$ ____ $\dfrac{2}{6}$

b) $\dfrac{2}{3}$ ____ $\dfrac{1}{2}$

c) $\dfrac{1}{2}$ ____ $\dfrac{1}{3}$

d) $\dfrac{6}{12}$ ____ $\dfrac{1}{2}$

e) $\dfrac{2}{6}$ ____ $\dfrac{5}{12}$

f) $\dfrac{7}{12}$ ____ $\dfrac{4}{6}$

3  **DESAFIO**

ATIVIDADE ORAL EM GRUPO

Converse com os colegas, descubra e responda.

Lígia e Maria usaram como unidade a mesma figura. Qual das duas meninas pintou a maior parte?

Lígia.

Maria.

4 Algumas comparações de frações com denominadores diferentes são difíceis de fazer mentalmente. Analise as situações e faça o que se pede.

a) Comparação de $\dfrac{7}{10}$ com $\dfrac{3}{4}$.

- Lucas usou uma mesma figura 2 vezes.
- Rute usou uma reta numerada.

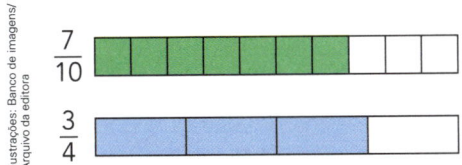

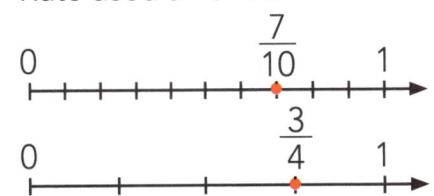

Observe as figuras e faça a comparação: $\dfrac{7}{10}$ _____ $\dfrac{3}{4}$.

b) Comparação de $\dfrac{3}{5}$ com $\dfrac{4}{7}$.

Marisa escolheu um número para representar o total. Ela calculou $\dfrac{3}{5}$ de 70 e $\dfrac{4}{7}$ de 70.

Com os valores obtidos, pôde fazer a comparação de $\dfrac{3}{5}$ com $\dfrac{4}{7}$.

Complete.

$\dfrac{3}{5}$ de 70 = _____ $\dfrac{4}{7}$ de 70 = _____ $\dfrac{3}{5}$ _____ $\dfrac{4}{7}$

c) Comparação de $\dfrac{5}{8}$ com $\dfrac{7}{10}$.

Marcelo usou frações equivalentes a cada uma das frações e procurou 2 frações com denominadores iguais.

$\boxed{\dfrac{5}{8}} \rightarrow \dfrac{5}{8}, \dfrac{10}{16}, \dfrac{15}{24}, \dfrac{20}{32}, \boxed{\dfrac{25}{40}}, \dfrac{30}{48}, \ldots$

$\boxed{\dfrac{7}{10}} \rightarrow \dfrac{7}{10}, \dfrac{14}{20}, \dfrac{21}{30}, \boxed{\dfrac{28}{40}}, \ldots$

Analise com atenção e compare.

$\dfrac{25}{40}$ _____ $\dfrac{28}{40}$ $\dfrac{5}{8}$ _____ $\dfrac{7}{10}$

5 Em uma escola, o 5º ano **A** e o 5º ano **B** têm o mesmo número de alunos.

No 5º ano **A**, as meninas são $\dfrac{3}{4}$ da turma e, no 5º ano **B**, as meninas são $\dfrac{5}{7}$ da turma. Em qual dessas turmas há mais meninas? _____

Unidade 6

6 **FAÇA DO SEU JEITO!**

Nice e Enzo estão lendo um mesmo livro. Nice já leu

$\dfrac{3}{5}$ do total de páginas e Enzo já leu $\dfrac{2}{3}$ do total de

páginas.

Calcule e responda: Qual deles leu mais? _____

7 Escreva as frações conforme pedido. No item **a**, descubra mentalmente. No item **b**, use frações equivalentes.

a) $\dfrac{7}{7}$, $\dfrac{8}{9}$, $\dfrac{3}{6}$ e $\dfrac{2}{8}$ em ordem crescente: _____

b) $\dfrac{7}{10}$, $\dfrac{8}{15}$ e $\dfrac{5}{6}$ em ordem decrescente: _____

8 Marina e Gérson, cada um com o próprio carro, estão indo de **A** para **B**.

Marina já percorreu $\dfrac{3}{5}$ do percurso e Gérson percorreu $\dfrac{5}{10}$.

a) Qual deles está mais perto de **B**? Justifique.

_____

b) Confira sua resposta localizando na figura a posição dos carros.

A   B

9 **DESAFIO**

Dos 60 adesivos que tinha, Antenor deu $\dfrac{7}{15}$ para

Júlia e $\dfrac{9}{20}$ para Mara. Qual delas ganhou menos

adesivos? Resolva de 2 maneiras diferentes: usando

o número 60 e sem usar o número 60. _____

Operações envolvendo frações

Torta dividida
em 8 fatias iguais.

1 Ângela fez uma torta e a dividiu em 8 fatias iguais. No almoço, os familiares dela comeram 5 fatias. No jantar, comeram mais 2 fatias.

- Responda com frações.

   a) Que parte da torta foi comida no almoço? _____

   b) Que parte da torta foi comida no jantar? _____

   c) Que parte da torta foi comida no total, considerando o almoço e o jantar? _____

   d) Que parte da torta sobrou após o jantar? _____

- Indique com frações as operações correspondentes aos itens **c** e **d**.

_____

2 Observe as figuras e efetue as operações.

a)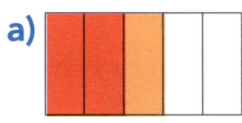

$$\frac{2}{5} + \frac{1}{5} = \frac{\boxed{}}{\boxed{}}$$

b)

$$\frac{5}{6} - \frac{2}{6} = \frac{\boxed{}}{\boxed{}}$$

c)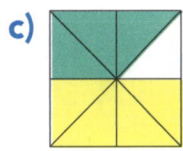

$$\frac{\boxed{}}{\boxed{}} + \frac{\boxed{}}{\boxed{}} = \frac{\boxed{}}{\boxed{}}$$

d)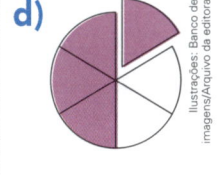

$$\frac{\boxed{}}{\boxed{}} - \frac{\boxed{}}{\boxed{}} = \frac{\boxed{}}{\boxed{}}$$

3 **ATIVIDADE ORAL EM GRUPO** Elabore com os colegas uma forma prática para efetuar a adição e a subtração de frações de uma mesma unidade com denominadores iguais.

4 Efetue as operações.

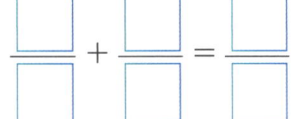

a) $\dfrac{7}{10} + \dfrac{2}{10} =$ _____

c) $\dfrac{3}{8} + \dfrac{1}{8} + \dfrac{5}{8} =$ _____

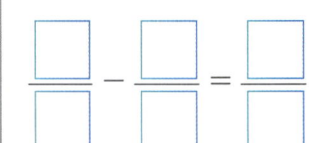

b) $\dfrac{5}{7} - \dfrac{1}{7} =$ _____

d) $\dfrac{7}{11} + \dfrac{5}{11} - \dfrac{1}{11} =$ _____

Adição e subtração de frações com denominadores diferentes

1 Em uma construção, o terreno foi aproveitado da seguinte forma.

$\dfrac{5}{6}$ → casa $\dfrac{1}{8}$ → jardim   Restante → área livre

Que fração do terreno é ocupada pela casa e pelo jardim juntos?

Precisamos efetuar a adição $\dfrac{5}{6} + \dfrac{1}{8}$.

Como essas frações têm denominadores diferentes, recorremos às frações equivalentes a elas. Complete.

Frações equivalentes a $\dfrac{\square}{\square}$ → $\dfrac{5}{6}$, $\dfrac{\square}{\square}$, $\dfrac{\square}{\square}$, $\dfrac{\square}{\square}$, ...

Frações equivalentes a $\dfrac{\square}{\square}$ → $\dfrac{1}{8}$, $\dfrac{2}{16}$, $\dfrac{\square}{\square}$, $\dfrac{\square}{\square}$, ...

Escolhemos as frações equivalentes a $\dfrac{5}{6}$ e $\dfrac{1}{8}$ que tenham denominadores iguais.

$\dfrac{5}{6} + \dfrac{1}{8} = \dfrac{\square}{\square} + \dfrac{\square}{\square} = \dfrac{\square}{\square}$ Resposta: _____

_____

2 Um automóvel já percorreu $\dfrac{1}{6}$ do percurso entre **A** e **B**.

Quanto ele ainda tem de percorrer para completar $\dfrac{3}{4}$ do percurso?

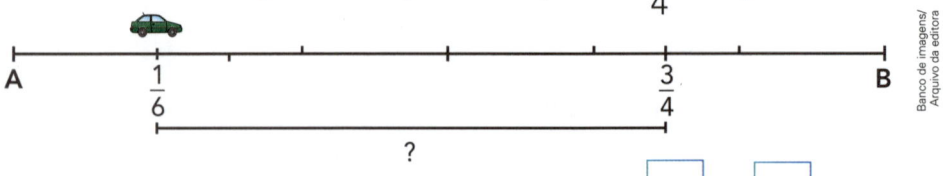

a) Indique a subtração que deve ser feita para resolver a situação.

$\dfrac{\square}{\square} - \dfrac{\square}{\square}$

b) Efetue essa subtração usando frações equivalentes, como na atividade 1. Depois, escreva a resposta do problema.

$\dfrac{\square}{\square} - \dfrac{\square}{\square} = \dfrac{\square}{\square} - \dfrac{\square}{\square} = \dfrac{\square}{\square}$ _____

3 Efetue mais estas adições e subtrações e dê o resultado com uma fração irredutível. Se a fração for imprópria, transforme-a em número natural ou misto.

a) $\dfrac{3}{7} + \dfrac{2}{7} =$ _____

e) $\dfrac{1}{2} + \dfrac{1}{3} =$ _____

b) $\dfrac{5}{9} - \dfrac{2}{9} =$ _____

f) $1\dfrac{5}{6} - \dfrac{1}{2} =$ _____

c) $\dfrac{3}{4} - \dfrac{1}{6} =$ _____

g) $2\dfrac{1}{3} + 3\dfrac{2}{3} =$ _____

d) $\dfrac{7}{10} + \dfrac{3}{5} =$ _____

h) $4 - 3\dfrac{3}{4} =$ _____

4 Os 2 recipientes ao lado são iguais.

Responda e justifique por meio de operações.

a) Despejando o líquido do recipiente **A** no recipiente **B**, este ficará cheio?

_____

b) Comparando os níveis nos recipientes **A** e **B**, quanto há em **B** a mais do que em **A**?

_____

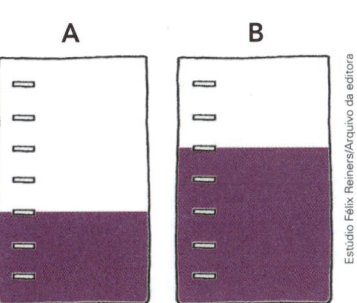

Estúdio Félix Reiners/Arquivo da editora

5 **FRAÇÕES E QUADRADOS**

a) Ligue pares de frações formando 14 quadrados ao todo. Identifique esses 14 quadrados.

b) Agora, descubra a soma de cada par de frações. O que acontece com essas somas?

_____

_____

$\dfrac{2}{3}$ $\dfrac{2}{8}$

$\dfrac{1}{2}$ $\dfrac{11}{12}$

$\dfrac{7}{12}$ $\dfrac{7}{10}$

$\dfrac{4}{5}$ $\dfrac{5}{8}$

$\dfrac{3}{4}$ $\dfrac{1}{3}$

$\dfrac{1}{12}$ $\dfrac{2}{4}$

$\dfrac{3}{10}$ $\dfrac{5}{12}$

$\dfrac{3}{8}$ $\dfrac{2}{10}$

6 Este gráfico de setores mostra como Paula aproveita seu tempo em um dia.

Tempo de Paula

Gráfico elaborado para fins didáticos.

a) Complete.

Paula gasta $\dfrac{\square}{\square}$ do tempo a mais dormindo do que na escola.

b) Cite 2 atividades do dia de Paula que, juntas, consomem metade do tempo. _____

7 Maria e César vão para a escola a pé. Veja.

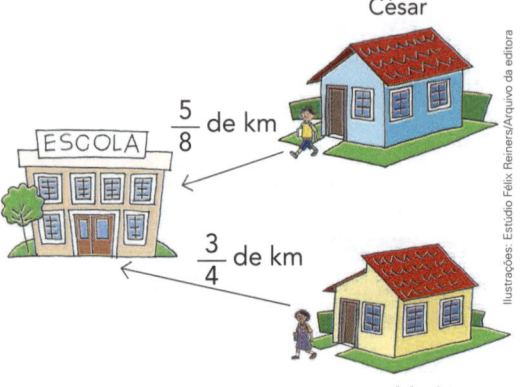

César

$\dfrac{5}{8}$ de km

$\dfrac{3}{4}$ de km

Maria

a) Quem anda mais: Maria ou César? Quanto a mais?

_____

b) Maria foi à escola e depois à casa de César. Ela andou mais ou menos de 1 quilômetro? Justifique.

_____

8 **DESAFIO**

Calcule o resultado em cada item e dê o resultado com uma fração irredutível.

a) $\dfrac{6}{7} - \left(\dfrac{1}{7} + \dfrac{4}{7} \right) =$ _____

b) $2 \times \dfrac{3}{10} =$ _____

9 Complete o problema abaixo com valores adequados. Depois, resolva o problema e escreva a resposta.

Na escola de Rita há 3 classes de 6º ano. O 6º ano **A** tem _____ alunos, o 6º **B** tem _____ dos alunos do 6º **A** e o 6º **C** tem _____ dos alunos do 6º **B**. Quantos alunos têm as três classes juntas?

Resposta: _____

Multiplicação de fração por número natural

Bolo dividido em 8 fatias iguais.

1 Um bolo foi dividido em 8 fatias iguais.

Simone e 4 colegas comeram 1 fatia cada uma.

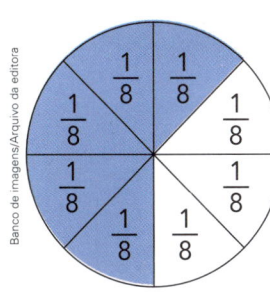

- Responda.

  a) Que fração do bolo indica cada fatia? _____

  b) Quantas pessoas são no total? _____

  c) Juntas, que parte do bolo elas comeram? _____

- Use adição de parcelas iguais para indicar a parte do bolo que elas comeram.

$$5 \times \frac{1}{8} = \frac{\square}{\square} + \frac{\square}{\square} + \frac{\square}{\square} + \frac{\square}{\square} + \frac{\square}{\square} = \frac{\square}{\square}$$

As imagens não estão representadas em proporção.

2 As 3 vasilhas são iguais. Jonas colocou suco de laranja em 2 delas.

Depois, despejou tudo na vasilha **C**.

a) Escreva as frações em relação a cada vasilha.

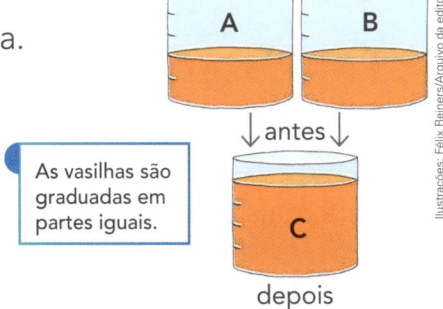

antes

As vasilhas são graduadas em partes iguais.

depois

- Suco que havia em **A**: _____

- Suco que havia em **B**: _____

- Suco que ficou em **C**: _____

b) Assinale com um **X** os quadrinhos das operações que correspondem à quantidade de suco que ficou na vasilha **C**. Depois, efetue-as verificando os valores obtidos.

$\square$ $\dfrac{2}{5} + \dfrac{2}{5} = $ _____

$\square$ $2 \times \dfrac{2}{5} = $ _____

$\square$ $5 \times \dfrac{2}{5} = $ _____

$\square$ $2 \times \dfrac{4}{5} = $ _____

3 Use adição de parcelas iguais e efetue mais estas multiplicações de número natural por fração. Dê os resultados em frações irredutíveis.

a) $3 \times \dfrac{2}{9} = $ _____

c) $4 \times \dfrac{1}{6} = $ _____

b) $2 \times \dfrac{4}{13} = $ _____

d) $3 \times \dfrac{2}{7} = $ _____

Divisão de fração por número natural

1 Alex tem $\frac{1}{4}$ de uma goiabada e vai repartir igualmente entre os 2 sobrinhos dele.

Que parte da goiabada inteira cada sobrinho vai ganhar?

Para responder precisamos efetuar a divisão $\frac{1}{4} \div 2$.

Observe a sequência de figuras e complete.

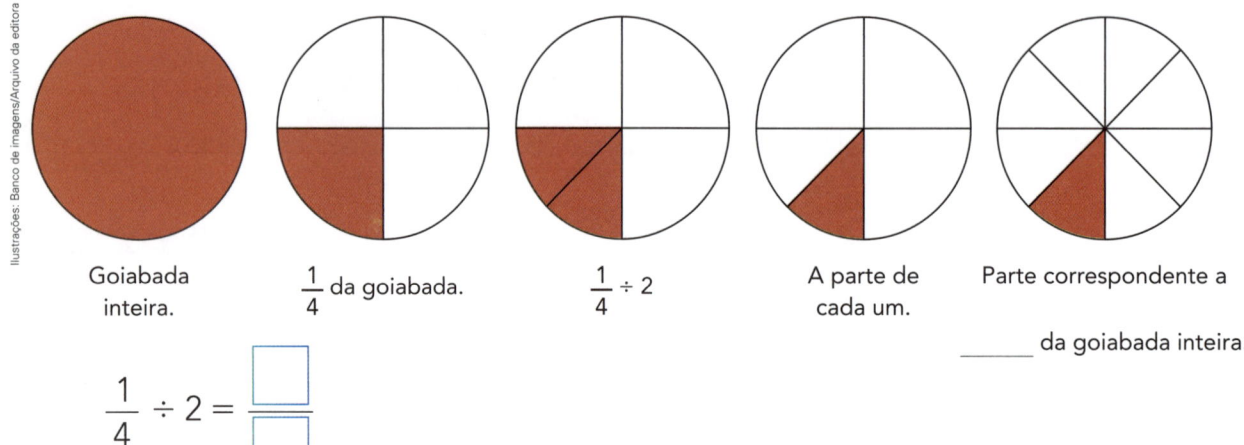

Goiabada inteira.

$\frac{1}{4}$ da goiabada.

$\frac{1}{4} \div 2$

A parte de cada um.

Parte correspondente a _____ da goiabada inteira.

$$\frac{1}{4} \div 2 = \frac{\boxed{}}{\boxed{}}$$

Resposta: _____

2 Veja mais esta divisão de fração por número natural: $\frac{2}{3} \div 5$.

Vamos dividir $\frac{2}{3}$ de uma unidade por 5.

Para isso, considerando a região determinada por um retângulo como unidade, pintamos $\frac{2}{3}$ da região retangular. Dividimos essa parte pintada em 5 partes iguais e hachuramos 1 dessas partes.

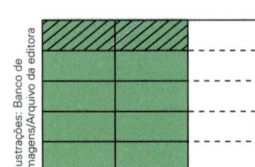

A parte hachurada corresponde a $\frac{2}{15}$ da região retangular inicial.

$$\frac{2}{3} \div 5 = \frac{2}{15}$$

Efetue agora $\frac{1}{2} \div 3$. Complete a figura e a divisão correspondente.

$$\frac{1}{2} \div 3 = \text{_____}$$

Explorar e descobrir

ATIVIDADE ORAL EM GRUPO Você efetuou várias multiplicações de número natural por fração, usando adição de parcelas iguais, e verificou que:

$$5 \times \frac{1}{8} = \frac{5}{8} \qquad 2 \times \frac{4}{13} = \frac{8}{13} \qquad 2 \times \frac{2}{5} = \frac{4}{5} \qquad 3 \times \frac{2}{7} = \frac{6}{7}$$

Converse com os colegas e descubra um processo que permite determinar o resultado diretamente. Depois, use a conclusão e efetue mais estas multiplicações.

a) $5 \times \frac{2}{11} =$ _____

c) $4 \times \frac{1}{9} =$ _____

b) $2 \times \frac{3}{8} =$ _____

d) $6 \times \frac{4}{3} =$ _____

ATIVIDADE ORAL EM GRUPO Para efetuar divisões de fração por número natural você usou figuras e verificou que:

$$\frac{1}{4} \div 2 = \frac{1}{8} \qquad \frac{2}{3} \div 5 = \frac{2}{15} \qquad \frac{1}{2} \div 3 = \frac{1}{6}$$

Converse com os colegas, descubra um processo prático e efetue mais estas divisões, agora sem o uso de figuras.

a) $\frac{3}{4} \div 2 =$ _____

c) $\frac{3}{7} \div 3 =$ _____

b) $\frac{1}{2} \div 4 =$ _____

d) $\frac{5}{3} \div 10 =$ _____

- Indique a multiplicação ou a divisão correspondente, efetue e complete.

a) O produto de 5 e $\frac{1}{8}$ é $\frac{\square}{\square}$. _____

b) O quociente de $\frac{3}{7}$ por 2 é $\frac{\square}{\square}$. _____

c) O dobro de $1\frac{1}{2}$ é _____. _____

d) A terça parte de $2\frac{1}{2}$ é $\frac{\square}{\square}$. _____

Mais atividades e problemas

1 Pratique mais um pouco as operações estudadas envolvendo frações.

a) $\dfrac{1}{6} + \dfrac{1}{4} = $ _____

b) $\dfrac{7}{9} - \dfrac{4}{9} = $ _____

c) $\dfrac{2}{3} - \dfrac{1}{5} = $ _____

d) $3 \times \dfrac{2}{11} = $ _____

e) $\dfrac{2}{3} \div 3 = $ _____

f) $1\dfrac{2}{3} + 2\dfrac{1}{3} = $ _____

2 Gabriel tomou $\dfrac{1}{4}$ de 1 litro de leite pela manhã. À tarde, tomou $\dfrac{1}{3}$ de litro e, à noite, $\dfrac{1}{6}$ de litro.

a) Que fração de 1 litro de leite ele tomou no dia todo? _____

Garrafa de
1 litro de leite.

b) Que fração ainda sobrou de 1 litro? _____

c) Se à noite ele tivesse tomado o dobro do que tomou, então que fração de 1 litro ele teria bebido à noite? _____

d) Se pela manhã ele tivesse tomado a metade do que tomou, então que fração ele teria bebido pela manhã? _____

3 Invente, resolva e escreva a resposta de um problema no qual $\dfrac{3}{5}$ de uma quantia sejam repartidos igualmente entre 2 ou mais pessoas.

_____

_____

_____

4 Divida a região determinada pelo retângulo ao lado em 12 partes iguais. Pinte $\frac{7}{12}$ dessa região e complete.

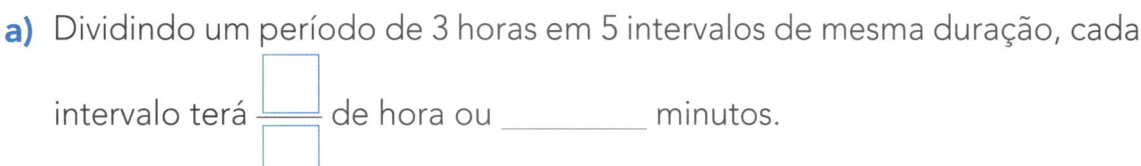

A parte não pintada corresponde a $\frac{\square}{\square}$ da região.

5 Complete. Quando usar frações, use apenas frações irredutíveis.

a) Dividindo um período de 3 horas em 5 intervalos de mesma duração, cada

intervalo terá $\frac{\square}{\square}$ de hora ou _____ minutos.

b) Se Luciano acertou 10 questões e errou 2 questões na prova de Matemática,

então ele acertou $\frac{\square}{\square}$ das questões e errou $\frac{\square}{\square}$ das questões.

6 Compare os números e coloque >, < ou = entre eles.

a) $\frac{2}{9}$ _____ $\frac{4}{9}$

b) $\frac{5}{10}$ _____ $\frac{3}{8}$

c) $\frac{4}{18}$ _____ $\frac{6}{27}$

7 Observe o trecho de 0 a 1 desta reta numerada.

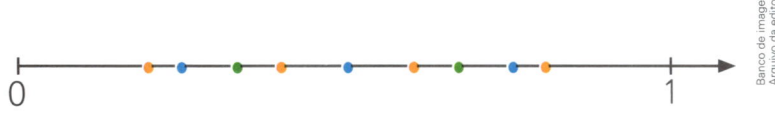

a) Complete: Os pontos verdes dividem o intervalo entre 0 e 1 em 3 partes iguais; os pontos azuis, em _____ partes iguais; e os pontos laranja, em _____ partes iguais.

b) Localize e registre as frações $\frac{2}{3}$, $\frac{1}{4}$, $\frac{3}{5}$, $\frac{2}{5}$, $\frac{3}{4}$ e $\frac{1}{3}$ nessa reta numerada.

c) Agora, complete as 6 frações na ordem crescente.

$\frac{\square}{\square}$, $\frac{\square}{\square}$, $\frac{\square}{\square}$, $\frac{\square}{\square}$, $\frac{\square}{\square}$, $\frac{\square}{\square}$.

8 Descubra e responda.

Terminando o mês de agosto, são completados $\frac{3}{4}$, $\frac{2}{3}$ ou $\frac{5}{6}$ do ano? _____

9 Para fazer 3 vasos iguais, Marcelo usou $2\frac{1}{4}$ embalagens de barro. Que fração de 1 embalagem de barro ele usou em cada vaso? _____

Objeto de cerâmica marajoara sendo moldado no torno.

10 Veja a receita que Marta encontrou para fazer um coquetel de frutas.

Coquetel de frutas

Ingredientes:

$\frac{1}{5}$ L de xarope de groselha

$\frac{3}{10}$ L de suco de limão

$\frac{2}{5}$ L de suco de laranja

Preparo:

Junte tudo e mexa bem.

a) Em cada dosador abaixo, que está graduado em litros, pinte a quantidade necessária de cada ingrediente para fazer o coquetel de frutas.

As imagens não estão representadas em proporção.

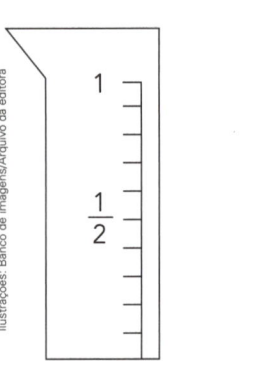
Xarope de groselha.

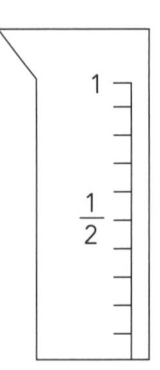
Suco de limão.

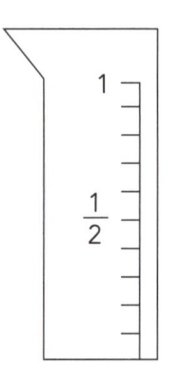
Suco de laranja.

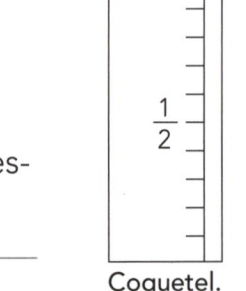
Coquetel.

b) Agora, pinte na figura ao lado os 3 ingredientes juntos e responda: O coquetel todo tem que fração do litro? _____

11 **REDUÇÃO E AMPLIAÇÃO**

Construa o retângulo **B**, cujas dimensões têm $\frac{1}{2}$ das dimensões de **A**, e o retângulo **C**, cujas dimensões têm $\frac{3}{2}$ das dimensões de **A**.

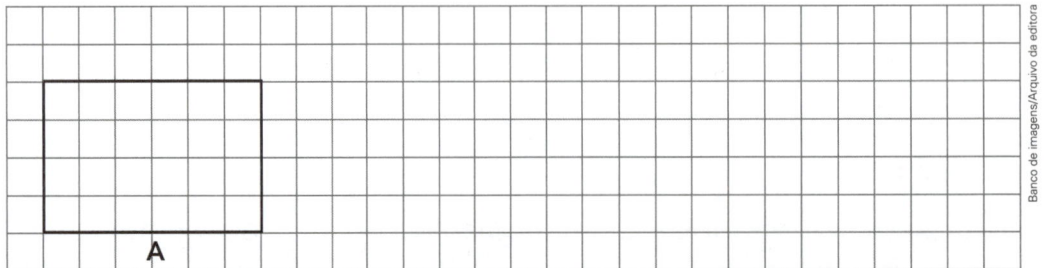

12 **O QUE É, O QUE É?**

Quanto mais se tira maior fica. Para descobrir, complete.

- O primeiro $\frac{1}{3}$ da palavra BOM. → B

- A primeira $\frac{1}{2}$ da palavra URSO. → _____

- O primeiro $\frac{1}{4}$ da palavra AMOR. → _____

- Os últimos $\frac{2}{5}$ da palavra TALCO. → _____

A resposta é: _____.

13 O lixo pode ter diferentes destinos dependendo da natureza dele: ir para o aterro sanitário (ser enterrado), ser usado para produzir adubo, ser incinerado (por exemplo, o lixo hospitalar) ou ser reciclado (isto é, reaproveitado).

Em uma cidade foram coletadas 180 toneladas de lixo reciclável em um mês, nas seguintes quantidades.

As imagens não estão representadas em proporção.

 Papel: $\frac{1}{2}$ do total.

 Plástico: $\frac{3}{5}$ da quantidade de papel.

 Metal: $\frac{2}{9}$ da quantidade de plástico.

 Vidro: o dobro da quantidade de metal.

a) Quantas toneladas de cada material foram coletadas?

_____

b) Que fração indica a quantidade de metal em relação à de vidro? _____

 c) **ATIVIDADE ORAL EM GRUPO (TODA A TURMA)** Você sabe como é feita a coleta de material reciclável? Na cidade onde você mora é feita essa coleta? E na escola onde você estuda? Converse com os colegas.

Vamos ver de novo?

1 O pedreiro Douglas está usando tijolos que têm as medidas indicadas ao lado.

6 cm

14 cm   23 cm

a) Quantos tijolos ele usou para construir o empilhamento ao lado? _____

b) Quais são as medidas das 3 dimensões desse empilhamento? _____

2 Descubra o "peso" de cada fruta e também quantos gramas vai registrar a última balança.

As imagens não estão representadas em proporção.

4085g   3720g   1565g

3 Um computador está sendo vendido à vista por R$ 950,00, ou a prazo em 3 prestações de R$ 335,00. Qual é a diferença entre os preços a prazo e à vista?

_____

4 Calcule o valor de cada expressão numérica e faça a comparação entre elas, colocando >, < ou =.

a) $3 + 8 \times 2$ _____ $(3 + 8) \times 2$

b) $15 - 8 - 4$ _____ $12 \div 2 \div 2$

5 Na turma de João, uma atividade recreativa de 1 h e 15 min foi dividida em 3 etapas, todas de mesma duração.

Quanto durou cada etapa? _____

O que estudamos

Trabalhamos várias ideias relacionadas à fração.

- Fração de uma figura ou de um objeto.

  Parte pintada de vermelho:
  $\frac{1}{4}$ da região retangular.

- Fração de um conjunto de elementos.

  Pipas verdes: 3 em 5 ou $\frac{3}{5}$ do total.

- Fração de um número.

  $\frac{2}{3}$ de R\$ 60,00 = R\$ 40,00

  $60 \div 3 = 20 \qquad 2 \times 20 = 40$

- Fração indicando uma divisão.

  Para repartir igualmente 1 queijo entre 2 pessoas, devo dar $\frac{1}{2}$ do queijo para cada uma.

  $1 \div 2 = \frac{1}{2}$

Retomamos e ampliamos a leitura das frações.

$\frac{1}{2}$: Um meio. $\qquad$ $\frac{3}{7}$: Três sétimos.

$\frac{1}{100}$: Um centésimo. $\qquad$ $\frac{2}{11}$: Dois onze avos.

Introduzimos a ideia de frações equivalentes.

$\frac{1}{2}$ 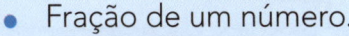 $\qquad$ $\frac{2}{4}$ $\qquad$ $\frac{1}{2} = \frac{2}{4}$

Fizemos comparação de frações e efetuamos operações com frações.

$\frac{3}{8} < \frac{1}{2} \qquad\qquad \frac{2}{7} > \frac{1}{7}$

$\frac{3}{8} + \frac{2}{8} = \frac{5}{8} \qquad\qquad \frac{4}{5} - \frac{1}{5} = \frac{3}{5}$

$2 \times \frac{2}{9} = \frac{4}{9} \qquad\qquad \frac{3}{5} \div 4 = \frac{3}{20}$

Resolvemos problemas que envolvem frações.

Jair tinha R\$ 28,00 e gastou $\frac{3}{4}$ dessa quantia. Com quanto ele ficou? R\$ 7,00.

$\frac{3}{4}$ de 28 = 21, pois 28 ÷ 4 = 7 e 3 × 7 = 21. $\qquad$ 28 − 21 = 7

- Qual conteúdo você achou mais fácil nesta Unidade?

- E qual você achou mais difícil? Qualquer dúvida ou dificuldade, fale sempre com o professor.

REFRIGERADORES
COM DESCONTOS DE ATÉ

TELEVISOR
55"
COM
20%
DE DESCONTO

TODA A LOJA COM DESCONTOS DE ATÉ 20%

CÃO TELEVISORES COM ATÉ 20% DE DESCONTO

TELEVISOR 45" COM 20% DE DESCONTO

TELEVISOR 45" COM 20% DE DESCONTO

TV 55" COM 20%

Rubens Gomes/Arquivo da editora

- O que mostra esta cena?
- Quais produtos aparecem à venda?
- Ao serem comprados, esses produtos costumam ficar em qual cômodo de uma residência?

Para iniciar

Em muitas situações do dia a dia, precisamos usar porcentagens em vez de usar frações.

Nesta Unidade, vamos estudar a ideia de porcentagem e algumas de suas aplicações, como em probabilidade.

- Analise a cena das páginas de abertura desta Unidade. Converse com os colegas e respondam às questões a seguir.

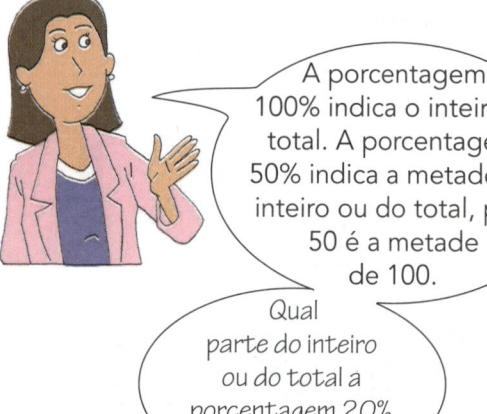

A porcentagem 100% indica o inteiro, o total. A porcentagem 50% indica a metade do inteiro ou do total, pois 50 é a metade de 100.

Qual parte do inteiro ou do total a porcentagem 20% representa?

Se um fogão custa R$ 500,00 fora da promoção, então de quantos reais está sendo o desconto na promoção?

E por quanto está sendo vendida uma geladeira na promoção, cujo preço é R$ 2 000,00 fora da promoção?

- Converse com os colegas sobre mais estas questões.

a) Considere as porcentagens **50%**, **20%**, **100%** e **25%**. Qual dessas porcentagens corresponde a cada expressão dos quadros?

inteiro ou total	metade	metade da metade	quinta parte

b) Pedro tinha R$ 20,00 e gastou 50% dessa quantia na compra de um lanche. Quanto ele gastou? E com quanto ele ainda ficou?

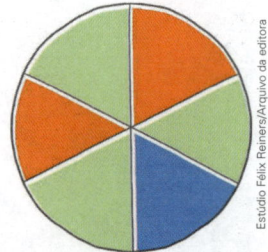

c) Ao girar um clipe nesta roleta, em qual cor há mais chances de ele parar?

Ilustrações: Estúdio Félix Reiners/Arquivo da editora

Estúdio Félix Reiners/Arquivo da editora

A ideia de porcentagem

A expressão **por cento** vem do latim *per centum*, que quer dizer "por um cento" ou "em cem".

Por exemplo, sabe-se que cerca de 70 por cento da massa de uma pessoa é constituída de água; assim, uma pessoa que pesa 100 kg tem cerca de 70 kg de água em seu organismo.

A expressão "70 por cento" pode ser substituída por 70 em 100 ou $\dfrac{70}{100}$. E, no lugar da expressão "por cento", podemos usar o símbolo **%**.

Portanto, podemos escrever 70 por cento ou 70 em 100 ou $\dfrac{70}{100}$ ou 70%.

1 Porcentagens e frações estão relacionadas. Por exemplo, se uma figura está dividida em 100 partes iguais e 35 dessas partes estão pintadas de verde, podemos escrever que foram pintadas de verde 35 partes em 100 ou $\dfrac{35}{100}$ da figura ou 35 por cento (35%) da figura. Como podemos simplificar $\dfrac{35}{100}$, obtendo $\dfrac{7}{20}$, temos:

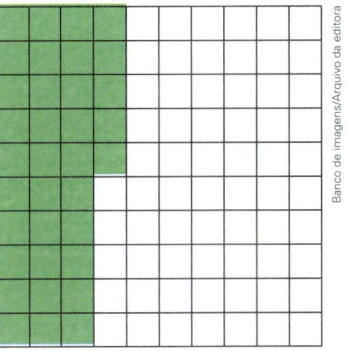

$$35\% = \dfrac{35}{100} \qquad \text{ou} \qquad 35\% = \dfrac{7}{20}$$

Indique a parte da figura que não foi pintada de verde.

- Em porcentagem: _____

- Em forma de fração irredutível: _____

> Toda fração de **denominador igual a 100** representa uma porcentagem.
>
> Toda porcentagem pode ser representada por uma fração de **denominador igual a 100** ou por uma fração equivalente a ela.

2 Escreva a fração irredutível correspondente à porcentagem e vice-versa.

a) 20% = _____

b) 67% = _____

c) $\dfrac{9}{100}$ = _____

d) $\dfrac{7}{50}$ = _____

3 Pinte de vermelho 50% da região retangular e 25% do círculo. O restante pinte com a cor que quiser.

4 Você sabia que $\frac{3}{4}$ da superfície da Terra são cobertos de água? Isso equivale a dizer que 75% da superfície da Terra é coberta de água.

Por que 75% é o mesmo que $\frac{3}{4}$?

75 por cento significa 75 em 100 ou $\frac{75}{100}$, fração que simplificada é igual a $\frac{3}{4}$.

Para representar essa porcentagem, pinte 75% da região circular determinada pela circunferência ao lado.

5 Analise com atenção as informações que envolvem porcentagem.

- 100% dos alunos da turma de Roberto participaram da excursão.

$100\% \longrightarrow 100$ em $100 \longrightarrow \frac{100}{100} = 1$ (total)

Então, todos os alunos da turma de Roberto participaram da excursão.

- Marisa gastou 50% da quantia que tinha.

$50\% \longrightarrow 50$ em $100 \longrightarrow \frac{50}{100} = \frac{1}{2}$ (metade)

Logo, Marisa gastou a metade da quantia que tinha.

- Pedro já leu 25% das páginas de um livro.

$25\% \longrightarrow 25$ em $100 \longrightarrow \frac{25}{100} = \frac{1}{4}$ (metade da metade)

Logo, Pedro já leu metade da metade das páginas do livro.

Agora, responda.

25% é a metade de 50% ou a metade da metade do total, que é igual à quarta parte do total.

a) Se a turma de Roberto tem 35 alunos, então quantos alunos participaram da excursão? _____

b) Se Marisa tinha R$ 40,00, então quanto ela gastou? _____

c) Se o livro que Pedro está lendo tem 80 páginas, então quantas páginas ele já leu? _____

6 Escreva a fração irredutível correspondente a cada porcentagem. Veja os exemplos.

$$10\% = \frac{10 \div 10}{100 \div 10} = \frac{1}{10} \qquad 20\% = \frac{20 \div 20}{100 \div 20} = \frac{1}{5}$$

a) 30% = _____

b) 45% = _____

c) 60% = _____

Eu pensei assim:

se $10\% = \frac{1}{10}$, então

$20\% = 2 \times \frac{1}{10} = \frac{2}{10} = \frac{1}{5}$.

Estúdio Félix Reiners/Arquivo da editora

Unidade 7

7 **ATIVIDADE ORAL** O que significa 150%? E 200%?

8 Transforme a fração dada em uma fração equivalente com denominador 100. Depois, escreva-a na forma de porcentagem.

a) $\dfrac{14}{40} =$ _____

c) $\dfrac{27}{50} =$ _____

b) $\dfrac{4}{25} =$ _____

d) $\dfrac{8}{200} =$ _____

9 Complete com porcentagem. Lembre-se de que o total em porcentagem é 100%.

a) Um carro já percorreu 60% de um percurso. Para completar o percurso, o carro ainda tem de percorrer _____ dele.

b) Em uma cidade, 55% dos habitantes são homens. Então, _____ dos habitantes são mulheres.

c) Márcio é pedreiro e já cimentou 80% de uma parede. Então, ainda falta cimentar _____ da parede.

d) Em uma sessão de cinema, foram ocupadas 92% das poltronas. Desse modo, _____ das poltronas ficaram vazias.

e) Agora, você inventa as porcentagens.

Em uma partida de basquete, Raul acertou _____ dos arremessos e errou _____ dos arremessos.

10 A figura ao lado representa a horta do sítio de Nivaldo. Ele plantou alface em 70% da horta. Para isso, ele a dividiu em 10 partes iguais e plantou alface em 7 delas.

a) Explique por que Nivaldo fez a divisão dessa maneira. _____

b) Escreva a porcentagem que indica a parte da horta que não foi plantada com alface. _____

11 Observe o contorno ao lado.

a) Pinte de amarelo 40% da região plana determinada por esse contorno, pinte 10% de verde e pinte o restante de marrom.

b) Agora, indique a porcentagem correspondente à parte marrom: _____ da região plana.

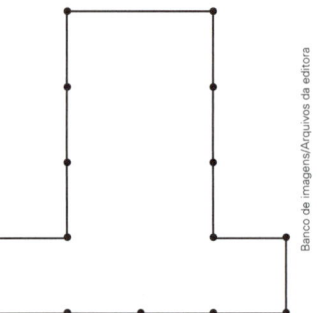

12 Represente a parte pintada de cada figura na forma de porcentagem.

a)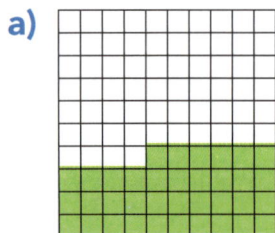

b)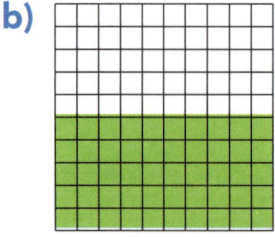

c)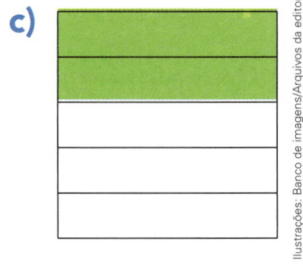

_____   _____   _____

13 Represente cada parte do círculo na forma indicada.

a) Em porcentagem.   **b)** Em fração.   **c)** Em porcentagem.

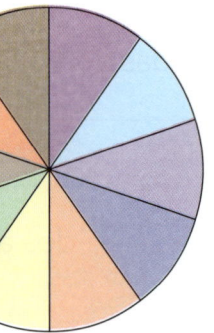

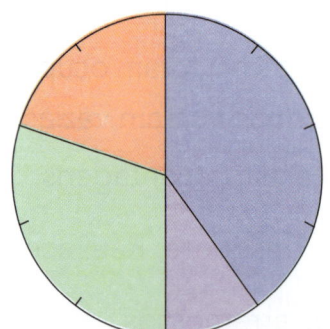

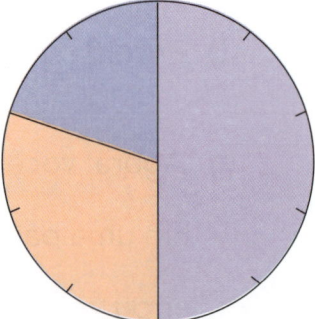

14 O 5º ano **C** está organizando uma excursão, na qual irão 80% dos alunos da turma. Se essa turma tem 30 alunos, então quantos alunos irão na excursão? Precisamos calcular o valor de 80% de 30.

Estúdio Félix Reiners/Arquivo da editora

$$80\% = \frac{80 \div 20}{100 \div 20} = \frac{4}{5}$$

$$\frac{1}{5} \text{ de } 30 = 6, \text{ pois } 30 \div 5 = 6$$

$$80\% \text{ de } 30 = \frac{4}{5} \text{ de } 30$$

$$\frac{4}{5} \text{ de } 30 = 4 \times 6 = 24$$

Assim: 80% de 30 = 24

Resposta: Irão 24 alunos nessa excursão.

Agora, calcule e registre.

a) 60% de 800 = _____

c) 35% de R$ 1 500,00 = _____

b) 5% de 120 = _____

d) 12% de R$ 5 000,00 = _____

15 Indique as operações que devem ser efetuadas, resolva-as com uma calculadora e complete.

a) 10% de 38 260 → _____ ÷_____ =_____

b) 25% de 9 328 → _____ ÷_____ =_____

c) 75% de 480 → _____ ÷_____ ×_____ =_____

d) 50% de R$ 28 490,00 → _____ ÷_____ = R$ _____

e) 10% de 1 280 → _____ ÷_____ =_____

Então 30% de 1 280 → _____ ×_____ =_____

Mais atividades e problemas

1 Paulo já leu 15% das 80 páginas de um livro.

Quantas páginas ele leu? _____

2 Bia tinha R$ 60,00. Ela gastou 40% dessa quantia na compra de uma camiseta e 5% da mesma quantia na compra de um sorvete. Quanto ela gastou no total?

_____

3 Do salário mensal de R$ 1 500,00 que recebe, Joel gasta aproximadamente 20% em alimentação e R$ 120,00 na mensalidade do curso de inglês. Complete.

a) Em alimentação, ele gasta aproximadamente _____ .

b) Ele gasta _____ dos R$ 1 500,00 com a mensalidade do curso.

Então: _____ em 1 500 = $\dfrac{\boxed{}}{\boxed{}}$ = $\dfrac{\boxed{}}{\boxed{}}$ = _____%.

4 **PESQUISAR OS PREÇOS É SEMPRE NECESSÁRIO!**

O mesmo modelo de geladeira está sendo vendido em 2 lojas por preços diferentes.

Na loja Compre Aqui o preço é R$ 600,00, mas está sendo dado um desconto de 15%.

Na loja Não Compre Lá o preço é R$ 550,00, mas está sendo dado um desconto de 8%.

a) Calcule por quanto está sendo vendida a geladeira em cada uma das lojas.

_____

Geladeira.

ProstoSvet/Shutterstock

b) Em qual dessas lojas a geladeira está mais barata? _____

5 Calcule o preço de cada produto à vista.

As imagens não estão representadas em proporção.

Bicicleta   R$ 400,00
Televisor   R$ 600,00
Desconto de 30% nas compras à vista.

a) Bicicleta: _____

b) Televisor: _____

6 Na turma de Maurício há 12 meninos e 18 meninas.

a) Qual é a porcentagem de meninos nessa turma em relação ao total de alunos? _____

b) E de meninas? _____

7 O preço de um carrinho passou de R$ 20,00 para R$ 22,00.

Qual foi a porcentagem de aumento? _____

8 **CÁLCULO MENTAL**

• Calcule mentalmente e registre.

a) 100% de 30 dias = _____

b) 50% de 60 alunos = _____

c) 25% de 80 laranjas = _____

d) 200% de R$ 120,00 = _____

• Calcule mentalmente e complete com as porcentagens correspondentes.

a) 3 em 12 = _____%

c) 9 em 9 = _____%

b) 7 em 14 = _____%

d) 4 em 40 = _____%

9 ESTATÍSTICA E PORCENTAGEM

Em uma escola de Educação Infantil, o número total de alunos é 200. Veja no gráfico o registro do número de faltas em 1 semana de aula.

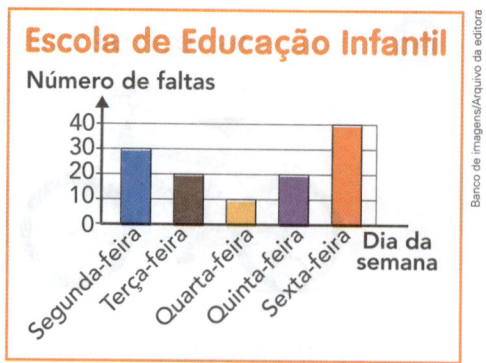

Gráfico elaborado para fins didáticos.

a) Em que dia dessa semana houve mais faltas? Quantas faltas?

_____

b) Em que dia da semana houve exatamente 30 faltas? _____

c) Veja que podemos representar as faltas de cada dia da semana em relação ao número total de alunos por meio de porcentagem.

Segunda-feira:

$$30 \text{ em } 200 = \frac{30}{200} \begin{matrix} \div 2 \\ \div 2 \end{matrix} = \frac{15}{100} = 15\%$$

Então, na segunda-feira o número de faltas corresponde a 15% dos alunos da escola. Complete a tabela ao lado colocando o número de faltas e a porcentagem correspondente em relação ao total de alunos.

Escola de Educação Infantil

Dia da semana	Número de faltas	Porcentagem
Segunda-feira		
Terça-feira		
Quarta-feira		
Quinta-feira		
Sexta-feira		

Tabela elaborada para fins didáticos.

10 Analise o gráfico de setores e o que ele está indicando.

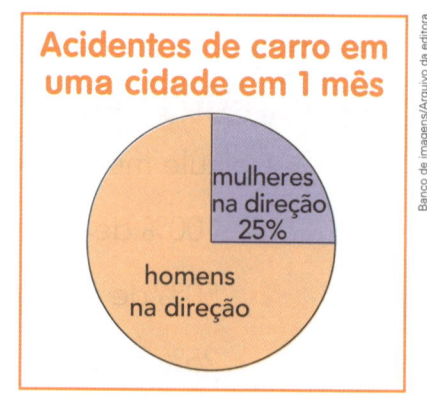

Gráfico elaborado para fins didáticos.

a) Que porcentagem dos acidentes de carro teve homens na direção? _____

b) Se o total de acidentes nesse mês foi 80, então em quantos deles os homens estavam na direção?

_____

c) ATIVIDADE ORAL EM GRUPO Converse com os colegas sobre problemas de trânsito, respeito aos sinais, causas de acidentes, cuidados que devemos tomar ao atravessar a rua, etc.

11 Responda depressinha!

Se Jairo comprar 1 bola de R$ 30,00, então vai gastar 50% da quantia que

tem. Qual é a quantia que ele tem? _____

12 Cálculo mental da porcentagem de um número.

- Analise o exemplo e complete o que falta nos demais.

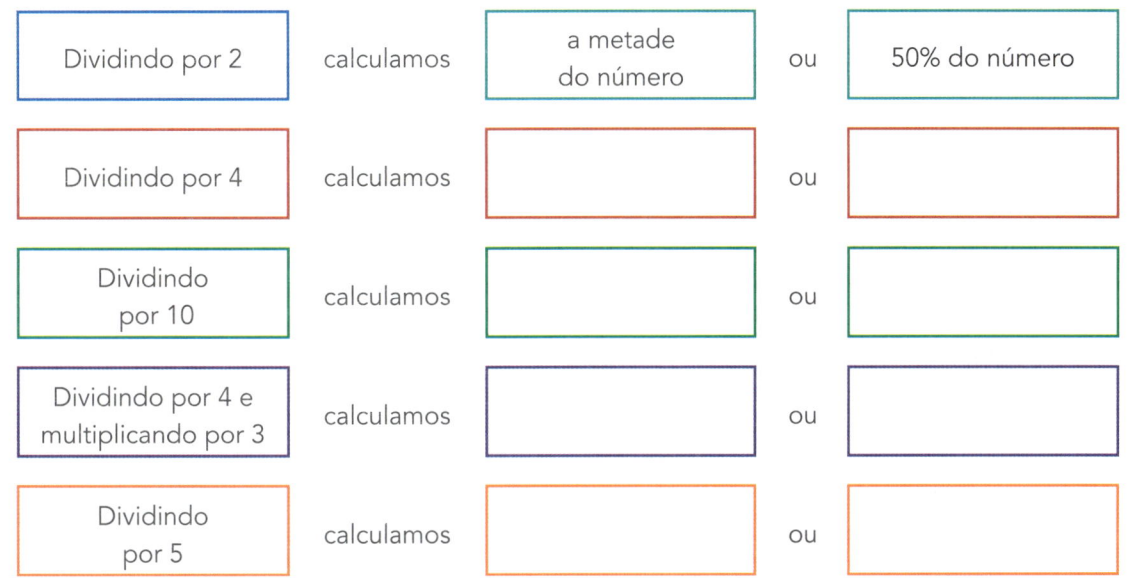

| Dividindo por 2 | calculamos | a metade do número | ou | 50% do número |

| Dividindo por 4 | calculamos | | ou | |

| Dividindo por 10 | calculamos | | ou | |

| Dividindo por 4 e multiplicando por 3 | calculamos | | ou | |

| Dividindo por 5 | calculamos | | ou | |

- Agora, calcule mentalmente e complete.

a) 50% de 14 = _____   **d)** 10% de 80 = _____

b) 75% de 12 = _____   **e)** 25% de 28 = _____

c) 100% de 30 = _____   **f)** 20% de 40 = _____

g) 10% de 900 = _____. Então: 30% de 900 = 3 × _____ = _____.

13 Aplique o cálculo mental da porcentagem de um número em situações-problema.

a) Pedro tinha R$ 280,00, gastou 25% dessa quantia na compra de uma camiseta
e gastou 10% do que sobrou na compra de um livro. Quanto sobrou depois

das 2 compras? _____

b) Uma geladeira que custa R$ 2 300,00 está sendo vendida, em promoção,
com desconto de 5%. Por quanto ela está sendo vendida?

_____

Matemática e tecnologia

Planilha eletrônica e gráfico de setores

Você já elaborou tabelas e gráficos em planilhas eletrônicas nos anos anteriores. Vamos usar novamente esse recurso e construir um gráfico de setores?

● ESTATÍSTICA

Na turma de Renata foi feita uma pesquisa com a seguinte pergunta.

> Qual é sua fruta predileta entre uva, caju, abacaxi e açaí?

Vamos construir um gráfico de setores com os dados obtidos na pesquisa.

1º passo

Complete a tabela com os dados obtidos, sabendo que a turma de Renata tem 30 alunos.

Fruta predileta

Fruta	Porcentagem	Número de votos
Uva	10%	
Caju	30%	
Abacaxi	40%	
Açaí		

Tabela elaborada para fins didáticos.

2º passo

Usando uma planilha eletrônica, reproduza apenas as colunas "Fruta" e "Número de votos" da tabela apresentada.

	A	B
1	Fruta	Número de votos
2	Uva	3
3	Caju	9
4	Abacaxi	12
5	Açaí	6

3º passo

Selecione a tabela inteira.

	A	B
1	Fruta	Número de votos
2	Uva	3
3	Caju	9
4	Abacaxi	12
5	Açaí	6

4º passo

Clique sobre o ícone 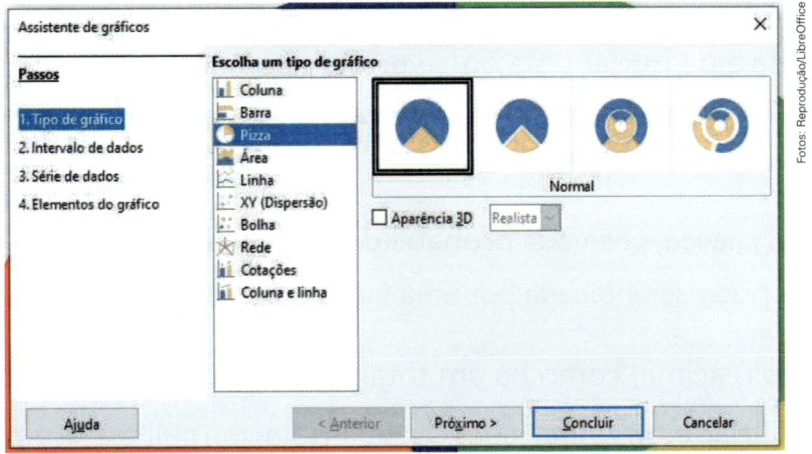 para escolher o tipo de gráfico. Vai abrir a janela "Assistente de gráficos". Selecione a opção "*Pizza*".

5º passo

Clique no botão "Concluir" e o gráfico será inserido na planilha.

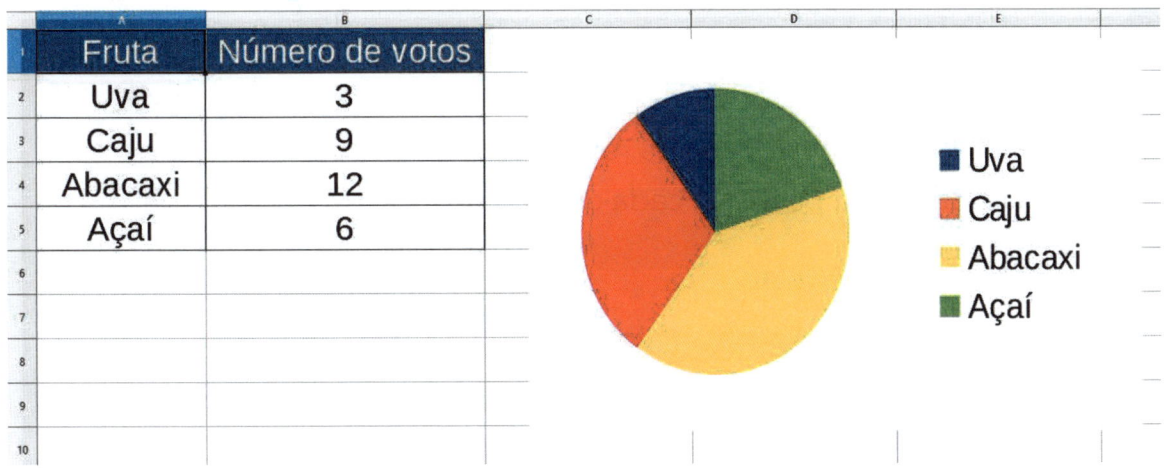

- Agora, abra uma nova planilha e reproduza as colunas "Fruta" e "Porcentagem" da tabela apresentada. Siga os mesmos passos da construção anterior e faça um novo gráfico. Depois, faça o que se pede em cada item.

a) Qual a diferença entre os dois gráficos que você construiu?

b) Complete de acordo com os dados obtidos pela turma de Renata.

A fruta mais votada foi ———————, com ———— votos, e a fruta

menos votada foi ———————, com ———— % dos votos.

——————— recebeu o triplo dos votos de ———————.

Probabilidade

1 **ATIVIDADE ORAL EM GRUPO** Se você retirasse, sem olhar, 1 bola do vidro ao lado, então a chance maior seria a de pegar uma bola vermelha ou uma bola azul? Por quê? Converse com os colegas.

Vidro com bolas iguais, mas de cores diferentes.

> A medida da chance, chamada **probabilidade**, muitas vezes pode ser indicada por uma fração.

No exemplo acima, como há um total de 5 bolas e 3 delas são vermelhas, a **probabilidade** de retirar, sem olhar, 1 bola vermelha é **3 em 5** ou $\dfrac{3}{5}$.

- Indique com uma fração a probabilidade de retirar 1 bola azul.

_____

▸ As imagens não estão representadas em proporção.

2 Esta roleta tem 4 partes iguais, sendo 2 delas vermelhas. Responda utilizando fração.

a) Girando bem forte a seta da roleta, qual é a probabilidade de ela parar em cada cor?

- No vermelho: _____
- No azul: _____
- No laranja: _____
- No verde: _____

b) Responda rapidamente!

Qual é a probabilidade de a seta não parar no azul? _____

3 Responda usando fração.

Se você colocar o nome completo de todos os alunos de sua turma em um saquinho e sortear um deles, então qual é a probabilidade de tirar o seu nome?

Saiba mais

A teoria das probabilidades se iniciou a partir da análise dos jogos de azar (dados, baralho, etc.) cerca de 400 anos atrás.

4 Luciano vai lançar ao ar 1 moeda de R$ 0,05. Qual é a probabilidade de ela cair

com a face 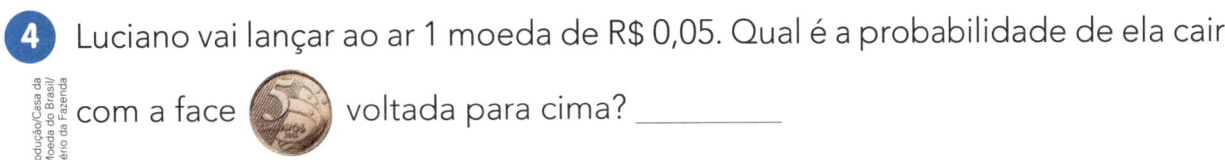 voltada para cima? _____

5 Em um saquinho há 12 cartões com a letra **A**, 5 cartões com a letra **B** e 3 cartões com a letra **C**. Na retirada de 1 desses cartões ao acaso, qual é a probabilidade de cada tipo de cartão sair, em relação ao total de cartões? Complete.

a) A → _____ em _____ → Em fração: _____ ou _____ → Em porcentagem: _____

b) B → _____ em _____ → Em fração: _____ ou _____ → Em porcentagem: _____

c) C → _____ em _____ → Em fração: _____ → Em porcentagem: _____

6 **AGORA É VOCÊ QUEM CRIA A SITUAÇÃO!**

Complete as frases e ilustre a situação com um desenho no quadro ao lado.

Em uma caixa há _____ cartões azuis,

_____ cartões vermelhos e _____ car-tões brancos. Sorteando um desses cartões, a

probabilidade de sair um cartão _____ é 50%.

7 DESAFIO

Observe as roletas e responda.

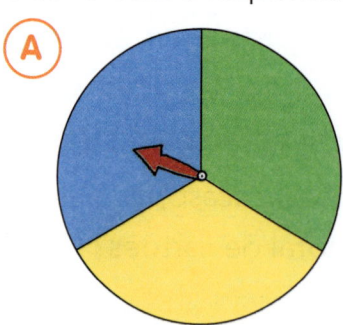

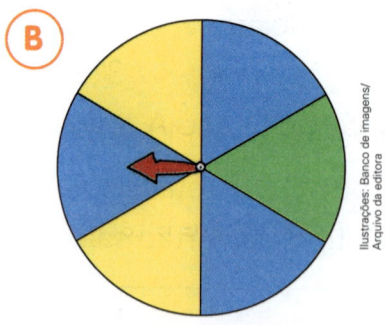

a) Girando o ponteiro na roleta **B**, qual é a probabilidade de ele parar no verde? _____

b) Girando os ponteiros nas 2 roletas, em qual delas a probabilidade de ele parar no azul é maior? Por quê? _____

c) A probabilidade de o ponteiro parar no amarelo é maior em qual das roletas? Por quê? _____

8 Imagine que você vai sortear 1 dos 12 meses do ano.

a) Qual é a probabilidade de sair um mês que começa pela letra **J**? _____

b) E de sair um mês do 1º semestre? _____

c) E de sair um mês que tem pelo menos 27 dias? _____

d) E de sair um mês que começa pela letra **R**? _____

Mais atividades e problemas

1 Durante 1 mês do ano os alunos das 3 turmas do 5º ano da escola de Augusto retiraram da biblioteca 300 livros ao todo.

Os alunos do 5º ano **A** retiraram 40% do total. Os alunos do 5º ano **B** retiraram 25% do total.

Calcule e complete a tabela.

Livros retirados da biblioteca

Turma	Número de livros retirados	Porcentagem do total
5º **A**		40%
5º **B**		25%
5º **C**		

Tabela elaborada para fins didáticos.

2 Uma roleta tem 5 setores de tamanhos iguais marcados com os números de 1 a 5.

Essa roleta será girada. Registre a probabilidade em cada caso.

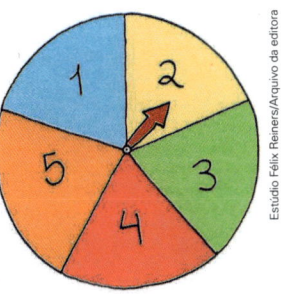

a) De sair um número ímpar. _____

b) De 20 ser um múltiplo do número que sair. _____

3 **NÚMEROS CRUZADOS**

Calcule e use os resultados das horizontais para preencher o quadro (1 algarismo em cada quadrinho). Depois, calcule e use os resultados das verticais para conferir.

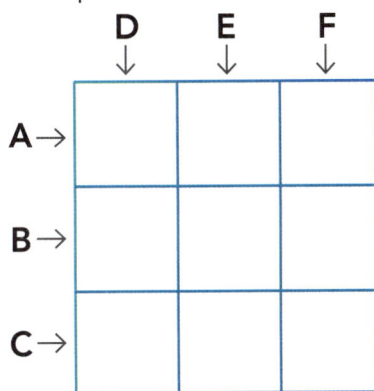

Horizontais

A: 50% de 224 = _____

B: 25% de 1 200 = _____

C: $\dfrac{1}{6}$ de 900 = _____

Verticais

D: 10% de 1 310 = _____

E: $\dfrac{3}{2}$ de 70 = _____

F: 20% de 1 000 = _____

4 METADE DA POPULAÇÃO MUNDIAL ESTÁ ACIMA DO PESO

Segundo dados da Organização das Nações Unidas (ONU), em 2016 aproximadamente três quartos da população do planeta estavam acima do peso, sendo quase 30% considerada obesa.

De acordo com o Instituto Brasileiro de Geografia e Estatística (IBGE), o Brasil apresentava, em 2016, cerca de 205 milhões de habitantes. Com base nessas informações, responda.

a) Aproximadamente quantos brasileiros estavam obesos em 2016?

_____

b) Aproximadamente quantos brasileiros estavam acima do peso em 2016?

_____

5 Este gráfico apresenta o número de alunos, por idade, do 5º ano e do 6º ano do período da manhã de uma escola.

Gráfico elaborado para fins didáticos.

Indique a probabilidade em cada caso, ao realizar um sorteio de 1 desses alunos.

a) De um aluno de 9 anos ser sorteado.

_____

b) De um aluno com pelo menos 10 anos ser sorteado.

_____

6 Mário vai confeccionar fichas para um jogo.
Cada ficha deve conter uma letra e um número, como no exemplo ao lado.

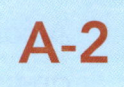

a) Desenhe todas as fichas possíveis e, depois, indique quantas são as possibilidades, usando as letras **A**, **B** ou **C** e os números **1** ou **2**.

_____

b) Faça o mesmo usando as letras **X** ou **Y** e os números **1**, **2**, **3** ou **4**.

_____

c) Complete de acordo com os valores obtidos nos itens anteriores.

- Usando _____ letras e _____ números, obtemos _____ fichas.

- Usando _____ letras e _____ números, obtemos _____ fichas.

d) Complete as tabelas referentes às situações apresentadas.

Números / Letras	1	2
A	A-1	
B		B-2
C		

Números / Letras	1	2	3	4
X				
Y				

Tabelas elaboradas para fins didáticos.

_____ × _____ = _____

ou

_____ × _____ = _____

_____

ou

_____

e) Converse com os colegas sobre como podemos obter a quantidade de fichas a partir da quantidade de letras e de números usados.

f) Agora, calcule e responda: quantas serão as fichas se forem usadas as 26 letras do alfabeto e os números naturais de 1 a 10? _____

7 ÁRVORES DE POSSIBILIDADES

A conclusão da atividade anterior também pode ser representada por um esquema conhecido como "Árvores de possibilidades". Veja o exemplo e complete o que falta.

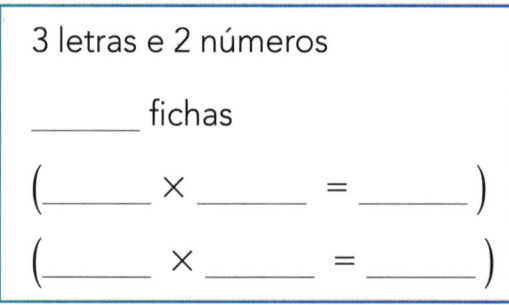

Letra   Número   Fichas

A < 1 — A-1
    2 — A-2

B < 1 — B-1
    ___ — ___

C < ___ — ___
    ___ — ___

3 letras e 2 números

_____ fichas

(_____ × _____ = _____)
(_____ × _____ = _____)

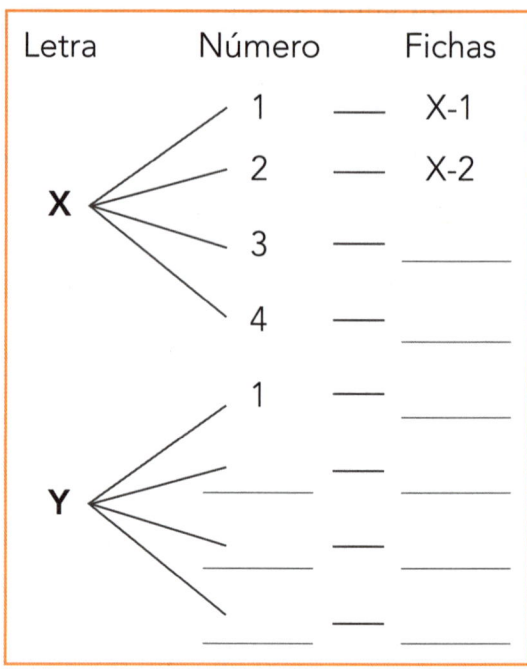

Letra   Número   Fichas

X < 1 — X-1
    2 — X-2
    3 — ___
    4 — ___

Y < 1 — ___
    ___ — ___
    ___ — ___
    ___ — ___

_____ letras e _____ números

_____ fichas

(_____ × _____ = _____)
(_____ × _____ = _____)

8
Quando lançamos 2 dados de cores diferentes, as possibilidades de resultados são: 1 e 1; 1 e 2; 1 e 3; ... até 6 e 6.

a) Quantas e quais possibilidades há ao todo?

_____

_____

b) Qual é a probabilidade de se obter soma 7 nos resultados? _____

Com a palavra...

FERNANDO MEDEIROS

Por que você escolheu a profissão de advogado?

Sou entusiasmado pelo Direito e acredito que a profissão de advogado é essencial para dar voz a todos aqueles que precisam de justiça.

Fernando Medeiros trabalha como advogado há 7 anos.

Há quantos anos trabalha com isso? Como é o seu dia a dia?

Sou advogado há 7 anos. Meus dias começam cedo, às 6 horas, e são divididos, geralmente, em reuniões com clientes, com outros advogados associados, em audiências e outras atividades administrativas. Geralmente, essas tarefas terminam só por volta das 17 horas.

Quem são os seus clientes e o que eles buscam?

Meus clientes são empresas e pessoas comuns que tiveram, de alguma forma, seus direitos desrespeitados e estão em busca de justiça. Dessa forma, é muito comum que ocorram indenizações e, para isso, temos que realizar estimativas e atualizar o valor dessas indenizações considerando variáveis financeiras. Às vezes, uma dívida que, há alguns anos, era da ordem de dezenas de milhares de reais pode ser atualizada para até milhões de reais.

Você sugere aos seus clientes a realização de acordos?

Isso varia bastante. O trabalho do advogado, muitas vezes, se parece com o trabalho de um matemático. Usando a criatividade e o raciocínio lógico-dedutivo elabora-se uma tese que precisa ser defendida e provada para um juiz. Quando analiso as possibilidades e vejo que a chance de ganhar é maior, costumo não recuar e ir até o final aguardando o julgamento do juiz. Mas, nas vezes em que essa chance não é boa, discuto com o meu cliente a possibilidade de um acordo judicial.

Você sabia que alguns matemáticos famosos foram advogados?

Curiosamente eu já fiz essa pesquisa. Li que Pierre de Fermat, Descartes, Leibniz e Arthur Cayley (autor de mais de 200 trabalhos matemáticos), entre outros, dividiram a ciência jurídica com a matemática, mas entraram para a história por conta dessa última.

Você continua estudando?

Sim, sempre. Além de cursos de atualização, devo ter em mente várias leis, artigos e parágrafos na hora de defender meus clientes. Tenho muito orgulho de conseguir êxito em mais de 80% dos processos que defendo. Alguns deles eu faço *pro bono*, ou seja, ajudo pessoas que não podem pagar e, assim, não cobro nada. O mais importante para mim é que a justiça seja feita.

Vamos ver de novo?

1 **PROPORCIONALIDADE**

Complete.

a) Cada grupo de 5 alunos vai receber 8 folhas de papel sulfite.

Então, em uma turma com 30 alunos serão necessárias _____ folhas.

b) Maurício pagou R$ 14,00 por 6 pêssegos.

Se tivesse comprado 3 pêssegos, então ele teria pago R$ _____.

c) Pedro comprou 4 cadernos e pagou R$ 10,00.

Com R$ 50,00 ele pode comprar _____ cadernos.

d) $\frac{1}{2}$ da melancia pesou 3 kg. O "peso" de $1\frac{1}{2}$ da melancia está próximo de _____ kg.

2 Na figura ao lado temos uma planificação de um cubo. Ao ser montado, quais serão as cores das faces opostas do cubo?

_____

3 Complete a expressão com números para que o valor dela seja 12.

$$\text{_____} + \text{_____} \times \text{_____} + \text{_____}$$

4 Veja as medidas de capacidade de 3 reservatórios de água.

Complete: A medida da capacidade do reservatório _____ corresponde a $\frac{3}{4}$ da medida da capacidade de _____.

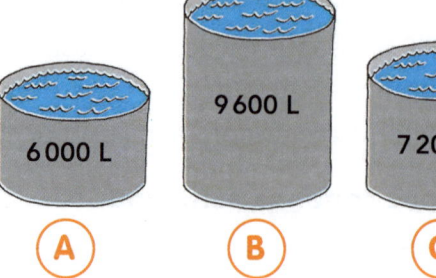

6 000 L — A
9 600 L — B
7 200 L — C

O que estudamos

Vimos que porcentagem corresponde a uma fração de denominador 100 ou outra fração equivalente a ela.

- 40% corresponde a $\frac{40}{100}$ ou $\frac{2}{5}$, pois $\frac{40}{100}\frac{\div\,20}{\div\,20} = \frac{2}{5}$.

- $\frac{1}{4}$ corresponde a 25%, pois $\frac{1\,\times\,25}{4\,\times\,25} = \frac{25}{100} = 25\%$.

Estudamos porcentagem de figuras e de números.

- Pintar 25% da região plana determinada pela circunferência.

$25\% = \frac{25}{100} = \frac{1}{4}$

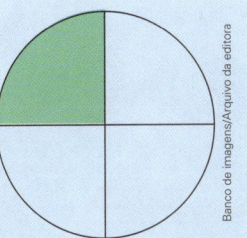

Banco de imagens/Arquivo da editora

- 45% de 60 = 27

$\frac{45}{100} = \frac{9}{20} \rightarrow 60 \div 20 = 3$ e $9 \times 3 = 27$

Trabalhamos a noção de probabilidade, que é a medida da chance de algo acontecer. Ela pode ser indicada por uma fração ou por uma porcentagem.

Sorteando 1 letra da palavra TIGRE, a probabilidade de sair uma vogal é 2 em 5 ou $\frac{2}{5}$ ou 40%.

Resolvemos problemas que envolvem porcentagem.

O preço do carrinho passou de R$ 20,00 para R$ 22,00.

Qual foi a porcentagem do aumento? 10%.

$22 - 20 = 2$ $\qquad\qquad$ 2 em $20 = \frac{2}{20} = \frac{10}{100} = 10\%$

- Quando você tem várias tarefas para um mesmo dia, você escreve uma lista para ajudar a se lembrar de todas elas?

- Você costuma rever em casa o que estudou na escola?

- Dos assuntos estudados durante o ano, de qual você gostou mais?

Unidade

8 Mais geometria

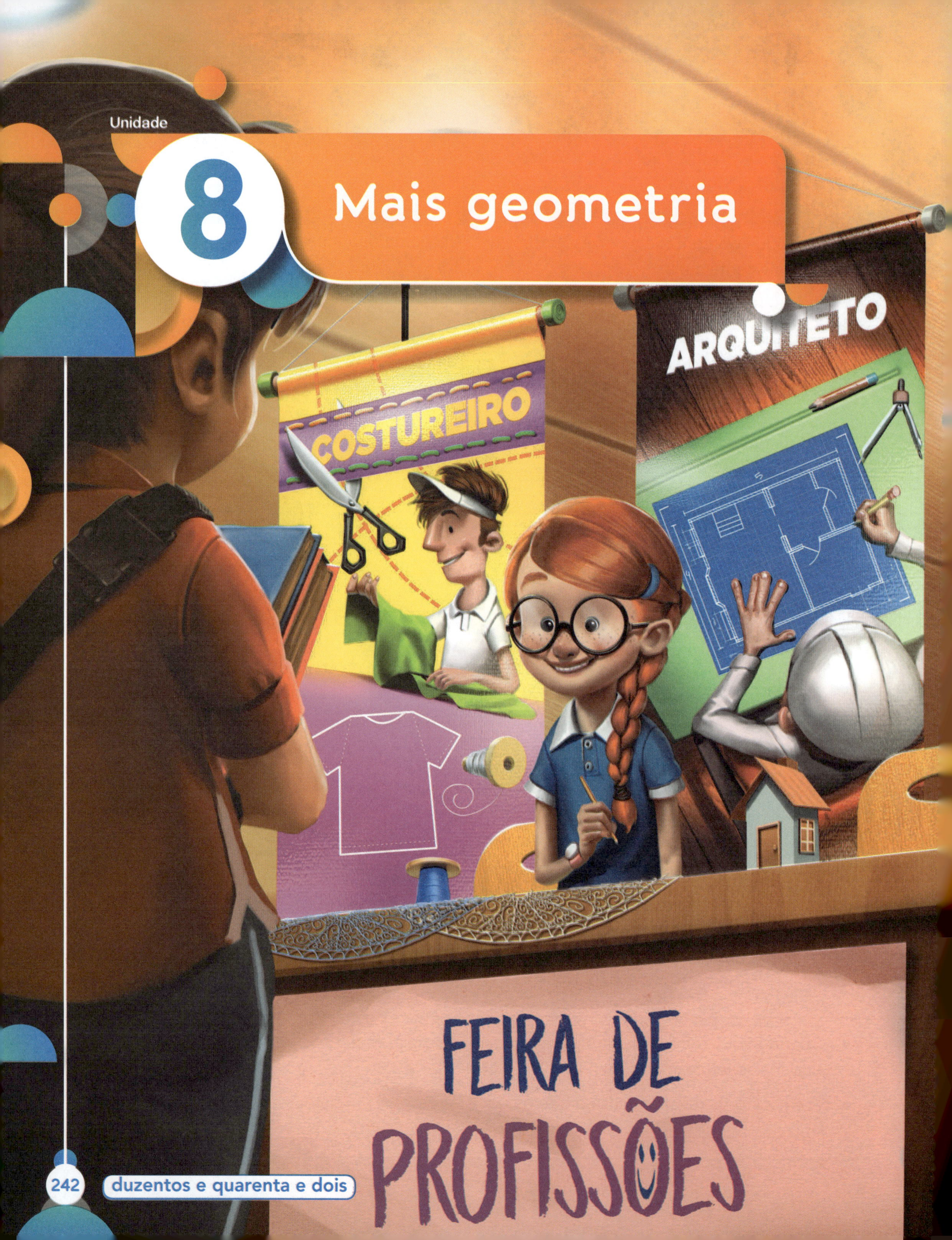
COSTUREIRO
ARQUITETO
FEIRA DE PROFISSÕES

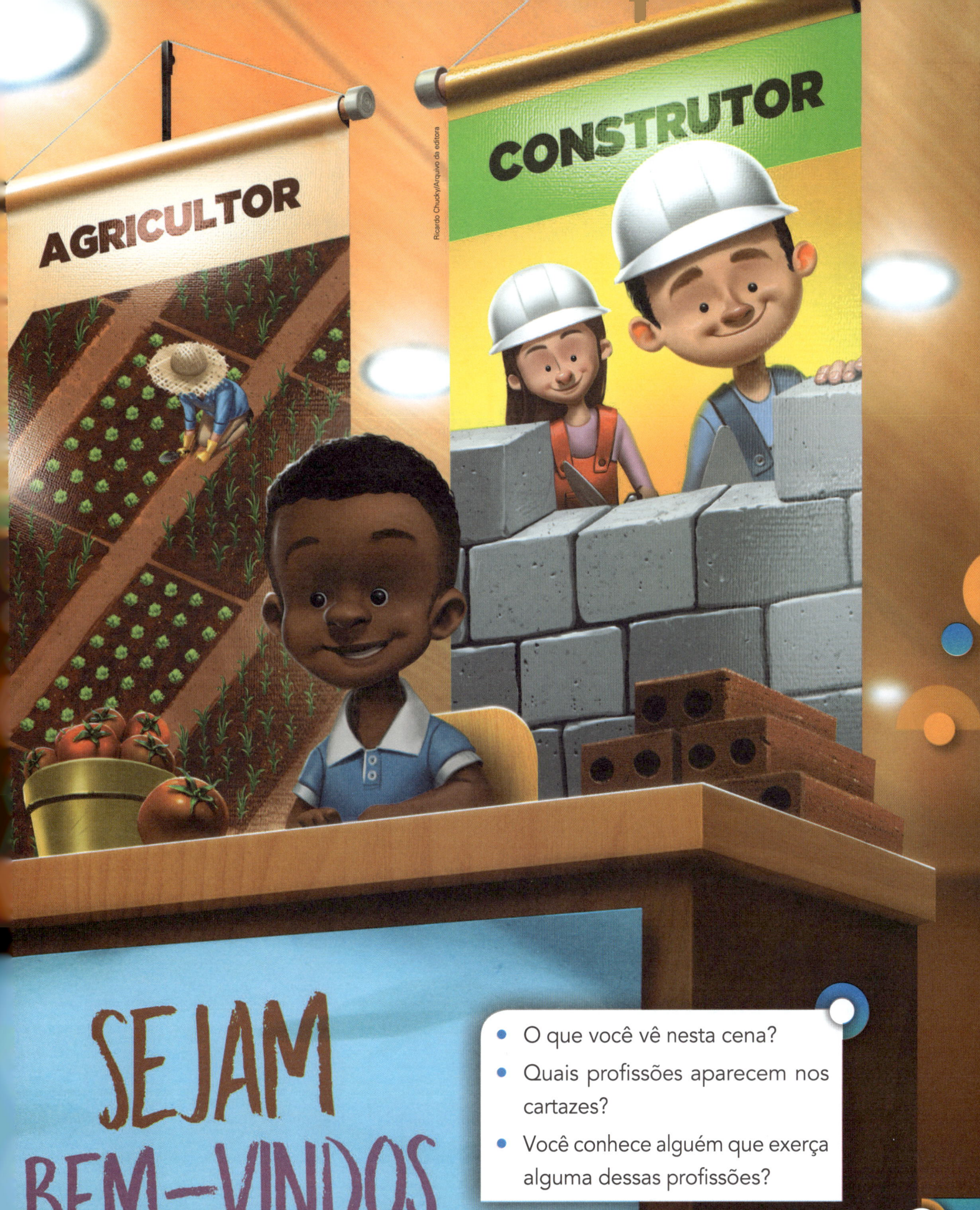

Ricardo Chucky/Arquivo da editora

AGRICULTOR

CONSTRUTOR

SEJAM BEM-VINDOS

- O que você vê nesta cena?
- Quais profissões aparecem nos cartazes?
- Você conhece alguém que exerça alguma dessas profissões?

Para iniciar

São muitas as profissões que, para seu desempenho, precisam de conhecimentos de Geometria.

Nesta Unidade, vamos retomar e ampliar o estudo das figuras geométricas, como os ângulos, as retas, os polígonos, as circunferências e os círculos.

● Analise a cena das páginas de abertura desta Unidade. Converse com os colegas e respondam às questões a seguir.

● Converse com os colegas sobre mais estas questões.

a) Que nome damos a cada figura geométrica desenhada ao lado?

b) Todo triângulo é um polígono?

c) E todo polígono é um triângulo?

d) Como foi formada a figura ao lado?

e) Como deve estar um pedaço de barbante para dar ideia de um segmento de reta?

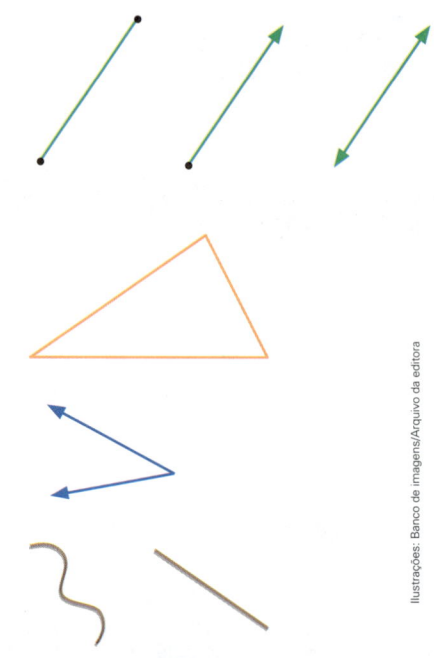

Atividades com figuras geométricas já estudadas

1 **ATIVIDADE ORAL EM DUPLA** Beatriz ganhou um computador de presente de aniversário. Como ela já sabia usar o programa para desenhar, decidiu fazer um desenho com figuras geométricas.

Este é o desenho que Beatriz fez usando figuras geométricas que está estudando nas aulas de Matemática.

Estúdio Félix Reiners/Arquivo da editora

a) Analisem o desenho e respondam: Beatriz usou sólidos geométricos ou regiões planas para compor este desenho?

b) Localizem partes do desenho que dão ideia das seguintes figuras geométricas.

- Uma região retangular.
- Uma região quadrada.
- Uma região triangular.
- Uma região circular.
- Um segmento de reta.

2 Observe as figuras geométricas desenhadas abaixo.

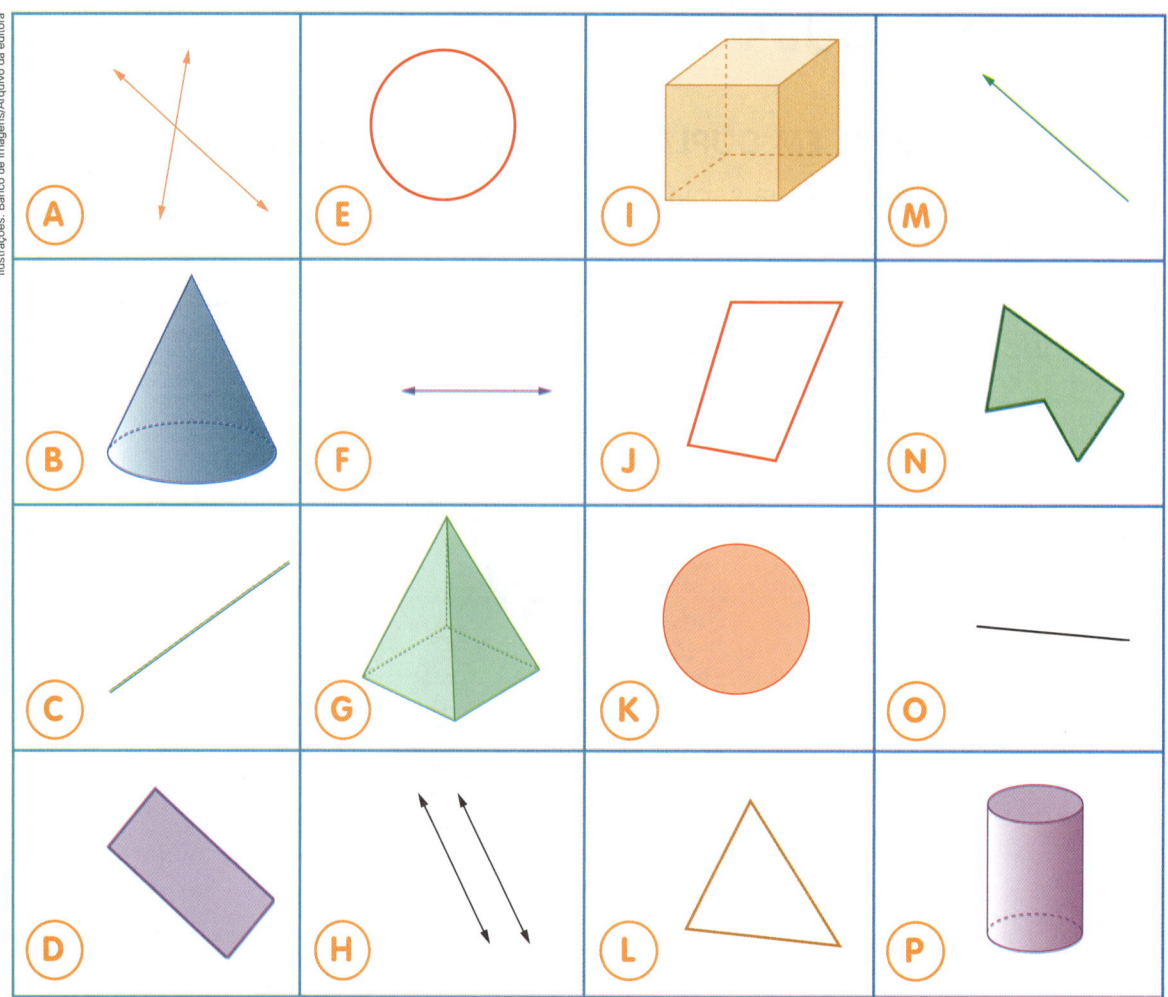

Escreva em cada item a letra da figura correspondente. Se tiver alguma dúvida, volte à Unidade 2 ou consulte o **Glossário** no final do livro.

a) Os sólidos geométricos. _____

b) As regiões planas. _____

c) Os contornos de regiões planas. _____

d) Os segmentos de reta. _____

e) A reta. _____

f) A semirreta. _____

g) Os poliedros. _____

h) Os corpos redondos. _____

i) Os polígonos. _____

j) As regiões poligonais. _____

k) As 2 retas paralelas. _____

l) As 2 retas concorrentes. _____

m) O cone. _____

n) A pirâmide. _____

o) A circunferência. _____

p) O círculo. _____

q) A região retangular. _____

Ângulo

1 **ATIVIDADE ORAL EM GRUPO** Veja as imagens e observe as partes destacadas em vermelho. Elas dão ideia de **ângulo**.

As imagens não estão representadas em proporção.

Trave de futebol.

Escada.

Árvore.

Relógio.

Casinha de madeira.

Converse com os colegas: Como deve ser uma figura para ser chamada de ângulo?

2 **ATIVIDADE EM GRUPO** Vejam algumas maneiras de explorar a ideia de ângulo. Com os colegas, inventem outras.

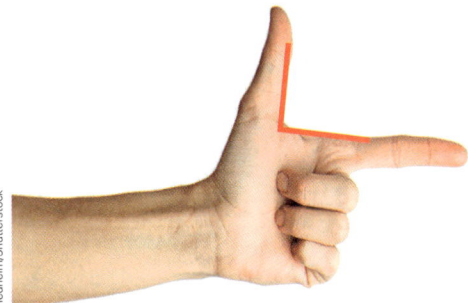
Com 2 dedos de uma mesma mão.

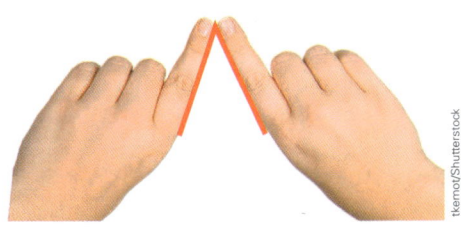
Com 2 dedos, um de cada mão.

Com 1 canudo dobrado.

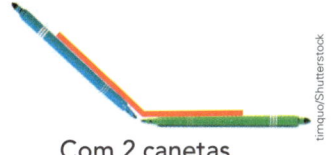
Com 2 canetas.

- Recorte as hastes da página 25 do **Ápis divertido**. Monte o objeto conforme a imagem ao lado, fixando as hastes com um colchete. Esta é a posição inicial do objeto.

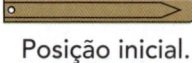

Posição inicial.

- Gire as hastes de diversas maneiras. Você pode dar 1 volta completa, como os ponteiros de um relógio. Explore seu objeto!

- Deixe as hastes na posição inicial, como na primeira imagem. Gire apenas uma das hastes, para que o objeto fique como na imagem ao lado.

  O ângulo correspondente é chamado **ângulo de meia-volta** $\left(\text{ou } \textbf{ângulo de } \dfrac{1}{2} \textbf{ volta}\right)$. Veja.

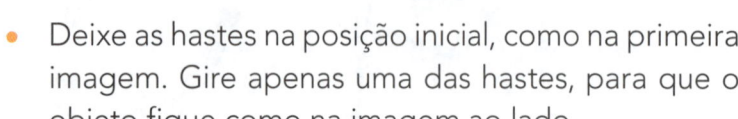

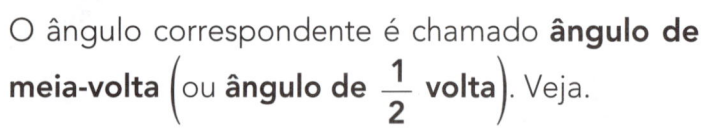

- Desenhe ao lado um ângulo de meia-volta.

- Agora, partindo das hastes na posição inicial, faça o giro para que o objeto fique como na imagem ao lado.

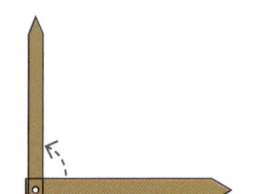

- Desenhe ao lado o ângulo correspondente à imagem anterior e escreva o nome que pode ser dado a ele.

_____

_____

- Novamente partindo das hastes na posição inicial, dê 1 volta completa em uma das hastes. Depois, desenhe ao lado como fica o objeto após esse giro.

3 ÂNGULOS DE POLÍGONOS

Responda e marque os ângulos de cada polígono.

a) Quantos ângulos tem um triângulo? _____

b) Quantos ângulos tem um retângulo? _____

Ângulo reto

1 Observe os cantos de uma régua. O ângulo formado em cada canto dá ideia de **ângulo reto**.

Veja outros exemplos de ângulos retos, indicados em vermelho.

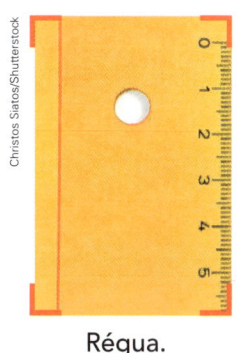

Régua.

Trave de futebol.

Ângulos retos sobre os cantos da folha.

Agora, use o objeto construído com as hastes do **Ápis divertido** e indique com ele um ângulo reto. Confira com os colegas.

2 Assinale apenas os quadrinhos das imagens que sugerem ângulos retos.

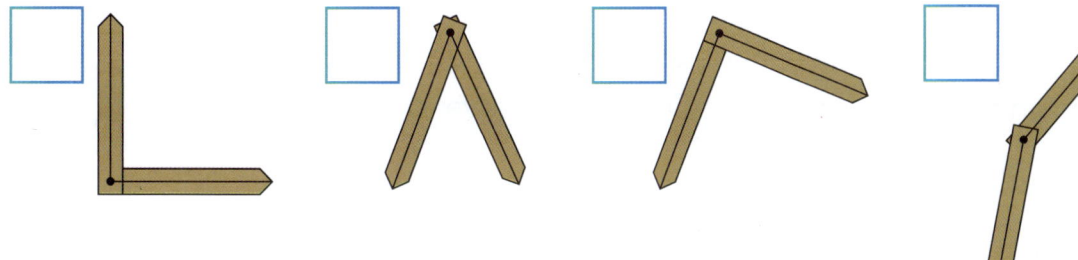

3 ATIVIDADE ORAL EM GRUPO (TODA A TURMA)

a) Em quais objetos da sala de aula há ângulos retos?

b) Quantos ângulos retos aparecem em cada canto da sala de aula?

4 Use o canto de uma régua e trace 3 ângulos retos, em posições diferentes. Marque o sinal de ângulo reto, como na figura ao lado.

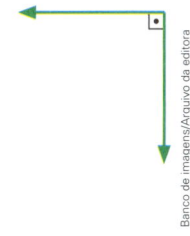

Unidade 8

Dobradura e ângulo reto

- Dobre pela metade uma folha de papel sulfite. Em seguida, dobre novamente pela metade, de modo que, ao desdobrar a folha, as dobras tenham formado 4 ângulos retos.

- Agora, faça linhas pontilhadas indicando cada dobra e marque nos ângulos retos o sinal correspondente.

- Finalmente, reproduza no caderno a folha e indique nela as dobras e os ângulos retos, como na figura ao lado.

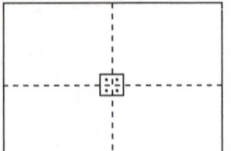

5 Marque nos ângulos retos de cada polígono o sinal correspondente. Depois, escreva quantos ângulos retos há em cada um deles.

a)    b)    c)    d)

_____   _____   _____   _____

6 Observe a letra desenhada ao lado e marque nos ângulos retos o sinal correspondente. Depois escreva quantos ângulos retos há nela. _____

7 Faça o que se pede.

a) Há horas exatas em que os ponteiros do relógio formam um ângulo reto. Uma das posições dos ponteiros está desenhada ao lado. Desenhe a outra e escreva as horas exatas em que isso acontece.

_____

b) Responda depressinha!
Às 3 h 30 min o ângulo formado pelos ponteiros é reto? Desenhe os ponteiros para justificar sua resposta.

_____

Ângulo raso, ângulo agudo e ângulo obtuso

1 Use o objeto construído com as hastes do **Ápis divertido** e represente cada ângulo mostrado nas imagens. Confira sempre com os colegas.

> Este ângulo, correspondente à meia-volta, é chamado **ângulo raso**.

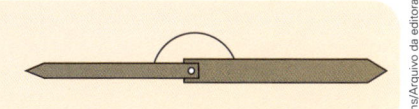

> O **ângulo reto** você já conhece. É o que tem a abertura igual à do canto da porta, do canto da régua, etc.

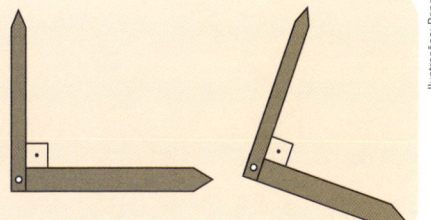

Agora você vai conhecer o nome de outros ângulos. Represente-os com as hastes.

> **Ângulo agudo**: tem a abertura "mais fechada" do que o ângulo reto.

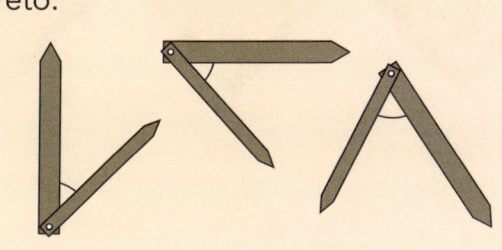

> **Ângulo obtuso**: tem a abertura "mais aberta" do que o ângulo reto, sem chegar à abertura do ângulo raso.

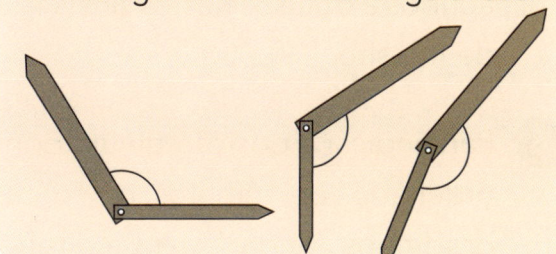

2 **ATIVIDADE EM DUPLA** Construam ângulos com 2 dedos, com 2 canetas ou com as hastes do **Ápis divertido**.

Um constrói o ângulo e o outro diz se é reto, agudo ou obtuso. Depois, invertam os papéis.

Com 2 dedos de uma mesma mão.

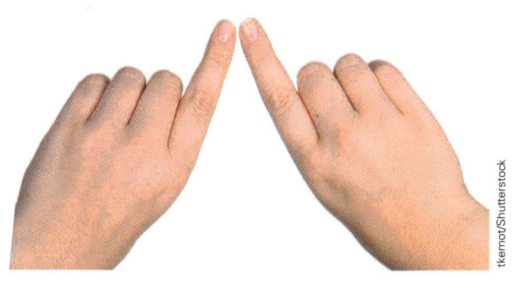

Com 2 dedos, um de cada mão.

Ilustrações: Banco de imagens/Arquivo da editora

fridhelm/Shutterstock

tkemot/Shutterstock

3 Escreva se cada ângulo é reto, agudo ou obtuso. No ângulo reto, coloque o sinal correspondente.

a)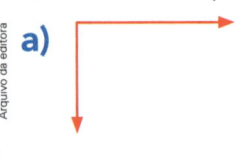

b)

c)

d)

_____   _____   _____   _____

4 Escreva se cada ângulo indicado nos polígonos é reto, obtuso ou agudo.

a)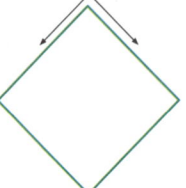

b)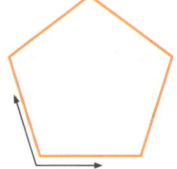

c)

_____   _____   _____

5 **ATIVIDADE ORAL EM GRUPO**
Localizem ângulos retos, rasos, agudos e obtusos nestes sinais de trânsito.

6 Para indicar a posição de um ponto, podemos usar pares ordenados de números: o 1º número indica quantos quadradinhos "andar" para a direita, partindo do zero; e o 2º número, quantos quadradinhos "andar" para cima.

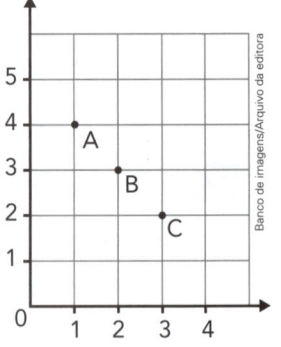

a) Qual ponto da figura ao lado está na posição (3, 2)? _____

b) Marque os pontos **A**, **B** e **C** indicados em cada caso e trace as semirretas $\overrightarrow{AB}$ e $\overrightarrow{AC}$. Depois, indique se o giro de $\overrightarrow{AB}$ para $\overrightarrow{AC}$ determina um ângulo reto, agudo ou obtuso.

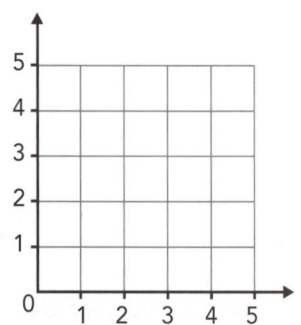

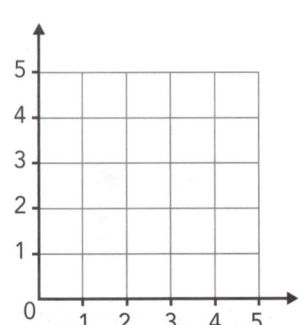

7 Vamos levar Luque, Lulu e Fofo às casinhas deles?

a) Inicialmente, observe os movimentos e as letras correspondentes.

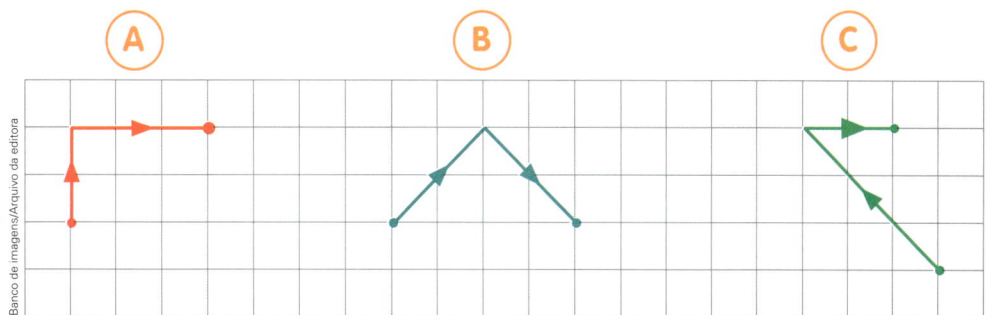

- Luque vai à casa dele fazendo os movimentos **A, A, B, A** e **A**, nessa ordem. Trace o caminho na malha quadriculada abaixo e pinte a casinha de verde.

- O caminho de Lulu já está traçado. Indique os movimentos que **ele fez**:

  _____, _____ e _____, nessa ordem. Pinte a casinha de azul.

- Fofo fez 2 movimentos iguais para chegar à casinha amarela dele. Trace o caminho e indique os movimentos: _____ e _____. Depois, pinte a casinha.

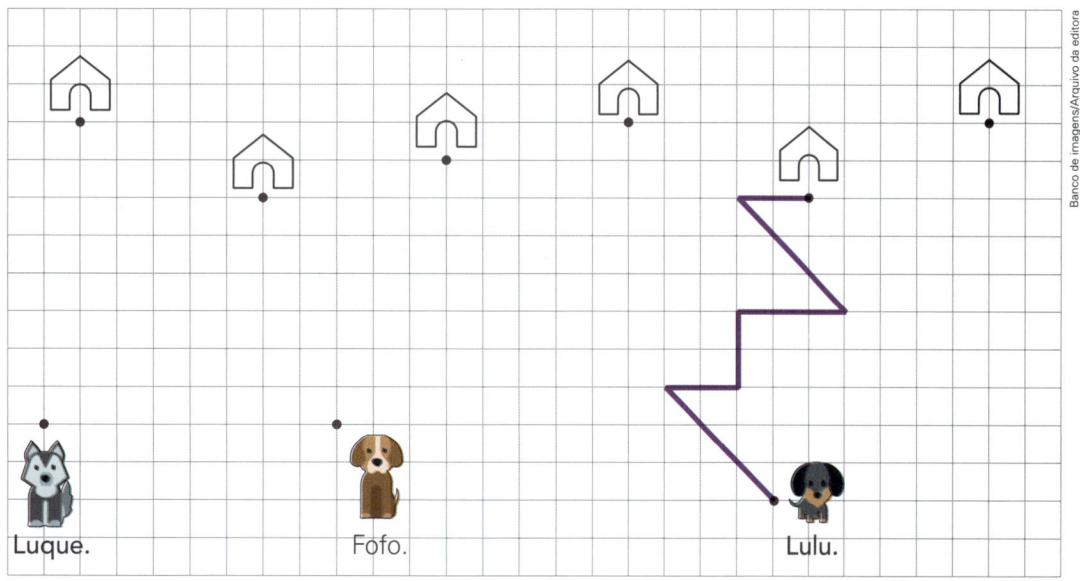

Luque. Fofo. Lulu.

b) Finalmente, indique se o ângulo determinado em cada movimento é reto, agudo ou obtuso.

Em **A**: _____

Em **B**: _____

Em **C**: _____

Medida de ângulo

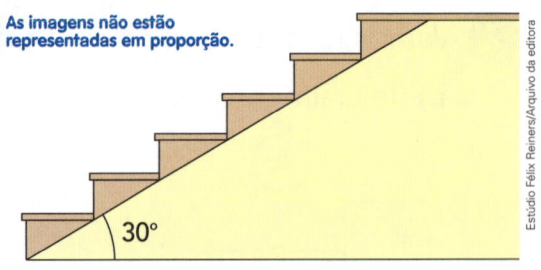

Quando um arquiteto projeta a construção de uma escada, como a da figura ao lado, ele determina qual deve ser o ângulo de inclinação dela.

Para isso, ele usa a medida da abertura do ângulo ou, simplesmente, a **medida do ângulo**. Nesse exemplo, a medida indicada é 30 graus (30°).

1 GRAU: UNIDADE DE MEDIDA DE ÂNGULO

Imagine uma circunferência dividida em 360 partes iguais. A partir de cada uma dessas partes, podemos traçar um ângulo com vértice no centro da circunferência.

Fazendo isso, a medida do ângulo traçado é **um grau (1°)** e a medida da volta completa é 360°.

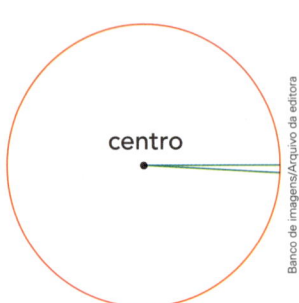

Observe os ângulos abaixo e escreva suas medidas.

a) Ângulo de meia-volta (metade de 360°).

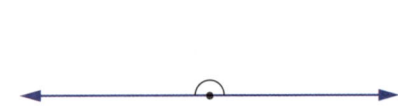

_____

b) Ângulo reto $\left(\dfrac{1}{4} \text{ de } 360°\right)$.

_____

2 Vamos escrever a medida do ângulo formado pelos ponteiros dos relógios em algumas horas exatas.

Veja, ao lado, a medida do ângulo formado pelos ponteiros quando o relógio marca 1 hora.

Escreva a medida de cada ângulo assinalado nos relógios abaixo.

30°
(90 ÷ 3 = 30 ou
360 ÷ 12 = 30)

a) 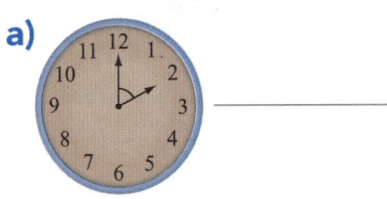 _____

c)  _____

e)  _____

b)  _____

d)  _____

f) 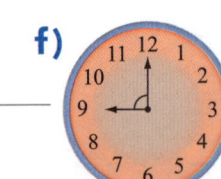 _____

3 Desenhe os ponteiros na posição correta, de acordo com o horário indicado. Em seguida, escreva se o ângulo formado pelos ponteiros é reto, agudo ou obtuso e indique sua medida, em graus.
Veja um exemplo.

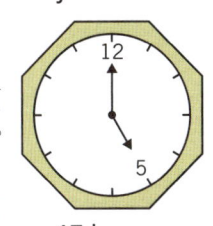 **a)** 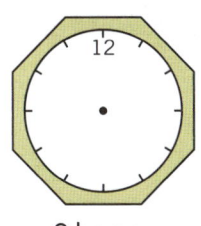 **b)** 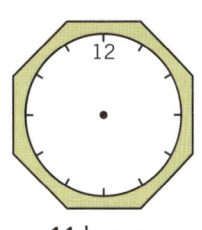 **c)**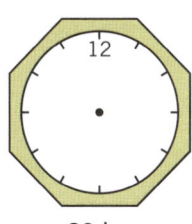

17 horas. 9 horas. 11 horas. 20 horas.

Ângulo obtuso. _____ _____ _____

150° _____ _____ _____

4 Responda.

a) Qual é a medida de todos os ângulos retos? _____

b) Quais são as possíveis medidas dos ângulos agudos?

_____

c) Quais são as possíveis medidas dos ângulos obtusos?

_____

5 Observe os ângulos desenhados ao lado.
O ângulo reto pode ser representado por AÔB ou BÔA.

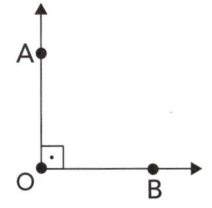 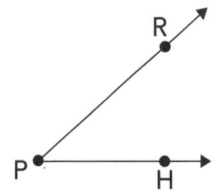 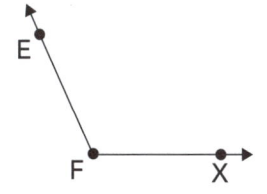

a) Represente os outros ângulos.

Ângulo agudo: _____. Ângulo obtuso: _____.

b) Use uma régua e trace os ângulos MŜC e VĴN.
Não se esqueça: A letra do meio é o vértice do ângulo e indica o ponto de onde partem as 2 semirretas que formam o ângulo.

6 Na natureza, a forma de muitas coisas lembra figuras geométricas conhecidas.

Estrela-do-mar.

Abelha em favo de mel.

Fatia de laranja.

Veja as figuras abaixo, relacionadas à forma da estrela-do-mar, à do favo de mel e à da laranja. Descubra e registre a medida de cada ângulo, indicada com "?".

Dica: Em cada figura, os ângulos indicados têm medidas iguais.

a)

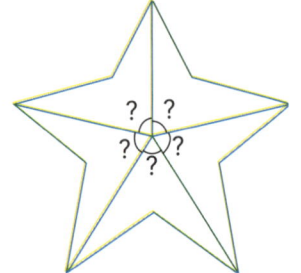

_____

b)

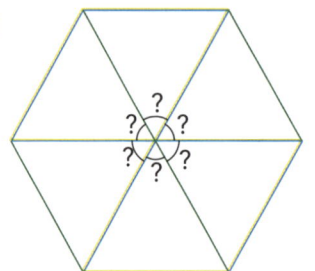

_____

c)

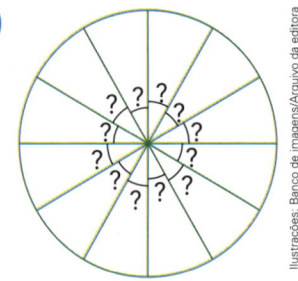

_____

7 Os resultados de uma pesquisa feita pela equipe de Joana foram registrados no gráfico de setores desenhado ao lado.

Para isso, a região determinada pela circunferência foi dividida em 10 partes iguais e foram pintados 4 setores, um de cada cor.

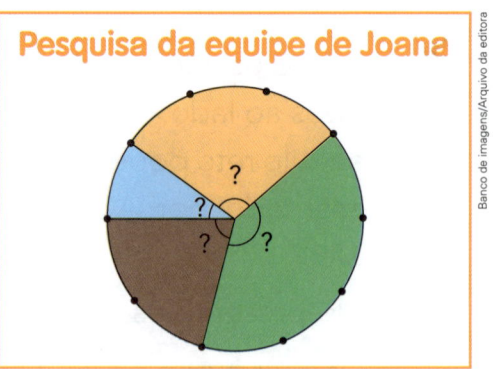

Pesquisa da equipe de Joana

Gráfico elaborado para fins didáticos.

a) Analise o gráfico e registre a medida do ângulo de cada setor.

Azul: _____

Marrom: _____

Laranja: _____

Verde: _____

b) Responda sem fazer cálculos: Qual é a soma das medidas dos 4 ângulos dos setores desse gráfico? _____

c) Faça a adição para conferir. Você acertou a resposta? _____

Explorar e descobrir

- Desenhe, pinte de amarelo e recorte uma região quadrada com lados de 3 cm. Em seguida, dobre-a por um de seus eixos de simetria, como mostram as figuras abaixo.

- Finalmente, desdobre-a, faça uma linha tracejada na dobra, marque as medidas dos 6 ângulos formados e cole a figura no espaço ao lado.

Cole aqui

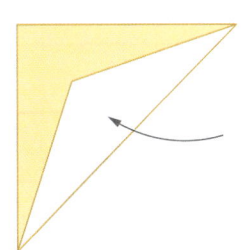
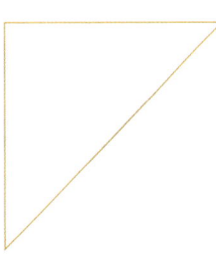

Ilustrações: Banco de imagens/Arquivo da editora

8 TRANSFERIDOR: INSTRUMENTO PARA MEDIR ÂNGULOS, EM GRAUS

Observe alguns ângulos sendo medidos com o uso do transferidor. Analise a posição do transferidor e a medida de cada ângulo assinalado.

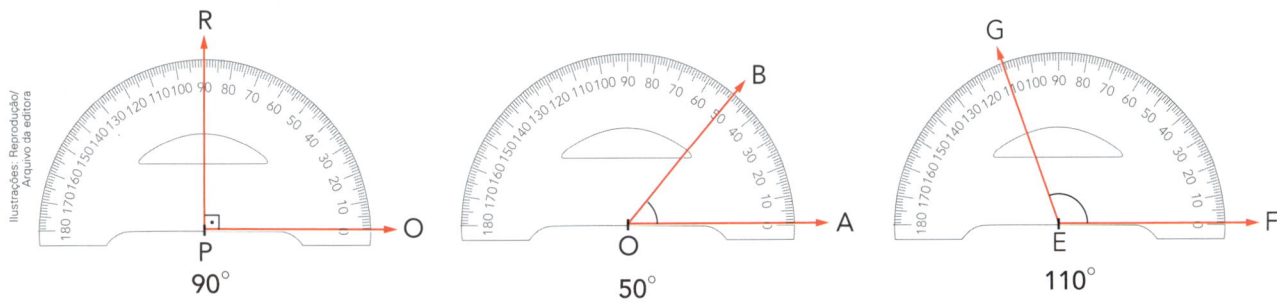

Ilustrações: Reprodução/Arquivo da editora

90°   50°   110°

Agora, registre a medida dos ângulos indicados.

a)
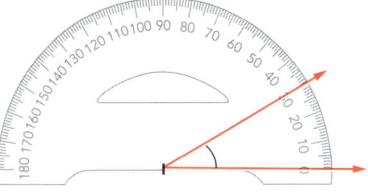
_____

c)
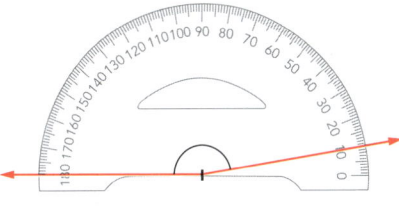
_____

b)
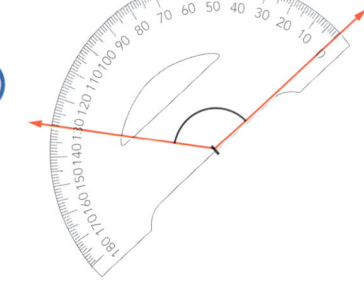
_____

d)
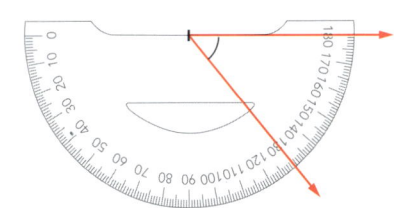
_____

Unidade 8

9 ESTIMATIVA E USO DO TRANSFERIDOR

Faça uma estimativa da medida de cada ângulo e registre na tabela.

Depois, use um transferidor e determine a medida exata de cada ângulo. Registre na tabela a medida exata e o nome do ângulo (reto, agudo ou obtuso).

Ângulos

Ângulo	Estimativa da medida	Medida exata	Nome
AÔB			
RĤS			
EF̂G			
MP̂V			

Tabela elaborada para fins didáticos.

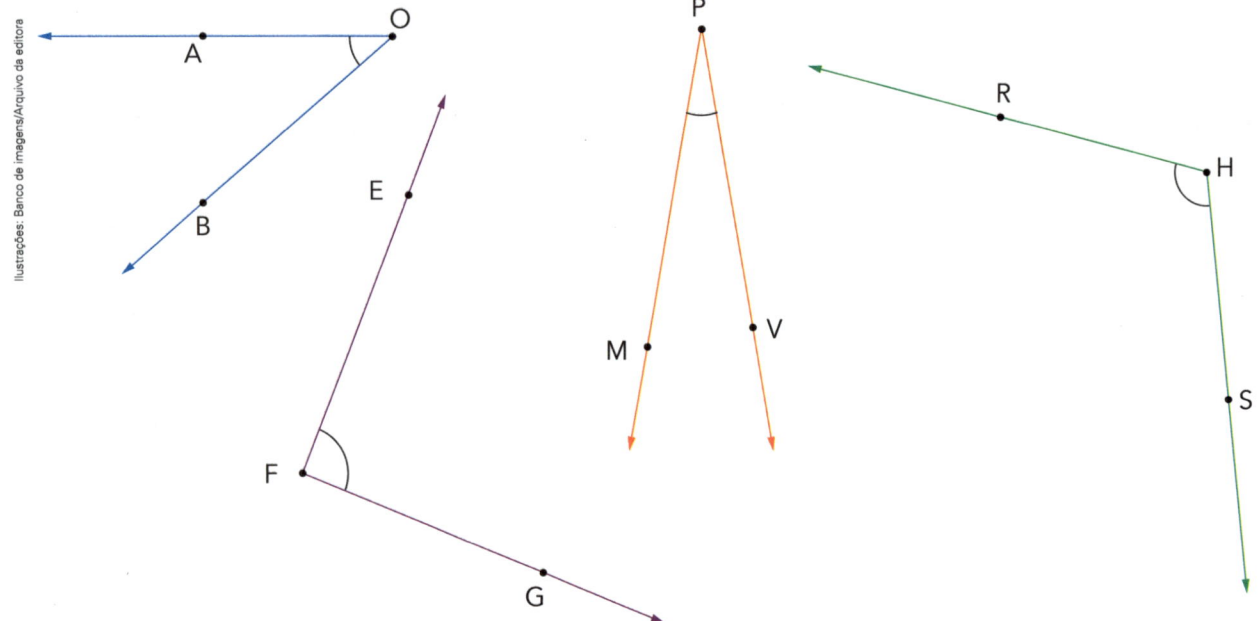

10 Rafael desenhou 6 ângulos em seu caderno com as seguintes medidas: 180°, 20°, 70°, 90°, 115° e 160°.

Identifique cada um deles e registre. Depois, use um transferidor para conferir.

a)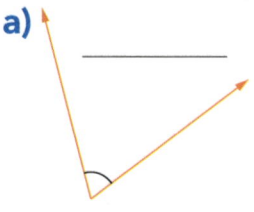

c)

e)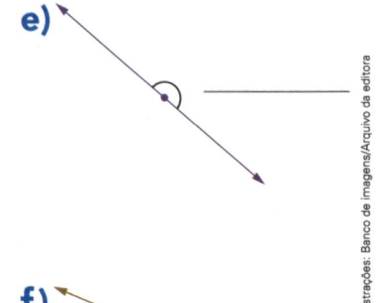

b)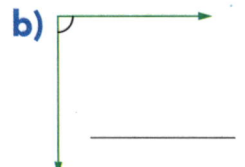

d)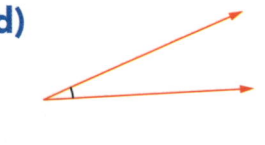

f)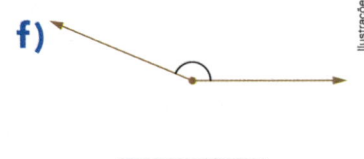

Jogando com pontos cardeais e ângulos

Inicialmente, os jogadores analisam os códigos que serão usados, a tabela de pontuação e os exemplos.

Em cada rodada, cada jogador sorteia um papel, localiza os pontos cardeais correspondentes e verifica qual é o ângulo da figura obtida. Depois, consulta a tabela de pontuação e anota os pontos obtidos.

Ao final de 5 rodadas, cada jogador soma os pontos que fez. O vencedor é aquele que obtiver mais pontos ao todo.

Material

● 10 papéis com as letras **A** a **J**

Letras e códigos

A	S e O		C	O e NE		E	N e S		G	SO e NO		I	L e SO
B	N e O		D	SO e S		F	SE e N		H	O e NO		J	NE e L

Pontos cardeais

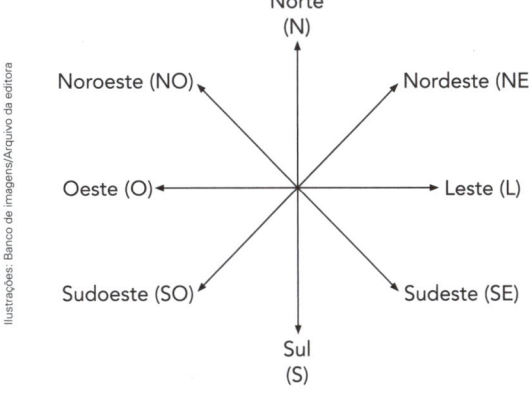

Ilustrações: Banco de imagens/Arquivo da editora

Tabela de pontuação

Ângulo	Pontuação
Ângulo raso	10 pontos
Ângulo reto	7 pontos
Ângulo agudo	6 pontos
Ângulo obtuso	8 pontos

Tabela elaborada para fins didáticos.

Exemplos:

Letra **J**: NE e L

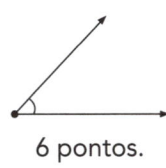

6 pontos.

Letra **B**: N e O

7 pontos.

Retas perpendiculares

Na Unidade 2, você já estudou retas paralelas e retas concorrentes.

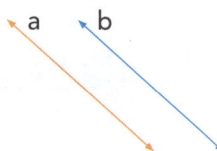

As retas **a** e **b** são **paralelas**.

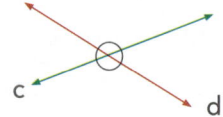

As retas **c** e **d** são **concorrentes**.

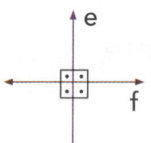

As retas **e** e **f** são **concorrentes**.

Veja agora: 2 retas concorrentes formam 4 ângulos. Quando esses 4 ângulos são retos, dizemos que elas são **retas perpendiculares**.

1 Considere as figuras acima e responda.

a) As retas **c** e **d** são perpendiculares? _____

b) As retas **e** e **f** são perpendiculares? _____

2 Escreva a posição relativa das retas em cada item, ou seja, se são **paralelas**, **concorrentes perpendiculares** ou **concorrentes não perpendiculares**.

a)

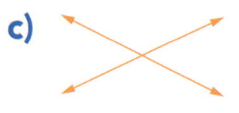

_____

_____

b)

_____

_____

c)

_____

_____

d)

_____

_____

e)

_____

_____

f)

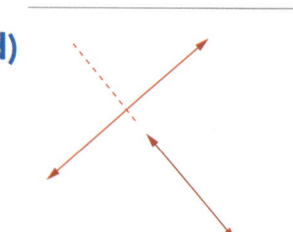

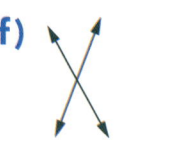

_____

_____

3 Como são os ângulos formados por 2 retas concorrentes, mas não perpendiculares?
Faça um desenho ao lado e responda.

_____

4 Vamos retomar o mapa da página 67, no qual cada rua dá ideia de uma reta.

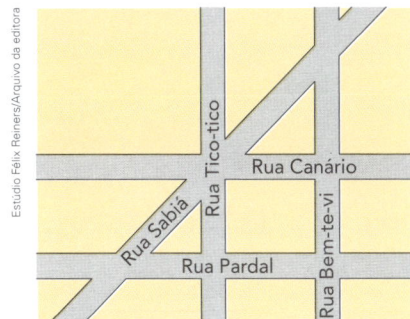

Indique o que se pede.

a) 2 ruas paralelas. _____

b) 2 ruas perpendiculares. _____

c) 2 ruas concorrentes, mas não perpendiculares.

_____

5 Observe as retas desenhadas ao lado.
Agora, escreva a posição relativa das retas
nos seguintes casos.

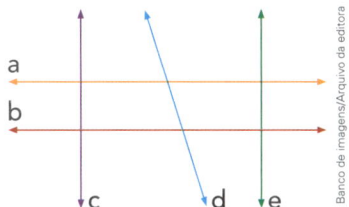

a) **a** e **b**: _____

b) **c** e **a**: _____

c) **d** e **b**: _____

d) **e** e **b**: _____

e) **c** e **e**: _____

f) **c** e **d**: _____

6 Pedro desenhou 3 regiões planas. Depois as recortou e fez algumas dobras, indicadas nas figuras abaixo por linhas tracejadas.
Em cada figura, escreva a posição das linhas tracejadas: paralelas, concorrentes perpendiculares ou concorrentes não perpendiculares.

a)

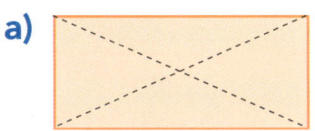

b)

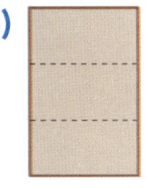

c)

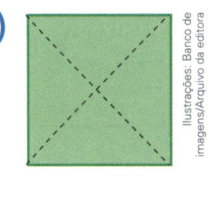

_____ _____ _____

_____ _____ _____

7 Desenhe 3 retas: 2 delas paralelas e
a terceira perpendicular às outras 2.

Avião de papel

Vamos construir um avião usando dobraduras?

1 Pegue uma folha de papel sulfite, dobre-a ao meio no sentido do comprimento.

2 Dobre os cantos da folha em relação ao centro como mostra a figura.

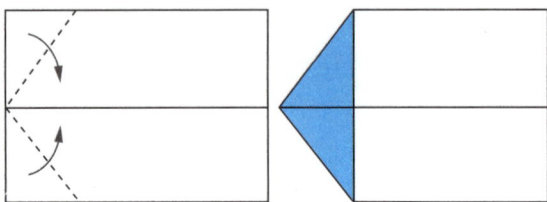

3 Faça uma nova dobra como indicado.

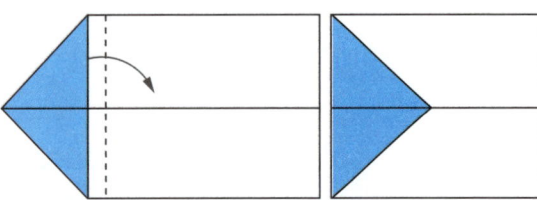

4 Dobre novamente os cantos em relação ao centro.

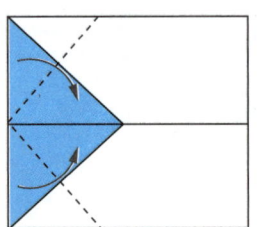 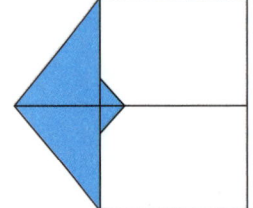

5 Dobre a pontinha da folha como indicado.

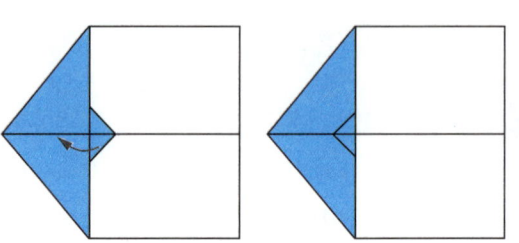

6 Dobre para trás no sentido do comprimento, como indicado.

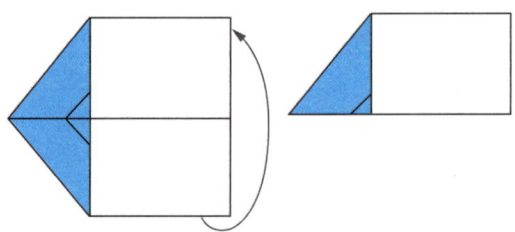

7 Faça a última dobra com cada parte como indicado. Seu avião está pronto!

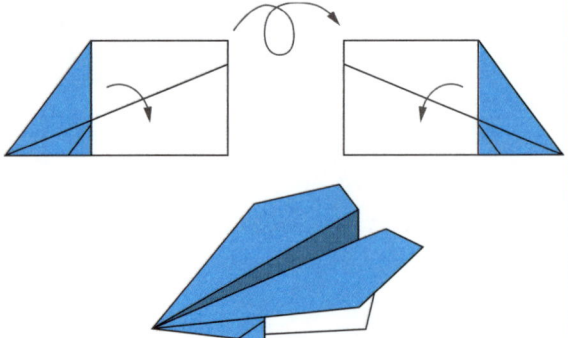

Agora, construa outro avião igual a esse, desdobre a folha e observe as dobras. Com lápis vermelho, marque na folha um par de dobras que representem retas perpendiculares. Com lápis verde, marque na folha um par de dobras que representem retas concorrentes não perpendiculares.

Ilustrações: Banco de imagens/Arquivo da editora

Polígonos

1 **ATIVIDADE ORAL EM GRUPO** Você se lembra? **Polígono** é uma linha fechada formada apenas por segmentos de reta que não se cruzam.

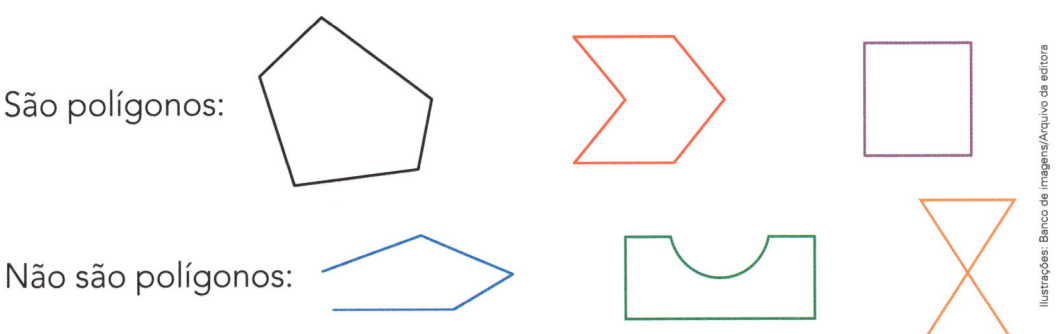

São polígonos:

Não são polígonos:

Converse com os colegas e, juntos, justifiquem os exemplos acima.

2 É um polígono? Escreva **sim** ou **não**.

a)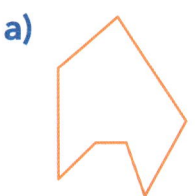

_____

c)

_____

e)

_____

g)

_____

b)

_____

d)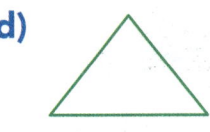

_____

f)

_____

h)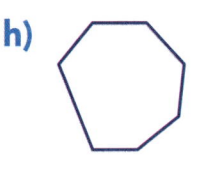

_____

3 Desenhe o que se pede.

a) Um polígono de 5 lados e um polígono de 4 lados que não seja um quadrado.

b) Dois contornos que não sejam polígonos.

4 Você já estudou também que o polígono recebe um nome de acordo com o número de lados. Para cada polígono a seguir, escreva o número de lados e o nome correspondente.

a)

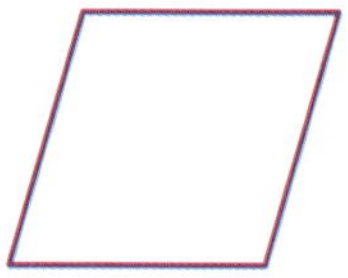

c)

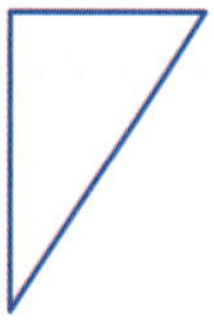

e)

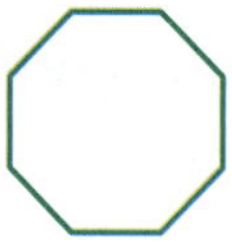

g)

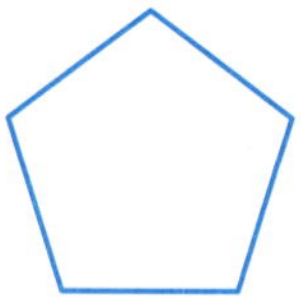

_____

_____

b)

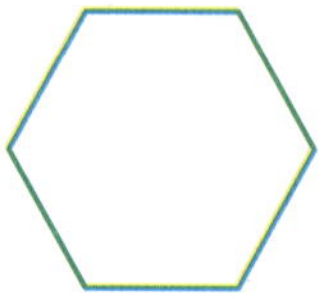

d)

f)

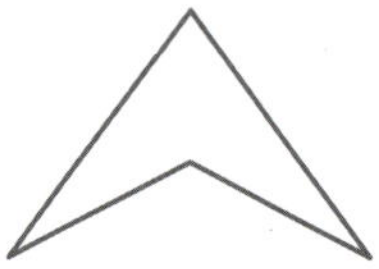

h)

_____

_____

Ilustrações: Banco de imagens/Arquivo da editora

5 O contorno de algumas figuras planas das imagens abaixo lembram polígonos.

A — Reprodução/Arquivo da editora

B — Arnaldo Jr/Shutterstock

C — Jardim Lorien/Shutterstock

D — Iwona Grodzka/Shutterstock

E — Ilustração digital/Arquivo da editora

F — Sam Woolford/Shutterstock

G — Zina Seletskaya/Shutterstock

H — Smit/Shutterstock

I — Eduard Isakov/Shutterstock

J — Reprodução/Casa da Moeda do Brasil/Ministério da Fazenda

As imagens não estão representadas em proporção.

Indique em quais imagens há figuras planas cujos contornos dão ideia de cada polígono.

a) Triângulo: _____

c) Pentágono: _____

b) Quadrilátero: _____

d) Hexágono: _____

6 Indique quantos lados cada polígono tem e escreva o nome dele. Em seguida, marque os ângulos com uma cor e os vértices com outra e indique quantos são os ângulos e quantos são os vértices.

a)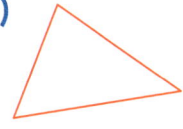

b)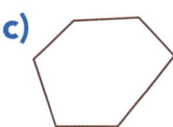

c)

d)

_____

_____

_____

_____

---

7 ## POLÍGONO REGULAR

Se o comprimento de todos os lados de um polígono tem a mesma medida e a abertura de todos os ângulos tem a mesma medida, então ele é chamado **polígono regular**. Veja alguns exemplos.

Triângulo regular.

Quadrilátero regular (quadrado).

Hexágono regular.

Octógono regular.

Analise o comprimento de todos os lados e a abertura de todos os ângulos de cada polígono abaixo.

Assinale com um **X** apenas os quadrinhos dos polígonos que são regulares.

a)

c)

e)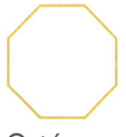

b)

d)

f)

As imagens não estão representadas em proporção.

8 **ATIVIDADE ORAL** Responda rapidamente!
Destas 3 placas de trânsito, quais têm como contorno um polígono regular?

Placas de trânsito.

Triângulo

1 Explique com suas palavras o que é um triângulo e desenhe 2 triângulos diferentes.

_____

2 Observe este triângulo.
Ele pode ser representado por △ABC.
A medida do comprimento dos lados dele são 4 cm, 4 cm e 2 cm.

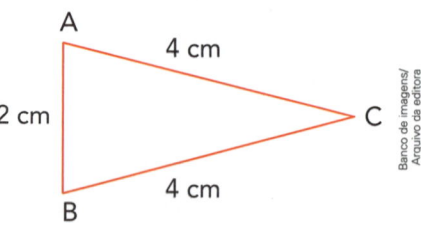

Faça o mesmo com os triângulos abaixo, indicando a representação e a medida do comprimento dos lados deles. Use uma régua para medir.

a)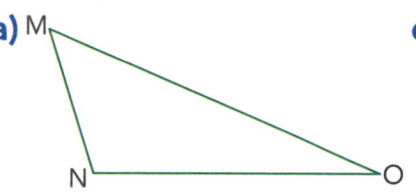

c)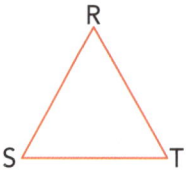

e)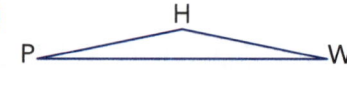

_____   _____   _____

_____   _____   _____

b)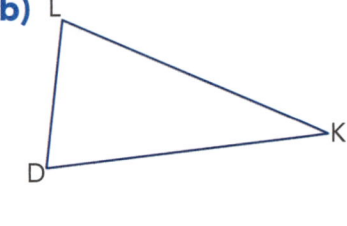

d)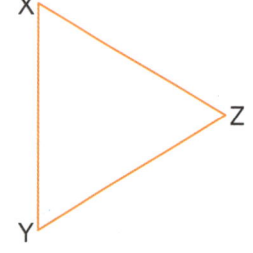

f)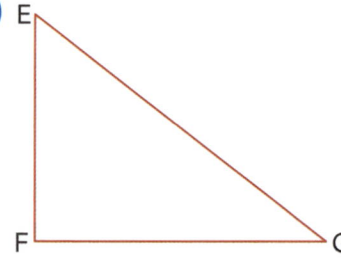

_____   _____   _____

_____   _____   _____

3 Considere os 7 triângulos da atividade anterior e registre.

a) Os triângulos que têm os 3 lados com medidas de comprimento diferentes.

_____

b) Os que têm os 3 lados com medidas de comprimento iguais.

_____

c) Os que têm apenas 2 lados com medidas de comprimento iguais.

_____

4 TIPOS DE TRIÂNGULO QUANTO AOS LADOS

Leia com atenção o nome que podemos dar a um triângulo dependendo da medida do comprimento de seus lados.

> **Triângulo equilátero:** os 3 lados têm a mesma medida.
>
> **Triângulo isósceles:** 2 lados têm a mesma medida.
>
> **Triângulo escaleno:** os 3 lados têm medidas diferentes.

a) Use uma régua para medir o comprimento dos lados de cada triângulo a seguir, em centímetros, e indique as medidas como no primeiro triângulo (△ABC).

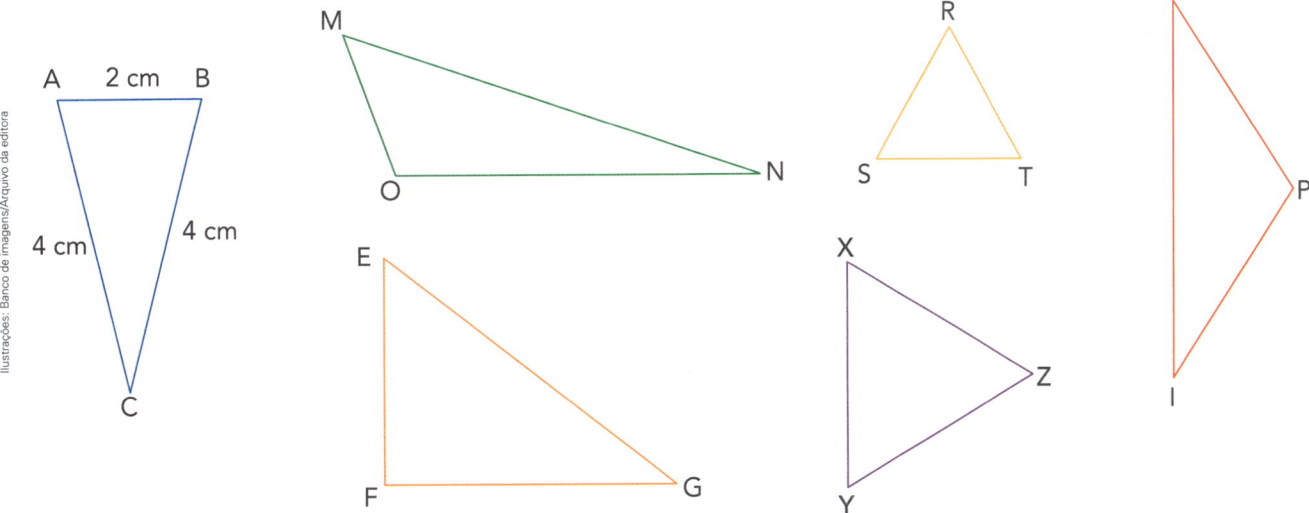

b) Agora, analise cada triângulo e escreva seu tipo quanto aos lados. O primeiro triângulo também já está feito.

△ABC: Triângulo isósceles (2 cm, 4 cm e 4 cm).

△MNO: _____

△RST: _____

△EFG: _____

△XYZ: _____

△HPI: _____

5 DESAFIO

Ligue os 9 pontos, 3 a 3, de modo que sejam formados 1 triângulo equilátero, 1 triângulo isósceles e 1 triângulo escaleno.

Explorar e descobrir

Vamos conhecer uma propriedade dos triângulos?

 ATIVIDADE ORAL EM GRUPO Observe a sequência de figuras, converse com os colegas e responda: Qual é a soma das medidas dos 3 ângulos destacados no triângulo? _____

Ilustrações: Banco de imagens/ Arquivo da editora

- Agora você vai verificar em outro triângulo.

Desenhe um triângulo no quadro da esquerda e pinte os ângulos.

Faça decalque em uma folha de papel sulfite e construa um triângulo igual ao primeiro.

Rasgue o triângulo construído em 3 partes de modo que cada ângulo fique em uma parte.

Cole essas partes no quadro da direita e verifique se vai acontecer o mesmo do exemplo inicial.

- Verifique o que aconteceu com os triângulos construídos pelos colegas.

Temos aqui uma propriedade do triângulo. Complete.

> Em todo triângulo a soma da medida dos 3 ângulos é _____.

 **6** **DESAFIO**

ATIVIDADE ORAL EM GRUPO Um fio foi esticado do topo de um prédio até o chão. Pedrinho mediu o ângulo do fio com o chão e obteve a medida 60°. Converse com os colegas: Como Pedrinho pode descobrir a medida do ângulo formado no topo do prédio? E qual é essa medida?

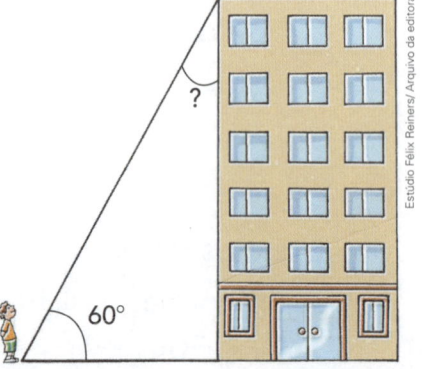

Estúdio Félix Reiners/ Arquivo da editora

7 TRIÂNGULO RETÂNGULO

Estúdio Félix Reiners/Arquivo da editora

> Chama-se **triângulo retângulo** aquele em que um dos ângulos é reto.

Sugestão de...
Livro

As aventuras de um triângulo.
Ducarmo Paes e Nancy Ventura. São Paulo: Noovha America, 2009.

Unidade 8

Analise a abertura dos ângulos destes triângulos e escreva se cada um é ou não um triângulo retângulo.

a) 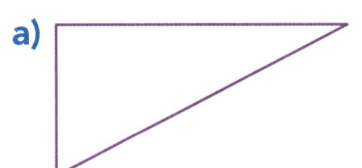 _____

c) 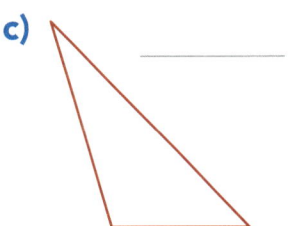 _____

e) 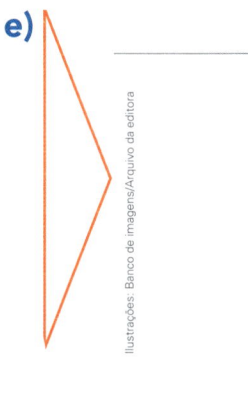 _____

Ilustrações: Banco de imagens/Arquivo da editora

b) 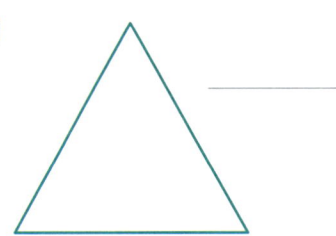 _____

d) 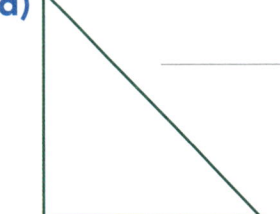 _____

◀ As imagens não estão representadas em proporção.

8

Existem 2 tipos de esquadro, como indicam as imagens **A** e **B**.

a) Qual desses esquadros tem a forma de triângulo retângulo? _____

b) Qual deles tem 2 lados com medidas de comprimento iguais? _____

Fotos: Cosma/Shutterstock

Esquadros.

9

Veja nas figuras ao lado a medida dos ângulos dos esquadros mostrados na atividade anterior.
Agora, observe cada "montagem" feita com esses esquadros e registre a medida do ângulo assinalado.

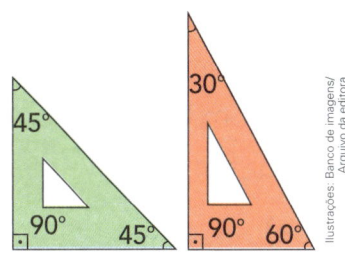

Ilustrações: Banco de imagens/Arquivo da editora

a)
_____

b)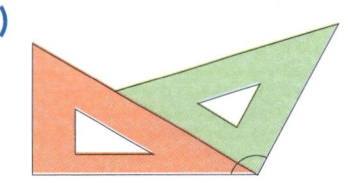
_____

Quadriláteros

1 Explique com suas palavras o que é um quadrilátero e desenhe um ao lado.

_____

2 Leia as informações.

> **Trapézio:** quadrilátero com apenas 1 par de lados paralelos.
> **Paralelogramo:** quadrilátero com 2 pares de lados paralelos.

Em cada quadrilátero, marque os pares de lados paralelos com a mesma cor. Depois, escreva se ele é trapézio ou paralelogramo.

a)

_____

c)

_____

e)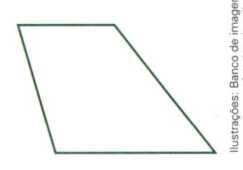

_____

b)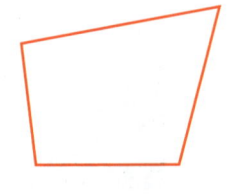

_____

d)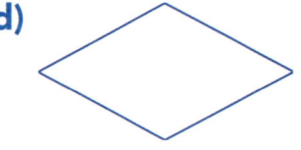

_____

f)

_____

3 Use uma régua e trace o quadrilátero ABCD, ligando **A** com **B**, **B** com **C**, **C** com **D** e **D** com **A**. Em seguida, trace o quadrilátero XYZW. Por fim, escreva se cada quadrilátero traçado é trapézio ou paralelogramo.

a)   A   B

       D   C

_____

b)   X   W

       Y   Z

_____

4 CLASSIFICAÇÃO DOS PARALELOGRAMOS

Alguns **paralelogramos** – quadriláteros com 2 pares de lados paralelos – recebem nomes especiais.

Retângulo: tem os 4 ângulos retos.

Losango: tem os 4 lados com medidas de comprimento iguais.

Quadrado: tem os 4 ângulos retos e os 4 lados com medidas de comprimento iguais.

Observe os polígonos e responda.

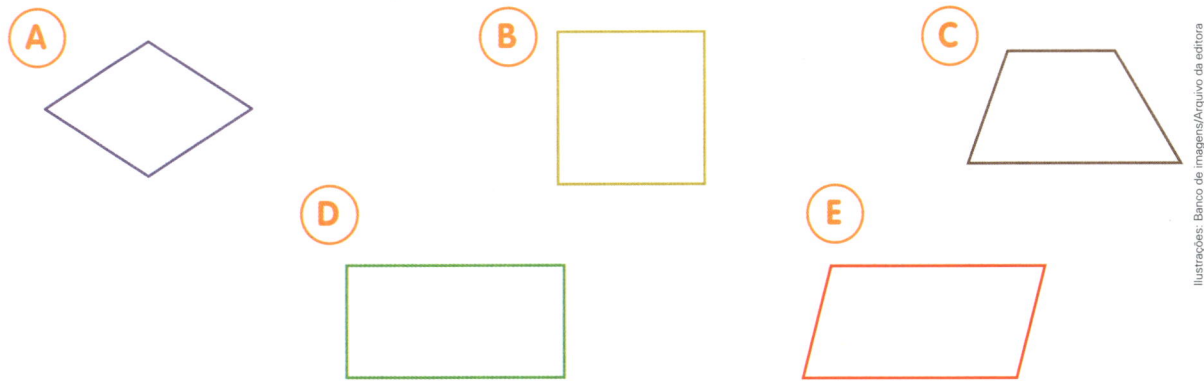

a) Quais desses polígonos são quadriláteros? _____

b) Qual é trapézio? _____

c) Quais são paralelogramos? _____

d) Quais são retângulos? _____

e) Quais são losangos? _____

f) Qual é quadrado? _____

5 Coloque **V** quando a afirmação for verdadeira e **F** quando a afirmação for falsa.

☐ Todo trapézio é quadrilátero.

☐ Todo quadrilátero é trapézio.

☐ Um quadrado é losango, mas não é retângulo.

☐ Um quadrado é retângulo, mas não é losango.

☐ Um quadrado é retângulo e losango.

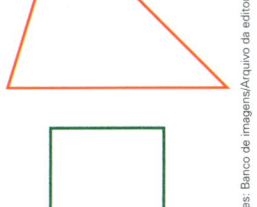

Circunferência

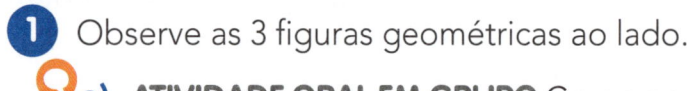

1 Observe as 3 figuras geométricas ao lado.

Esfera. Círculo. Circunferência.

a) **ATIVIDADE ORAL EM GRUPO** Converse com os colegas sobre o que diferencia cada figura geométrica das outras.

b) Façam um levantamento de objetos que dão a ideia de cada uma dessas figuras. _____

_____

2 Assinale com um **X** o quadrinho das figuras que são circunferências.

a) 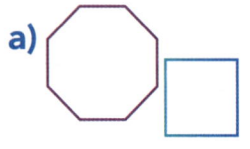 ☐

c)  ☐

e)  ☐

g)  ☐

b)  ☐

d)  ☐

f)  ☐

h) 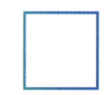 ☐

3 Marque um ponto **O** no espaço ao lado. Depois, use uma régua e marque 15 pontos cuja distância até o ponto **O** meça 2 cm.

Por fim, responda: Se fossem marcados todos os pontos que têm essa característica, então qual figura seria obtida? _____

4 **TRAÇADO DA CIRCUNFERÊNCIA**

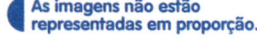
As imagens não estão representadas em proporção.

Veja algumas maneiras de traçar uma circunferência.

Na terceira delas, está sendo usado um instrumento chamado **compasso**.

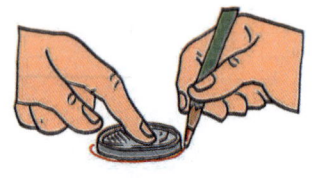 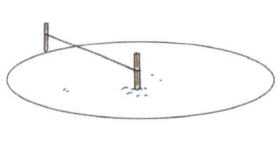  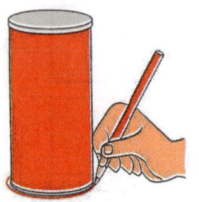

Use moedas de tamanhos diferentes e trace 3 circunferências no caderno.

Explorar e descobrir

Unidade 8

- Em uma folha de papel sulfite, marque um ponto e chame-o de **O**. Ele será o **centro da circunferência**.

- Usando um compasso, trace uma circunferência colocando a ponta-seca nesse centro. Em seguida, marque 3 pontos **A**, **B** e **C** na circunferência.

- Responda: O centro faz parte da circunferência? _____

- Com uma régua, trace os segmentos de reta $\overline{AO}$, $\overline{OB}$ e $\overline{OC}$ e meça o comprimento deles.

   a) Compare as medidas deles. _____

   > Esses segmentos de reta são exemplos de **raios** da circunferência.

   b) Complete: Chamamos de raio de uma circunferência o segmento de reta que

   liga _____ da circunferência a qualquer outro _____ dela.

- Agora, trace um segmento de reta que ligue 2 pontos da circunferência e passe pelo centro dela.

   > Esse segmento de reta é chamado de **diâmetro** da circunferência.

   a) Meça o diâmetro que você traçou e escreva a medida. _____

   b) Complete: A medida do diâmetro é _____ da medida do raio, ou a

   medida do raio é _____ da medida do diâmetro.

5 Escreva se o segmento de reta traçado é diâmetro ou raio da circunferência.

a) 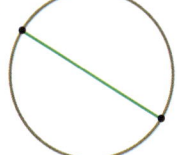 **b)**  **c)** 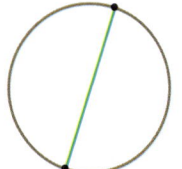 **d)**

_____   _____   _____   _____

6 Em uma folha de papel sulfite, com o uso de um compasso, desenhe uma circunferência com raio medindo 23 mm.

Mais atividades e problemas

1 Observe as figuras geométricas no quadro.

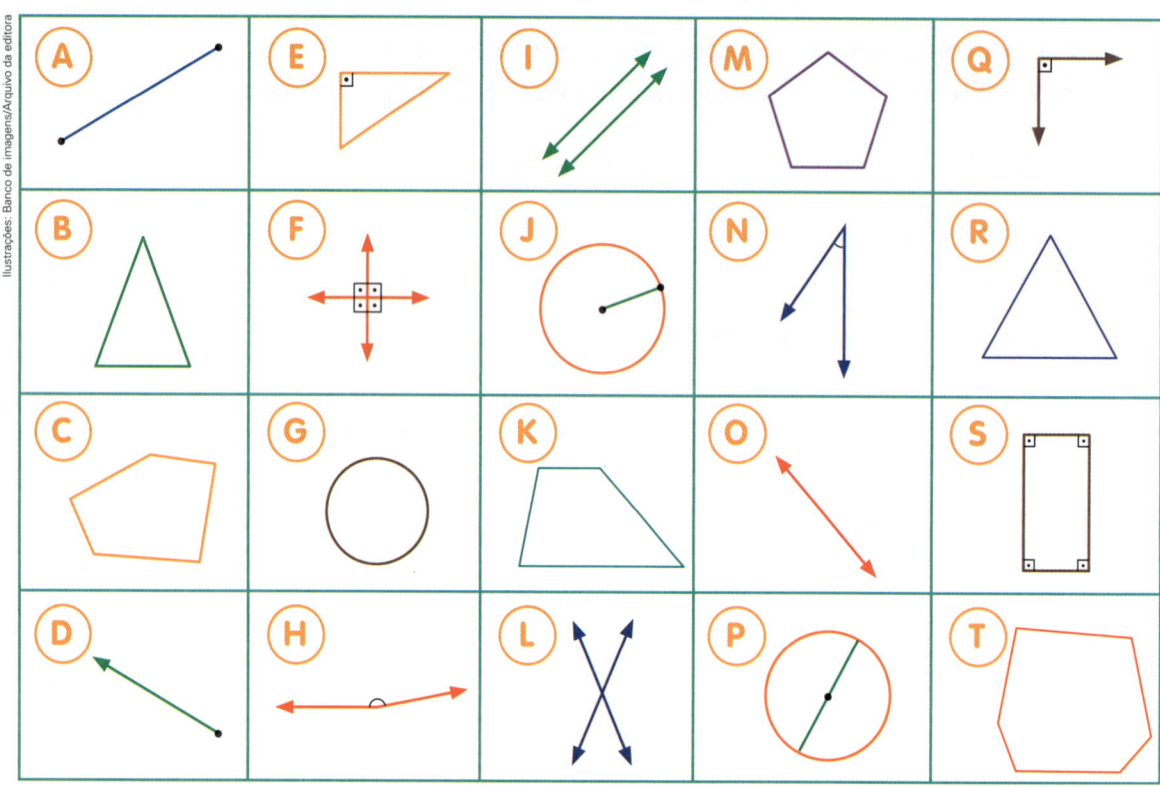

Escreva a letra da figura geométrica correspondente. Use cada letra 1 única vez.

- A reta. _____
- O triângulo retângulo. _____
- O trapézio. _____
- As 2 retas perpendiculares. _____
- O ângulo obtuso. _____
- O hexágono. _____
- O triângulo em que os 3 ângulos têm a mesma medida da abertura. _____
- O pentágono não regular. _____
- As 2 retas concorrentes não perpendiculares. _____
- As 2 retas paralelas. _____
- A circunferência. _____

- O segmento de reta. _____
- O triângulo com 2 ângulos com a mesma medida de abertura, diferente da do 3º ângulo. _____
- A circunferência e um dos raios dela. _____
- O ângulo agudo. _____
- O ângulo reto. _____
- A semirreta. _____
- A circunferência e um dos diâmetros dela. _____
- O pentágono regular. _____
- O retângulo. _____

2 Nesta figura, temos um quadrado desenhado em papel quadriculado e alguns pontos marcados com letras. Observe com atenção e responda.

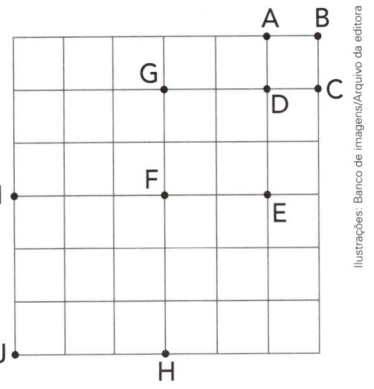

a) Considerando apenas os pontos assinalados com letras, quais são as possibilidades de encontrar 3 pontos alinhados?

_____

b) Considerando apenas os pontos marcados com letras, é possível encontrar 4 pontos alinhados? Se sim, escreva quais são. _____

3 CONSTRUINDO REGIÕES TRIANGULARES EQUILÁTERAS

a) Observe as 3 primeiras regiões triangulares equiláteras (os contornos são triângulos equiláteros) da sequência e desenhe a região plana abaixo. Em seguida, escreva quantas unidades da malha triangulada foram usadas na terceira e na quarta região.

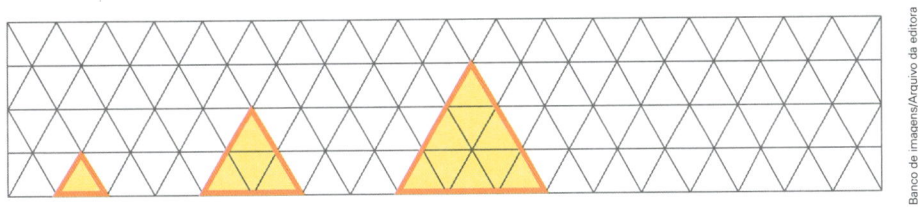

1 unidade.   4 unidades.   _____ unidades.   _____ unidades.

b) ATIVIDADE EM GRUPO Agora, com os colegas, descubra o segredo das unidades de cada região plana e complete a sequência no caso de ela continuar.

1, 4, 9, _____, _____, _____, _____, _____, _____, _____, ...

4 Marque na figura ao lado os pontos **A**$(3, 5)$, **B**$(1, 1)$, **C**$(5, 1)$, **D**$(1, 2)$, **E**$(5, 2)$, **F**$(4, 4)$ e **G**$(1, 4)$. Depois, complete as frases.

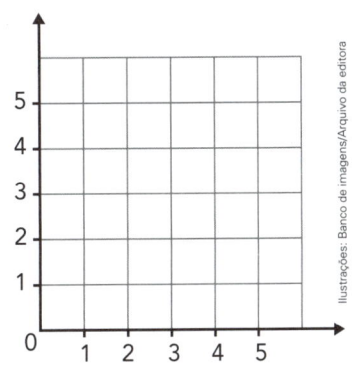

a) Os segmentos de reta _____ e _____ são

_____.

b) As retas _____ e _____ são _____.

c) O polígono ABC é um _____ e o polígono DEFG é um _____.

d) O ângulo FB̂C é _____ e o ângulo _____ é obtuso.

5 É HORA DE DESENHAR!

Use os instrumentos que julgar convenientes para desenhar as figuras indicadas.

a) 1 retângulo cujo comprimento mede 6 cm e cujo perímetro mede 16 cm.

d) 2 circunferências com exatamente 2 pontos comuns.

b) 1 triângulo e 1 reta que toca apenas 1 ponto do triângulo.

e) 1 trapézio que tem 2 ângulos retos e bases (lados paralelos) com medida de comprimento de 4 cm e 2 cm.

c) 1 circunferência e 1 triângulo que tem os 3 vértices sobre a circunferência.

f) Aqui você completa a figura para formar o paralelogramo ABCD.

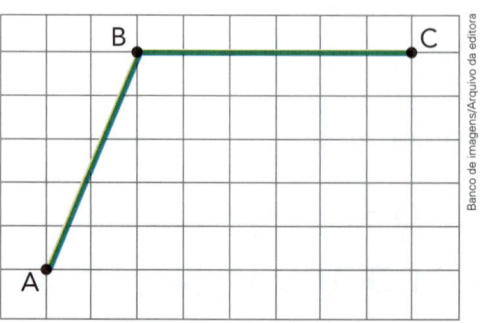

6 LADOS E ÂNGULOS NAS REDUÇÕES E AMPLIAÇÕES DE POLÍGONOS

Observe os polígonos **A**, **B**, **C** e **D** nesta malha quadriculada.

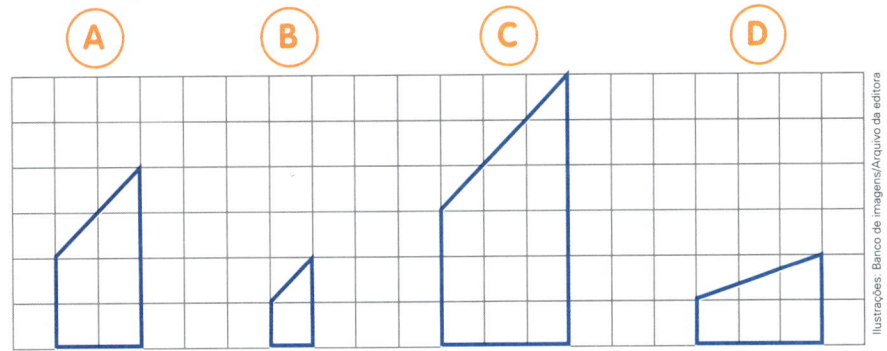

Ilustrações: Banco de imagens/Arquivo da editora

a) Observe os polígonos **A** e **B**, o comprimento dos lados e a abertura dos ângulos deles.

- Do polígono **A** para o **B** houve redução ou ampliação? _____

- O que aconteceu com as medidas de comprimento dos lados nessa passagem de **A** para **B**? _____

- E o que aconteceu com as medidas de abertura dos ângulos?

  _____

b) Agora, responda às mesmas perguntas considerando a passagem de **B** para **C**.

_____

_____

_____

c) **ATIVIDADE ORAL EM GRUPO** Converse com os colegas e registre. Na passagem de **C** para **D** houve redução ou ampliação?

_____

d) Finalmente, construa nesta malha quadriculada o polígono **E** fazendo uma ampliação de **D**, dobrando as medidas de comprimento dos lados.

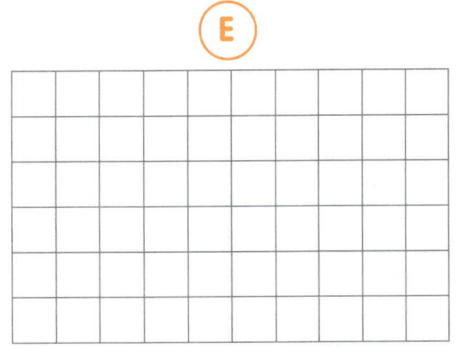

Vamos ver de novo?

1 Uma empresa fez a seguinte doação à Secretaria de Educação do município: 424 caixas de material dourado e 705 calculadoras básicas.

Leonardo, secretário de Educação, solicitou que os funcionários montassem *kits* para distribuir nas escolas contendo, cada um, 20 caixas de material dourado e 35 calculadoras básicas.

a) Quantos *kits* completos foi possível montar? _____

b) Houve sobra de material? Em caso afirmativo, quanto material sobrou?

_____

2 Carlos estava brincando de montar quadrados mágicos com peças de dominó.

a) **ATIVIDADE ORAL EM DUPLA** Você lembra o que é um quadrado mágico? Converse com os colegas.

b) Veja agora os 2 quadrados mágicos que Carlos montou. Indique a soma mágica em cada um e complete as peças que faltam.

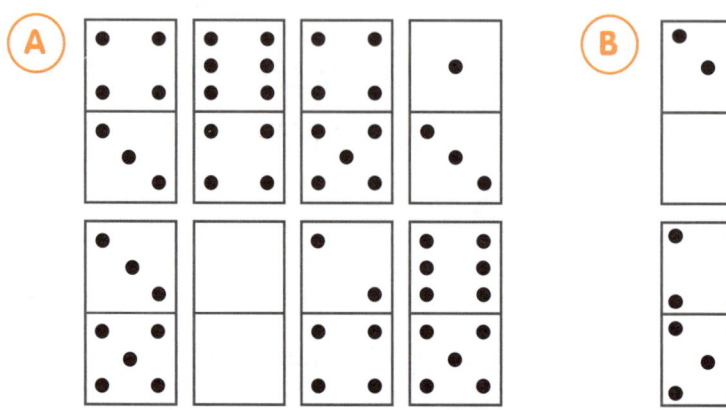

Soma mágica: _____   Soma mágica: _____

O que estudamos

Retomamos as figuras geométricas sólidos geométricos, regiões planas, contornos, segmento de reta, reta e semirreta.

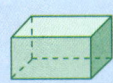    

Ilustrações: Banco de imagens/ Arquivo da editora

Estudamos a figura geométrica ângulo e o nome dos ângulos de acordo com a medida de abertura deles.

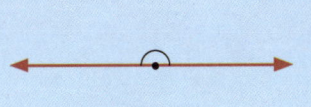

Ângulo raso.　　Ângulo reto.　　Ângulo agudo.　　Ângulo obtuso.

Ilustrações: Banco de imagens/Arquivo da editora

Verificamos as possíveis posições relativas de 2 retas distintas de um plano: paralelas, concorrentes não perpendiculares e concorrentes perpendiculares.

Retomamos e ampliamos o estudo dos polígonos, conhecendo os polígonos regulares e dando destaque aos triângulos e aos quadriláteros.

 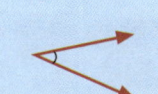 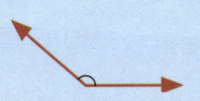

Pentágono regular.　　Triângulo retângulo.　　Quadrilátero com 1 par de lados paralelos (trapézio).

Ilustrações: Banco de imagens/ Arquivo da editora

Fizemos o estudo da circunferência, o traçado e os principais elementos dela.

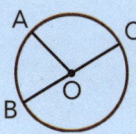

Circunferência de centro **O**.
$\overline{OA}$: raio.
$\overline{BC}$: diâmetro.

Banco de imagens/ Arquivo da editora

- Você tem respeitado os colegas nas várias atividades da escola?
- Você tem conversado com os colegas e com o professor sobre seus gostos, suas ideias, suas dúvidas, etc.?

Ter respeito e saber conversar é importante para conviver melhor com as pessoas!

2

2 h 26 min 3,25 s

1

MAIS 2,5 s

3

MAIS 10,53 s

- O que você vê nesta cena?
- Você já viu um evento como este?
- Você sabe o que define o ganhador de um evento como este?

Para iniciar

Nas corridas de automobilismo, assim como em muitas outras competições esportivas, a diferença nas medidas de intervalo de tempo nos resultados, às vezes, é muito pequena. Nesses casos é preciso recorrer até aos décimos ou aos centésimos de segundo.

O registro dessas medidas é feito geralmente com **números na forma decimal** ou, simplesmente, **decimais**, assunto que será retomado e ampliado nesta Unidade.

- Analise a cena das páginas de abertura desta Unidade. Converse com os colegas e respondam às questões a seguir.

> O 1º colocado gastou mais ou menos do que 2 horas e meia para completar a corrida?

> Se o vencedor tivesse chegado 2 segundos antes, então qual seria o tempo total dele?

> Quais esportes usam decimais em medidas de comprimento?

> Como se lê a medida 2,5 s?

Ilustrações: Estúdio Félix Reiners/Arquivo da editora

- Converse com os colegas sobre mais estas questões.

    a) Qual fração de denominador 10 indica a metade?

    b) E qual fração de denominador 100 indica a metade?

    c) E de denominador 1000?

    d) Como podemos indicar a metade usando decimais? Dê 2 exemplos.

    e) Como indicamos a quantia total obtida com esta nota e esta moeda?

Reprodução/Casa da Moeda do Brasil/Ministério da Fazenda

> As imagens não estão representadas em proporção.

    f) O número 0,3 vale o mesmo que 0,03?

Inteiros e décimos

1 Pacientemente, uma tartaruga está indo da casinha até o prato de comida.

Estúdio Félix Reiners/ Arquivo da editora

a) Este percurso está dividido em partes iguais. Em quantas partes iguais ele está dividido? _____

b) Represente com uma fração cada parte desse percurso. _____

c) Represente com um decimal e escreva a leitura dele. _____

d) Represente com uma porcentagem, como estudamos na Unidade 7. _____

e) Agora, observe novamente o percurso e complete a tabela.

Percurso da tartaruga

Percurso \ Representação	Em fração	Em decimal	Leitura
Parte já percorrida pela tartaruga			
Parte que a tartaruga ainda vai percorrer			

Tabela elaborada para fins didáticos.

f) Responda depressinha! Como indicamos, usando porcentagem, a parte do percurso que a tartaruga já percorreu? _____

2 Escreva como se lê a parte pintada da figura dos itens **a** e **b** e represente com fração irredutível, com decimal e com porcentagem. Depois, pinte 0,4 da figura do item **c**.

a) 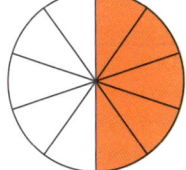   **b)** 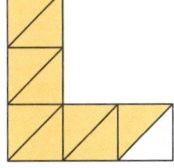   **c)**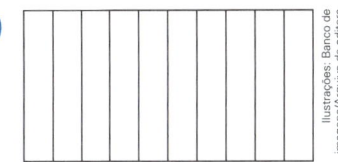

Ilustrações: Banco de imagens/Arquivo da editora

_____   _____   _____

_____   _____   _____

3 Considerando o círculo como unidade, represente toda a parte pintada de amarelo nas seguintes figuras.

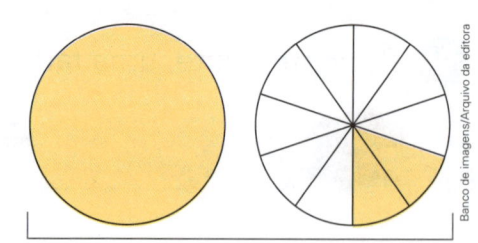

a) Na forma de número misto. _____

b) Na forma de fração. _____

c) Na forma decimal. _____

4 Represente usando um decimal.

a) $\dfrac{8}{10}$ = _____

b) $1 + \dfrac{4}{10}$ = _____

c) Quatro unidades e um décimo.

_____

d) $1,8 + 3$ = _____

5 Escreva como se lê.

a) 0,4 _____

b) $3\dfrac{1}{10}$ _____

6 Observe a imagem.

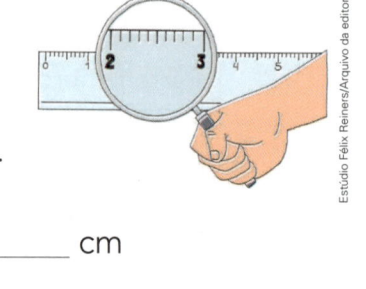

a) Complete.

1 décimo do centímetro equivale a _____.

1 cm = _____ mm ou 1 mm = $\dfrac{\square}{\square}$ cm = _____ cm

b) Agora, relacione centímetro (cm) e milímetro (mm) e continue completando.

2 cm = _____   1,5 cm = _____   7 mm = _____

0,3 cm = _____   40 mm = _____   29 mm = _____

7 **SEGMENTOS DE RETA E MEDIDAS**

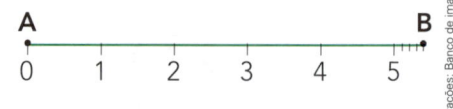

a) Quanto mede o comprimento deste segmento de reta $\overline{AB}$? _____ cm ou _____ mm

b) Desenhe um segmento de reta $\overline{CD}$ cujo comprimento meça 3,7 cm.

8 DECIMAIS E MEDIDA DE TEMPERATURA

Os termômetros são instrumentos que medem a temperatura. As escalas deles são divididas em graus e décimos de grau.

Veja nestes termômetros algumas medidas de temperatura, em graus Celsius (°C).

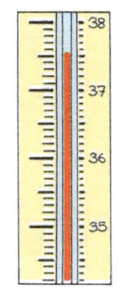

37,5 °C: trinta e sete graus e cinco décimos.

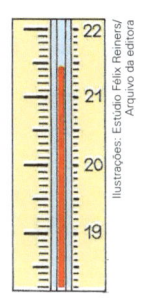

21,4 °C: vinte e um graus e quatro décimos.

Escreva a medida da temperatura representada em cada termômetro abaixo, como nos exemplos.

a)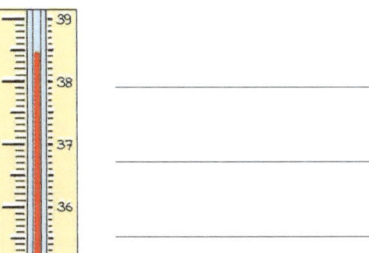

_____

_____

_____

b)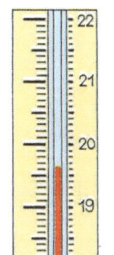

_____

_____

_____

As imagens não estão representadas em proporção.

Saiba mais

A medida de temperatura normal do corpo humano é aproximadamente 37 graus Celsius (37 °C).

Quando uma pessoa apresenta uma medida de temperatura maior do que a normal, significa que ela está com febre.

9 Álvaro, Maria e Fabiano mediram a temperatura deles.

Álvaro: 38,8 °C.

Maria: 39,3 °C.

Fabiano: 36,8 °C.

a) Quais crianças estão com febre? _____

b) Quem está com febre mais alta? _____

c) Quantos graus a medida da temperatura de Álvaro está acima da normal?

_____

10 Veja a medida da massa ("peso") de cada criança.

 32,7 kg
Antônio.

 34 kg
César.

 32,5 kg
Alice.

 33 kg
Laura.

a) Qual dessas crianças pesa mais? _____

b) E qual pesa menos? _____

c) Escreva os 4 números em ordem decrescente:

_____, _____, _____, _____.

 ## Explorar e descobrir

- Esta figura está dividida em partes iguais. Pinte 5 partes.

- Represente a parte pintada com uma fração decimal e ache uma fração equivalente a ela, com o menor numerador possível. _____

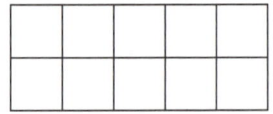

- Responda.

  a) Qual decimal indica a parte pintada? _____

  b) Como é a leitura desse número? _____

> Por isso, **0,5** indica a **metade** ou **meio**.

- Complete.

  a) 0,5 dia = _____ horas

  b) 0,5 t = _____ kg

  c) 0,5 cm = _____ mm

  d) 1,5 hora = _____ minutos

11 Relacione cada item ao valor mais adequado, usando os números dos quadros.

| 1,4 | 1,9 | 1,1 | 0,8 | 1,6 | 1,5 |

a) Um e meio. _____

b) Pouco mais do que um e meio. _____

c) Quase dois. _____

d) Quase um e meio. _____

e) Pouco mais do que um. _____

f) Menos do que um. _____

Saiba mais

A extensão do rio Amazonas é superior a 6,5 mil quilômetros.

Encontro das águas dos rios Negro e Solimões formando o rio Amazonas, próximo a Manaus, Amazonas. Foto de 2019.

Amazonas: o maior rio do mundo

Adaptado de: IBGE. **Atlas geográfico escolar**. 8. ed. Rio de Janeiro: IBGE, 2018.

12 Veja o significado de 6,5 mil quilômetros do **Saiba mais**.

6,5 mil $\longrightarrow$ 6 mil + metade de mil $\longrightarrow$ 6 500 quilômetros

Faça o mesmo com os números envolvidos nas informações abaixo.

- A população da cidade de São Paulo já ultrapassou 11,5 milhões de habitantes (Estimativa da População de 2015 – IBGE).

_____

- Em 2019, os brasileiros depositaram na poupança cerca de 13,5 bilhões de reais a mais do que retiraram dela.

_____

13 Analise mais alguns exemplos em que usamos decimais para simplificar a representação de números.

2,3 mil $\longrightarrow$ 2 300   2,3 milhões $\longrightarrow$ 2 300 000   2,3 bilhões $\longrightarrow$ 2 300 000 000

Agora, passe de uma forma para outra nos casos abaixo.

a) 1,4 mil $\longrightarrow$ _____

b) 3,6 milhões $\longrightarrow$ _____

c) 26,8 mil $\longrightarrow$ _____

d) 4,8 bilhões $\longrightarrow$ _____

e) 6 400 000 $\longrightarrow$ _____

f) 46 700 $\longrightarrow$ _____

g) 8 300 000 000 $\longrightarrow$ _____

h) 43 200 000 $\longrightarrow$ _____

Inteiros, décimos e centésimos

1 A professora de Raul propôs algumas atividades com o material dourado.

Crianças manipulando o material dourado.

a) Manipule as peças do material dourado e complete.

A placa, que será considerada como

unidade, contém _____ cubinhos.

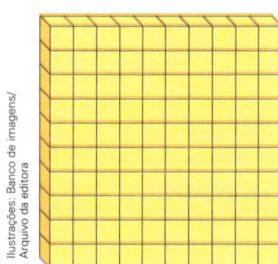

Unidade ou 1 inteiro.

b) Agora, observe partes dessa unidade e complete.

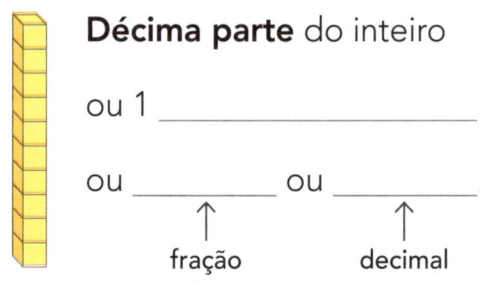

Décima parte do inteiro

ou 1 _____

ou _____ ou _____.

     ↑   ↑

   fração   decimal

Centésima parte do inteiro

ou 1 _____

ou _____ ou _____.

     ↑   ↑

   fração   decimal

c) Agora, indique com decimal as representações abaixo e escreva como se lê cada número.

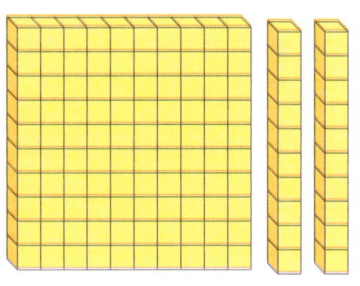

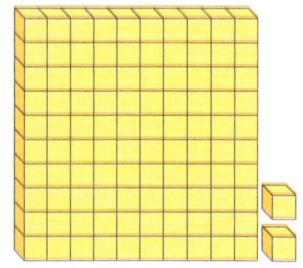

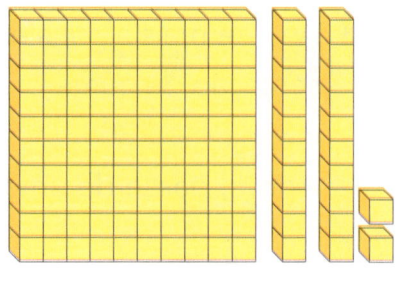

_____

_____

_____

2 Considere a região quadrada ao lado como unidade ou inteiro (1).

Observe o que está pintado de roxo e o que está pintado de azul.

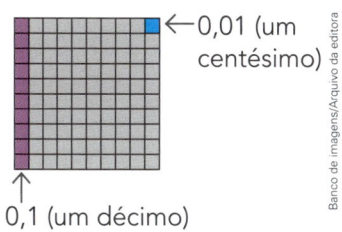

←0,01 (um centésimo)

0,1 (um décimo)

A parte roxa representa a **décima parte** do inteiro ou

1 décimo ou $\dfrac{1}{10}$ ou $\underset{\text{decimal}}{0,1}$.

$\underset{\text{fração}}{\dfrac{1}{10}}$

A parte azul representa a **centésima parte** do inteiro ou

1 centésimo ou $\dfrac{1}{100}$ ou $\underset{\text{decimal}}{0,01}$.

$\underset{\text{fração}}{\dfrac{1}{100}}$

Agora, complete de acordo com as informações dadas.

a) 1 unidade = _____ décimos

b) 1 unidade = _____ centésimos

c) 1 décimo = _____ centésimos

3 Observe como podemos indicar a parte pintada de verde em cada figura usando decimais. Considere que a unidade (ou inteiro) é a mesma da atividade 2.

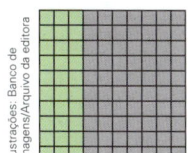 3 décimos ou 30 centésimos; 0,3 ou 0,30

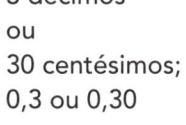 7 centésimos; 0,07

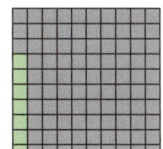 3 décimos e 1 centésimo ou 31 centésimos; 0,31

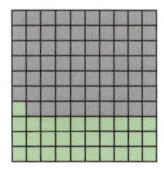 1 inteiro, 7 décimos e 5 centésimos ou 1 inteiro e 75 centésimos; 1,75

Agora, observe estes e indique a parte pintada de verde.

a) 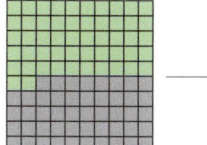 _____

b)

4 Escreva como se lê cada número.

a) 0,75 _____

b) 5,23 _____

c) 1,09 _____

5 **O CENTÉSIMO DO METRO**

a) Imagine 1 metro dividido em 100 partes iguais.
Cada parte é **1 centésimo** do metro.
Complete.

1 m = _____ cm

1 cm = $\dfrac{}{}$ m = _____ m

Esse eu conheço: um centésimo do metro é o **centímetro**.

Estúdio Félix Reiners/ Arquivo da editora

b) Relacione metro (m) e centímetro (cm) e continue completando.

0,38 m = _____ cm   0,06 m = _____ cm   4 cm = _____ m

0,60 m = _____ cm   18 cm = _____ m   2,50 m = _____ cm

6 **O CENTÉSIMO DO REAL**

Veja a quantia ao lado representada
com decimais.

6 reais e 25 centavos ou R$ 6,25

ou

6 reais e 25 centésimos de real

ou

625 centavos $\left(500 + 25 + 50 + 50 = 625\right)$

Represente agora estas quantias.

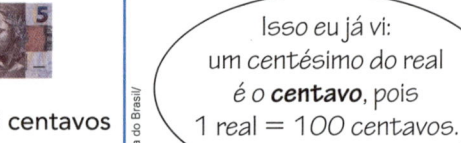

25 centavos

50 centavos

50 centavos

Reprodução/Casa da Moeda do Brasil/ Ministério da Fazenda

Isso eu já vi: um centésimo do real é o **centavo**, pois 1 real = 100 centavos.

Estúdio Félix Reiners/Arquivo da editora

a)

◀ As imagens não estão representadas em proporção.

_____

b)

_____

Inteiros, décimos, centésimos e milésimos

1 Vamos considerar como unidade o cubo grande do material dourado.

a) Manipule as peças do material dourado e observe o que podemos obter quando dividimos a unidade em 10, 100 e 1000 partes iguais.

Crianças manipulando o material dourado.

◀ As imagens não estão representadas em proporção.

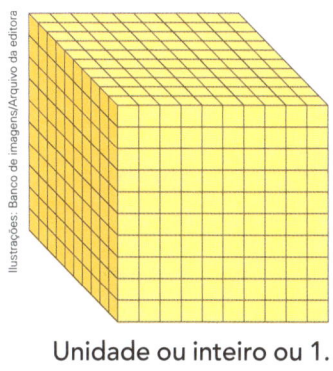

Unidade ou inteiro ou 1.

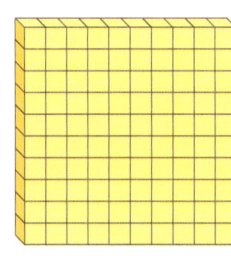

1 décimo ou $\frac{1}{10}$ ou 0,1.

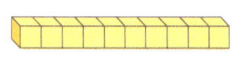

1 centésimo ou $\frac{1}{100}$ ou 0,01.

1 milésimo ou $\frac{1}{1000}$ ou 0,001.

b) Complete.

> 1 unidade = _____ décimos

> 1 unidade = _____ centésimos

> 1 unidade = _____ milésimos

> 1 décimo = _____ centésimos ⟶ 0,1 = _____
>
> 1 décimo = _____ milésimos ⟶ 0,1 = _____
>
> 1 centésimo = _____ milésimos ⟶ 0,1 = _____

2 Veja como Marcelo representou 1 inteiro, 1 décimo, 1 centésimo e 1 milésimo com desenhos de fichas.

1        $\frac{1}{10}$ ou 0,1 $\frac{1}{100}$ ou 0,01 $\frac{1}{1000}$ ou 0,001

a) Escreva o decimal representado em cada caso.

 _____

 _____

b) Agora, represente o número 0,301 com desenhos de fichas.

3 Represente na forma de fração decimal e na forma de número decimal, como nos exemplos.

3 pessoas em um grupo de 10 pessoas $\longrightarrow \dfrac{3}{10}$ ou 0,3

59 pessoas em um grupo de 100 pessoas $\longrightarrow \dfrac{59}{100}$ ou 0,59

247 pessoas em um grupo de 1 000 pessoas $\longrightarrow \dfrac{247}{1000}$ ou 0,247

a) 7 em 10 $\longrightarrow$ _____

b) 9 em 100 $\longrightarrow$ _____

c) 8 em 1 000 $\longrightarrow$ _____

d) 23 em 1 000 $\longrightarrow$ _____

e) 500 em 1 000 $\longrightarrow$ _____

f) 26 em 100 $\longrightarrow$ _____

4 Escreva usando algarismos.

a) Dez inteiros e sete centésimos. _____

b) Dez inteiros e sete milésimos. _____

c) Dez inteiros e sete décimos. _____

d) Dezessete milésimos. _____

5 METADE

a) Observe 3 maneiras de indicar a metade e represente-as com decimais.

| 5 em 10 | _____ | 50 em 100 | _____ | 500 em 1 000 | _____ |

b) Complete utilizando esses decimais: _____, _____ e _____ indicam o mesmo número, a metade ou meio.

6 Pinte o quadro que indica cada decimal.

a) 0,500
- Metade.
- Mais do que a metade.
- Menos do que a metade.

c) 1,523
- Um e meio.
- Mais do que um e meio.
- Menos do que um e meio.

b) 3,05
- Três e meio.
- Mais do que três e meio.
- Menos do que três e meio.

d) 2,50
- Dois e meio.
- Mais do que dois e meio.
- Menos do que dois e meio.

7 DECIMAIS NO SISTEMA DE NUMERAÇÃO DECIMAL

Em uma corrida de Fórmula 1, o 2º colocado chegou 24,285 segundos após a chegada do 1º colocado.

▶ Em corridas de Fórmula 1 e de outras modalidades do automobilismo, a medida do intervalo de tempo que os carros demoram em cada volta do circuito é dada em até milésimos de segundo.
Grande Prêmio da Rússia de Fórmula 1, 2019. Foto de 2019.

Veja o que representa cada algarismo no número 24,285.

> A vírgula separa a parte inteira da parte decimal.

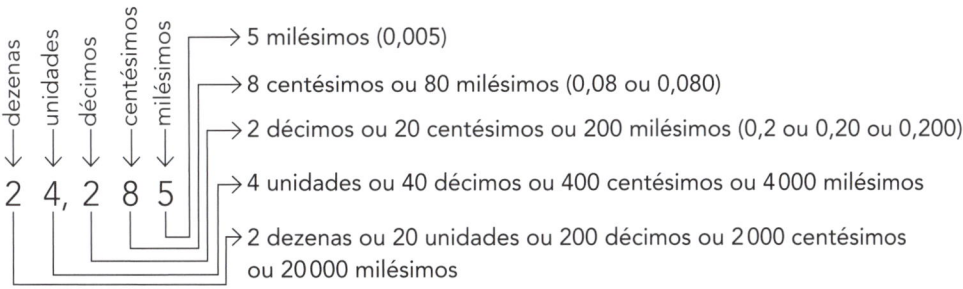

→ 5 milésimos (0,005)
→ 8 centésimos ou 80 milésimos (0,08 ou 0,080)
→ 2 décimos ou 20 centésimos ou 200 milésimos (0,2 ou 0,20 ou 0,200)
→ 4 unidades ou 40 décimos ou 400 centésimos ou 4000 milésimos
→ 2 dezenas ou 20 unidades ou 200 décimos ou 2000 centésimos ou 20000 milésimos

- Escreva o que representa cada algarismo indicado.

  a) O algarismo 2 em 47,620. _____

  b) O algarismo 4 em 8,435. _____

  c) O algarismo 5 em 2,645. _____

  d) O algarismo 7 em 18,527. _____

- Faça a composição, obtendo decimais.

  a) $8 + 0,2 + 0,01 + 0,004 =$ _____

  c) $40 + 3 + \dfrac{5}{10} + \dfrac{7}{1000} =$ _____

  b) $10 + 5 + 0,8 + 0,001 =$ _____

  d) $\dfrac{1}{10} + \dfrac{3}{100} + \dfrac{9}{1000} =$ _____

- Faça a decomposição dos decimais. O item **a** já está feito!

  a) $8,179 = 8 + 0,1 + 0,07 + 0,009$

  c) $3,208 =$ _____

  b) $63,074 =$ _____

  d) $50,91 =$ _____

Comparação de decimais

1 **ATIVIDADE ORAL** O que acontece quando colocamos ou retiramos zeros no final da parte decimal de um número?

2 Na rua da casa de Bianca há 3 prédios que ficam próximos. Observe a medida da altura de cada um.

As imagens não estão representadas em proporção.

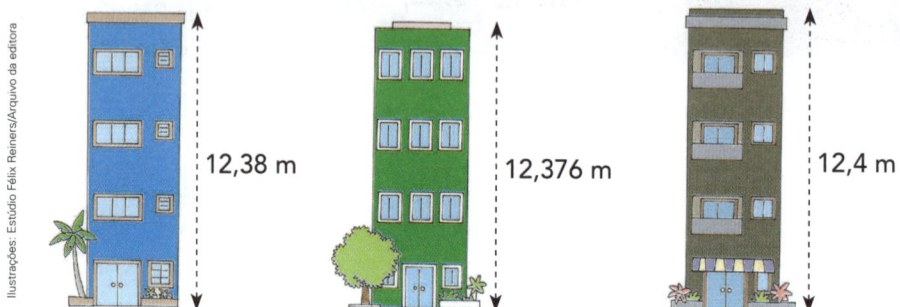

12,38 m   12,376 m   12,4 m

Veja de dois modos como podemos comparar a medida da altura do prédio azul com a medida da altura do prédio verde.

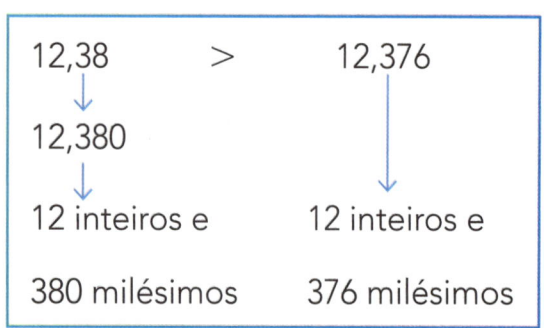

12,38 > 12,376
↓
12,380
↓
12 inteiros e   12 inteiros e
380 milésimos   376 milésimos

ou

12,38 > 12,376

inteiros iguais $(12 = 12)$

décimos iguais $(3 = 3)$

centésimos diferentes $(8 > 7)$

Logo, a medida da altura do prédio azul é maior do que a do prédio verde (12,38 > 12,376), ou seja, o prédio azul é mais alto do que o prédio verde.

Agora, compare a medida da altura do prédio azul com a medida da altura do prédio marrom e, depois, a medida da altura do prédio verde com a medida da altura do prédio marrom.

a) O prédio azul é _____ do que o prédio marrom, pois

_____ .

b) _____ ,

pois _____ .

3 Quem pesa mais: Fabiano ou Gabriel? Para responder, devemos comparar 34,17 com 34,5. Faça a comparação de 2 maneiras diferentes e depois complete a resposta.

Quem pesa mais é _____.

Fabiano: 34,17 kg.   Gabriel: 34,5 kg.

4 Marcelo é entregador de botijões de gás. Na figura ao lado temos a medida do comprimento de 3 caminhos que ele percorreu nas entregas que fez (de **A** a **B**, de **A** a **C** e de **A** a **D**).
Complete: O caminho mais curto é de

_____ a _____ e o caminho mais longo

é de _____ a _____.

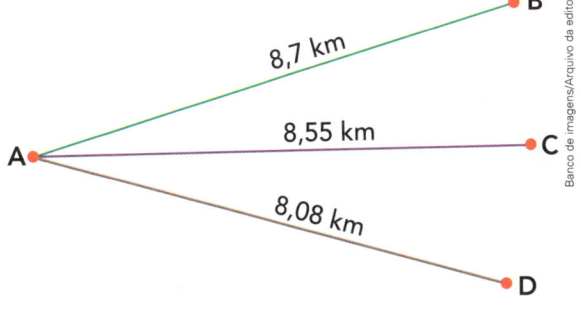

5 Observe os decimais ao lado. Registre a correspondência de cada um deles com os pontos de **A** a **F** nesta reta numerada.

4,75   3,5   3,25
1,33   4,09   2,603

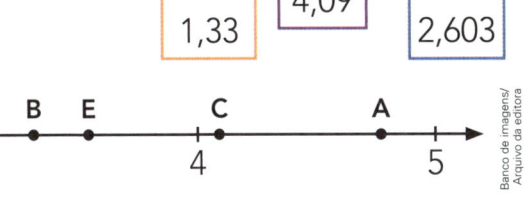

A: _____   B: _____   C: _____

D: _____   E: _____   F: _____

6 Observe as medidas da altura de Maria, Lígia e Aline. Escreva e responda, em metros.

1,4 m 1,41 m 1,38 m

Maria. Lígia. Aline.

a) Escreva os 3 nomes em ordem crescente da medida da altura das meninas. _____

b) Quanto Lígia tem a mais do que Maria? _____

c) Quanto Aline tem a menos do que Lígia? _____

d) Com quanto Aline ficará se crescer 0,02 m? _____

7 Compare do modo que achar melhor e complete com >, < ou =.

a) 6,8 _____ 5,94

b) 0,108 _____ 0,18

c) 4,506 _____ 4,605

d) 1,34 _____ 1,3

e) 12,80 _____ 12,8

f) 0,236 _____ 1

g) 0,06 _____ 0,006

h) 3,000 _____ 3

i) 0,42 _____ 0,418

8 DESAFIO

Escreva um decimal que fica entre 0,5 e 0,6.

_____

9 Considere os números decimais abaixo.

| 1,3 | 2,2 | 0,6 | 2,6 | 1,6 |

a) Indique o número que satisfaz cada condição.

- É menor do que 1,2: _____

- É maior do que 2,05 e menor do que 2,5: _____

- Fica entre 0,99 e 1,5: _____

- É maior do que 1,402 e menor do que 2: _____

b) Escreva o número que não satisfaz as condições acima. Depois, escreva uma condição que sirva apenas para esse número.

_____

c) Marque todos os números na reta numerada.

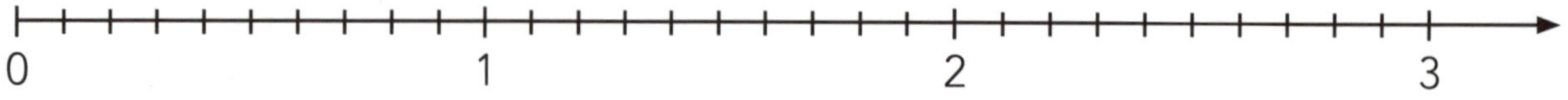

```
|+++++++++|+++++++++|+++++++++|+++++++++|→
0         1         2         3
```

d) Escreva-os em ordem decrescente. _____

10 Mauro comprou um caderno e gastou R$ 8,50. Paula comprou uma caneta e gastou R$ 8,05.

a) Quem gastou mais? _____

b) Registre a comparação: _____ > _____

Divisão não exata de números naturais: resultado decimal

1 Para desenvolver uma atividade de Educação Física, a professora resolveu formar 2 grupos com a mesma quantidade de alunos. Mas havia 13 alunos.

a) Qual é o número máximo de alunos que ela pode colocar em cada grupo?

_____

b) Sobram alunos? Quantos? _____

c) Que divisão representa essa situação?

2 Alice quer separar igualmente 13 quilogramas de arroz em 2 pacotes e saber quanto irá em cada pacote.

Observe que aqui também devemos fazer 13 ÷ 2. Mas há uma diferença: podemos trocar a unidade que sobrou por 10 décimos e "continuar" a divisão.

Observe e responda: Quanto Alice deve colocar em cada pacote de arroz? _____

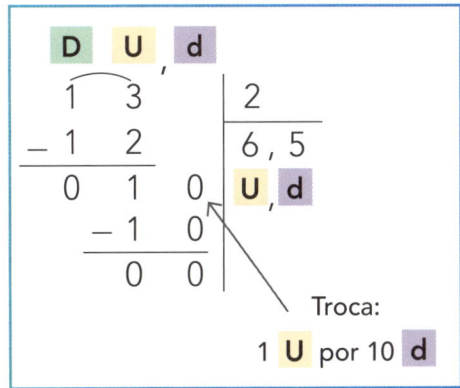

3 **ATIVIDADE ORAL** O que há de diferente nas situações das atividades 1 e 2?
Por que na primeira não se usou decimal?

4 Orlando cortou um rolo com 53 m de arame em 4 pedaços iguais. Observe a divisão ao lado e depois escreva qual é a medida do comprimento de cada pedaço, em metros. _____

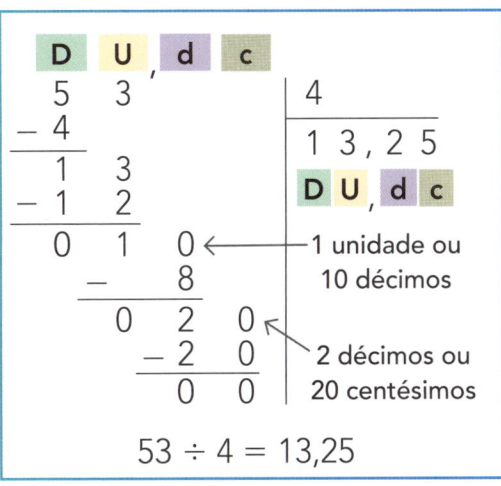

$$53 \div 4 = 13{,}25$$

5 Veja mais 2 exemplos de divisões de números naturais com resultados decimais.

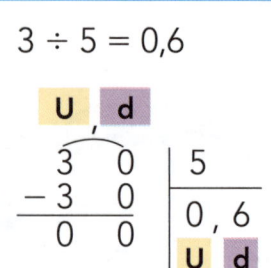

$3 \div 5 = 0,6$

U	,	d

$$\begin{array}{r} 3 \quad 0 \\ - 3 \quad 0 \\ \hline 0 \quad 0 \end{array} \bigg| \begin{array}{l} 5 \\ \hline 0,6 \end{array}$$

U	,	d

Não posso dividir 3 unidades por 5, obtendo o resultado em unidades. Coloco zero unidade no resultado e vírgula, pois vou calcular os décimos.

Troco 3 **U** por 30 **d** e divido por 5. Obtenho 6 décimos.

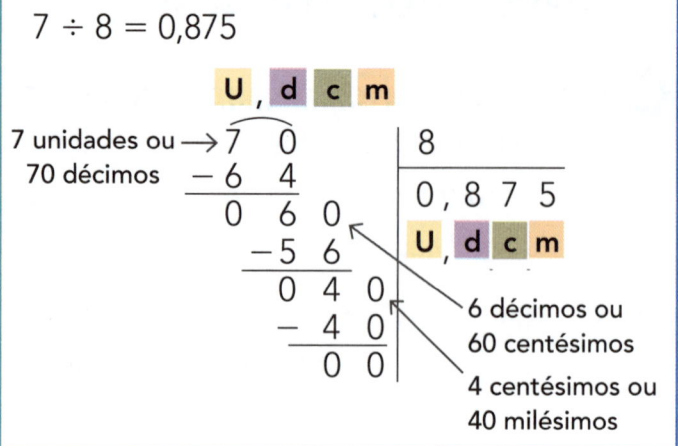

$7 \div 8 = 0,875$

U	,	d	c	m

7 unidades ou → $\begin{array}{r} 7 \quad 0 \\ - 6 \quad 4 \\ \hline 0 \quad 6 \quad 0 \\ - 5 \quad 6 \\ \hline 0 \quad 4 \quad 0 \\ - 4 \quad 0 \\ \hline 0 \quad 0 \end{array} \bigg| \begin{array}{l} 8 \\ \hline 0,8\ 7\ 5 \end{array}$
70 décimos

U	,	d	c	m

6 décimos ou 60 centésimos

4 centésimos ou 40 milésimos

Agora, calcule e complete.

a) Um ciclista vai percorrer 9 km em 5 etapas de mesma extensão. Cada etapa terá _____ km.

b) Se 3 L de suco forem repartidos igualmente em 4 copos, então cada copo ficará com _____ L de suco.

6 **ATIVIDADE ORAL EM GRUPO** Troque ideias com os colegas para esclarecer a dúvida de Juliana.

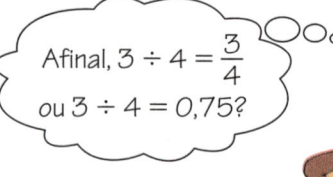

Afinal, $3 \div 4 = \dfrac{3}{4}$ ou $3 \div 4 = 0,75$?

Estúdio Félix Reiners/Arquivo da editora

7 Ligue cada fração ao decimal correspondente.

$$\dfrac{1}{8} \qquad \dfrac{1}{2} \qquad \dfrac{7}{20}$$

$$0,35 \qquad 0,125 \qquad 0,5$$

8 Escreva na forma de número decimal.

a) $\dfrac{4}{5} = $ _____

b) $1\dfrac{7}{20} = $ _____

Matemática e tecnologia

Divisões com a calculadora

Com o auxílio do professor, observe as teclas de uma calculadora e identifique a tecla da operação de divisão.

1 Realize as divisões a seguir na sua calculadora e registre o resultado.

a) (840) (÷) (12) (=) ( )

b) (562) (÷) (4) (=) ( )

c) (66) (÷) (5) (=) ( )

- Agora, responda: Qual dos resultados é um decimal? _____

2 Resolva os problemas a seguir e use uma calculadora para conferir os resultados.

- Maria e sua irmã vão visitar uma tia em outro estado. Elas compraram as passagens aéreas de ida por R$ 799,00 e as de volta em uma promoção, por R$ 405,00. O total da compra será pago em 4 prestações iguais.

    a) Faça arredondamentos e calcule mentalmente o valor aproximado de cada prestação. _____

    b) Descubra o valor exato de cada prestação e verifique se está próximo do valor aproximado do item **a**. _____

3 Se triplicar a quantia que tem, então Pedro ficará com R$ 120,00. Quanto ele tem? _____

4 Com um colega, elaborem uma situação problema correspondente a cada divisão:

| 527 ÷ 31 | | 147 ÷ 6 |

Depois, resolvam os problemas, confiram os cálculos com o auxílio de uma calculadora e discutam a diferença entre os resultados das 2 divisões.

Operações com decimais

Adição e subtração com decimais

1 Renata percorreu 4,6 km em uma pista de corrida. No dia seguinte, percorreu 4,7 km. Qual é o total de quilômetros que Renata percorreu nesses dias?

> Para adicionar 4,6 e 4,7 devo adicionar décimos com décimos e unidades com unidades. Para isso, coloco vírgula embaixo de vírgula.

> Depois, é só fazer como na adição de números naturais. Se for preciso, posso trocar 10 unidades por 1 dezena e 10 décimos por 1 unidade.

Algoritmo usual simplificado

$$\begin{array}{r} \overset{1}{4},6 \\ +\ 4,7 \\ \hline 9,3 \end{array}$$

Escreva a resposta do problema.

_____

2 Veja outro exemplo de adição com decimais.

1,28 + 14,345

> Posso escrever 1,28 como 01,280.
> - Adiciono os milésimos: $0 + 5 = 5$.
> - Adiciono os centésimos: $8 + 4 = 12$.
>   - Deixo 2 centésimos e troco 10 centésimos por 1 décimo.
> - Adiciono os décimos: $1 + 2 + 3 = 6$.
> - Adiciono as unidades: $1 + 4 = 5$.
> - Adiciono as dezenas: $0 + 1 = 1$.

D	U	,	d	c	m
			¹		
0	1,		2	8	0
+ 1	4,		3	4	5
1	5,		6	2	5

Simplificando:

$$\begin{array}{r} \overset{1}{1},280 \\ +\ 14,345 \\ \hline 15,625 \end{array}$$

Agora, efetue mais estas adições.

a) $2,46 + 25,128 =$ _____

b) $84,7 + 69,8 =$ _____

c) R$ 46,25 + R$ 137,15 = _____

3 Flávia tinha 2,5 metros de tecido. Ela separou 1,8 metro para fazer uma camisa. Quantos metros de tecido restaram? Para responder, você precisa efetuar 2,5 − 1,8.

Devo tirar décimos de décimos e unidades de unidades. Para isso, coloco vírgula embaixo de vírgula.

Quando necessário, faço as trocas de 1 dezena por 10 unidades, 1 unidade por 10 décimos, 1 décimo por 10 centésimos, e assim por diante.

Algoritmo usual simplificado

U	d
$\overset{1}{\cancel{2}}$,	$\overset{1}{5}$
− 1 ,	8
0 ,	7

Complete: Restou _____ m de tecido, ou seja, _____ cm.

4 Veja outros exemplos de subtração com decimais.

34,728 − 5,57

D	U	,	d	c	m
$\overset{2}{\cancel{3}}$	$\overset{1}{4}$	,	$\overset{6}{\cancel{7}}$	$\overset{1}{2}$	8
− 0	5	,	5	7	0
2	9	,	1	5	8

$8\,m - 0\,m = 8\,m$
$12\,c - 7\,c = 5\,c$
$6\,d - 5\,d = 1\,d$
$14\,U - 5\,U = 9\,U$
$2\,D - 0\,D = 2\,D$

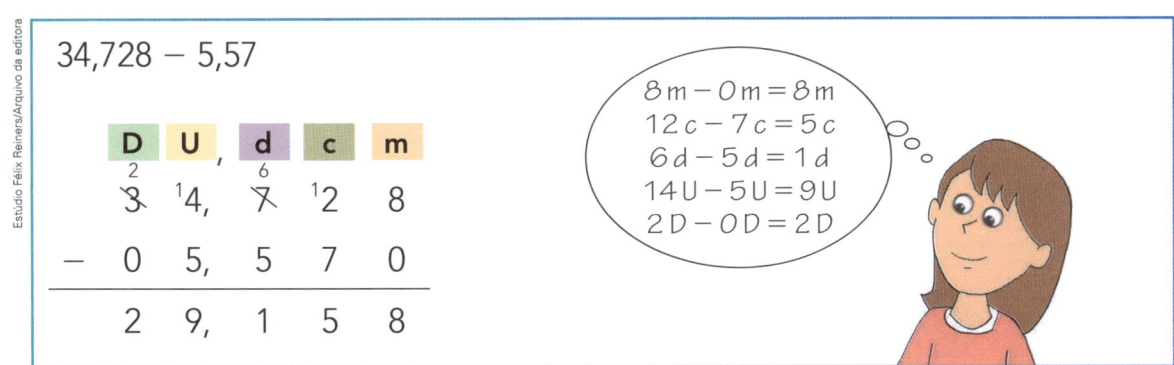

2 − 1,25

Como 2 = 2,00, coloco vírgula e dois zeros.

U	,	d	c
$\overset{1}{\cancel{2}}$	,	$\overset{1}{\cancel{0}}^{9}$	$\overset{1}{0}$
− 1	,	2	5
0	,	7	5

ou

U	,	d	c
1	,	9	9
− 1	,	2	4
0	,	7	5

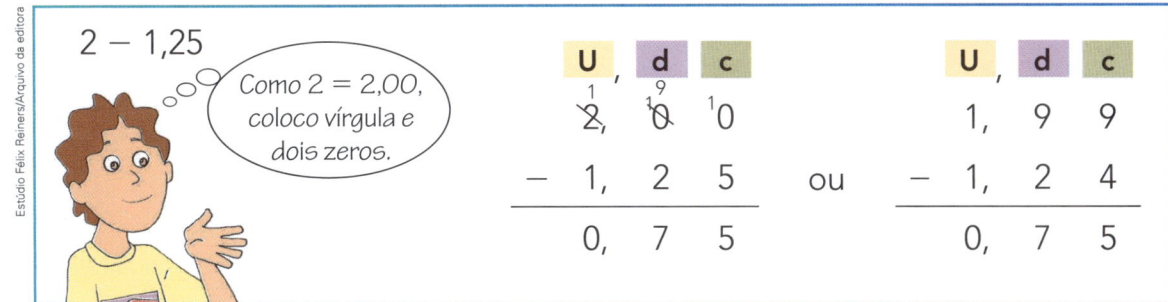

Agora, efetue estas subtrações.

a) 45,785 − 3,471 = _____

c) 17 − 4,6 = _____

b) R$ 2,30 − R$ 1,40 = _____

d) R$ 40,00 − R$ 8,20 = _____

5 Rodolfo tem uma papelaria. Ele registra cada venda em uma tabela como esta. Analise a tabela e complete com o que falta.

Vendas na papelaria

Preço	Pagamento	Troco
R$ 35,20	R$ 50,20	R$ _____
R$ 18,70	R$ 20,00	R$ _____
R$ 29,10	R$ _____	R$ 0,90
R$ _____	R$ 25,00	R$ 1,35

Tabela elaborada para fins didáticos.

6 **PROBLEMAS**

Leia, pense, resolva e responda.

- Álvaro pesava 34,2 kg e engordou 1,9 kg. Maria pesava 32,45 kg e emagreceu 1,5 kg.

Estúdio Félix Reiners/Arquivo da editora

a) Qual é o "peso" atual de Álvaro?

_____

b) E o de Maria? _____

c) Quanto Álvaro está pesando a mais do que Maria?

_____

- Paulo tem R$ 12,75 e o irmão dele tem R$ 8,50. Juntando as 2 quantias, quanto falta para que eles possam comprar um livro que custa R$ 24,50?

_____

7 **DESAFIO**

Calcule o valor de cada expressão numérica.

a) $5,7 - 2,12 + 0,4 =$ _____

b) $5,7 - (2,12 + 0,4) =$ _____

As imagens não estão representadas em proporção.

8 Um ciclista percorreu a medida da distância de 81,844 quilômetros em 3 etapas, como indica este esquema.

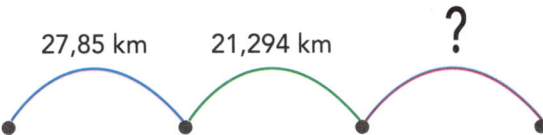

27,85 km   21,294 km   **?**

Quantos quilômetros ele percorreu na terceira etapa?

_____

9 Coloque os preços nos brinquedos.

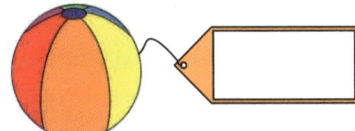

Agora, elabore e resolva um problema que envolva o preço desses brinquedos. A resolução deve ser feita com pelo menos uma adição e uma subtração, de modo que a resposta do seu problema seja: "O troco foi de R$ 2,50".

_____

_____

_____

Multiplicação de decimal por número natural

1 Sílvia comprou uma estrutura de arame para fazer artesanato, como a desta imagem. Vamos descobrir quantos metros de fio ela comprou?

Para isso, devemos efetuar 5 × 2,71.

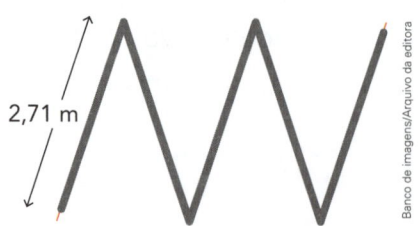

2,71 m

U	d	c
2,	7	1
×		5

> Devemos multiplicar 5 por 1 centésimo, 5 por 7 décimos, e por 2 unidades. Veja o passo a passo no quadro abaixo.

Primeiro multiplicamos o centésimo: 5 × 1 c = 5 c	Depois, as dezenas: 5 × 7 d = 35 d 35 d = 3 U + 5 d Escrevemos os 5 décimos e passamos 3 U para as unidades.	Em seguida, multiplicamos as unidades: 5 × 2 U = 10 U Por fim, adicionamos as unidades obtidas: 10 U + 3 U = 13 U
U , d c 2, 7 1 × 5 5	U , d c 3 2, 7 1 × 5 5 5	U , d c 3 2, 7 1 × 5 1 3, 5 5

Algoritmo usual simplificado

$$\begin{array}{r} \overset{3}{2},71 \\ \times \quad 5 \\ \hline 13,55 \end{array}$$

Complete: Sílvia comprou _____ m de fio, ou seja, _____ m e _____ cm.

2 Veja outros 3 exemplos de multiplicação de decimal por número natural.

2 1, 2 2 7 × 3 3, 6 8 1	1 2 7, 3 5 × 4 2 9, 4 0	1 1, 3 × 5 6, 5

Agora, observe o preço de cada mercadoria e complete a tabela com os preços totais.

As imagens não estão representadas em proporção.

R$ 12,70

Boné.

R$ 7,30

Camiseta.

Preços de bonés e camisetas

Mercadoria	Preço total
3 camisetas	
4 bonés	
2 camisetas e 1 boné	

Tabela elaborada para fins didáticos.

Multiplicação por 10, 100 ou 1000

Observe as multiplicações que têm 10, 100 ou 1000 como um dos fatores.

U	d	c

$$
\begin{array}{r}
3,\ 7\ 2 \\
\times\qquad 1\ 0 \\
\hline
0\ 0\ 0 \\
+\ 3\ 7\ 2\ 0 \\
\hline
3\ 7\ ,\ 2\ 0
\end{array}
$$

$10 \times 3,72 = 37,2$

$$
\begin{array}{r}
3,7\,2 \\
\times 1\ 0\ 0 \\
\hline
3\ 7\ 2,0\ 0
\end{array}
$$

$100 \times 3,72 = 372$

$$
\begin{array}{r}
3,7\,2 \\
\times 1\ 0\ 0\ 0 \\
\hline
3\ 7\ 2\ 0,0\ 0
\end{array}
$$

$1000 \times 3,72 = 3\,720$

1 **ATIVIDADE ORAL EM GRUPO** Converse com os colegas sobre o deslocamento da vírgula para chegar ao resultado da multiplicação sem precisar do algoritmo usual. Depois, complete o quadro abaixo.

> Quando fazemos a multiplicação de um número por 10, 100 ou 1000,
>
> a vírgula desse número "anda" 1, 2 ou 3 casas, respectivamente,
>
> para a _____.

2 Veja se a conclusão da atividade anterior se confirma em mais estes exemplos.

$83 \times 10 = 830$	$3,549 \times 100 = 354,9$	$4,9 \times 1000 = 4\,900$
$10 \times 0,06 = 0,6$	$100 \times 743 = 74\,300$	$1000 \times 3,2 = 3\,200$

Agora, complete estas multiplicações.

a) $23,45 \times 10 =$ _____

b) $100 \times 5,32 =$ _____

c) $1000 \times 0,6 =$ _____

d) $96 \times 100 =$ _____

e) $8,945 \times 10 =$ _____

f) $22,638 \times 1000 =$ _____

g) $1000 \times$ _____ $= 7\,245$

h) _____ $\times 1,339 = 133,9$

i) _____ $\times 4,48 = 44,8$

j) $100 \times$ _____ $= 224$

3 Responda rapidamente!

Qual é o preço de 10 maçãs iguais a esta? _____

R$ 1,35 cada

Maçã.

4 A pista do Autódromo Internacional Orlando Moura, em Campo Grande (Mato Grosso do Sul), tem 3,443 km (ou 3443 m) de extensão.

Complete quanto um carro percorrerá nessa pista, se der cada quantidade de voltas.

a) 10 voltas: percorrerá _____ km ou _____ m.

b) 100 voltas: percorrerá _____ km ou _____ m.

Autódromo Internacional Orlando Moura, em Campo Grande, Mato Grosso do Sul. Foto de 2017.

5 Escreva a quantia correspondente a cada item.

a) 10 moedas de R$ 0,25. _____

d) 1000 moedas de R$ 0,10. _____

b) 100 moedas de R$ 0,05. _____

e) 10 moedas de R$ 0,01. _____

c) 10 notas de R$ 20,00. _____

f) 100 moedas de R$ 0,50. _____

As imagens não estão representadas em proporção.

6 Complete.

a) _____ notas de  correspondem a 1 nota de

b) _____ moedas de ⬤ correspondem a 1 nota de .

c) _____ moedas de ⬤ correspondem a 1 nota de .

d) _____ moedas de ⬤ correspondem a 1 nota de .

7 Flávia comprou 3 cadernos e 10 lápis iguais a estes e pagou com 1 nota de R$ 20,00. Quanto ela recebeu de troco? _____

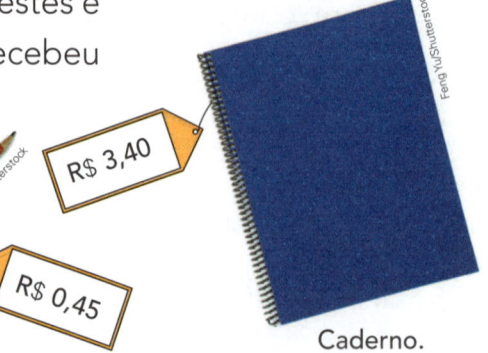

Lápis. R$ 3,40

R$ 0,45

Caderno.

8 Calcule o valor de cada expressão numérica.

a) $3,5 + 10 \times 0,52 =$ _____

b) $2,71 \times (35,7 + 64,30) =$ _____

Divisão de decimal por número natural

1 Laura comprou um secador de cabelos por R$ 63,75 e fez o pagamento em 3 prestações iguais. Qual foi o valor de cada prestação?

Como as 3 prestações são iguais, para saber o valor de 1 prestação é preciso efetuar a divisão 63,75 ÷ 3.

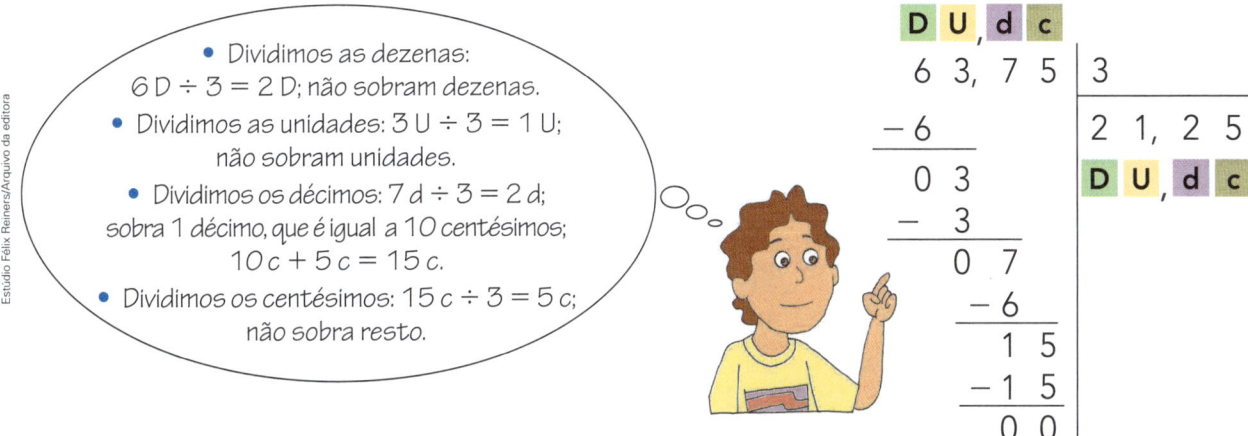

- Dividimos as dezenas:
6 D ÷ 3 = 2 D; não sobram dezenas.
- Dividimos as unidades: 3 U ÷ 3 = 1 U; não sobram unidades.
- Dividimos os décimos: 7 d ÷ 3 = 2 d; sobra 1 décimo, que é igual a 10 centésimos; 10 c + 5 c = 15 c.
- Dividimos os centésimos: 15 c ÷ 3 = 5 c; não sobra resto.

Complete: O valor de cada prestação foi R$ _____.

2 Veja outros 3 exemplos de divisão de decimal por número natural.

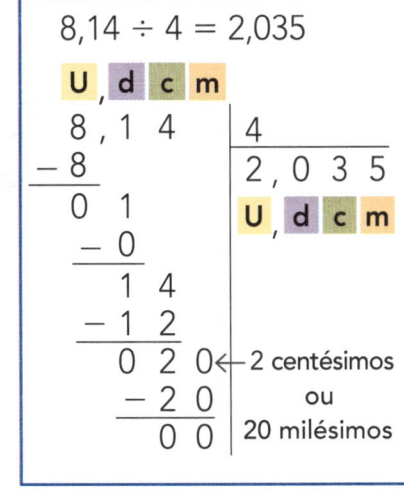

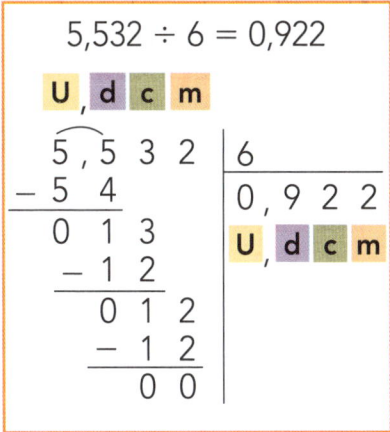

Agora, calcule e complete.

a) A metade de R$ 85,70 é _____.　**b)** A terça parte de 1,44 é _____.

Unidade 9

3 Pratique um pouco a divisão de decimal por número natural.

a) 6,428 ÷ 2 = _____ **c)** 36,5 ÷ 5 = _____ **e)** 246,4 ÷ 4 = _____

b) 5,6 ÷ 5 = _____ **d)** 1,61 ÷ 7 = _____ **f)** R$ 60,00 ÷ 8 = _____

4 O professor de Educação Física comprou uma corda com 16,5 m de medida de comprimento. Ele vai reparti-la em 3 partes iguais para brincar de cabo de guerra com as turmas do 5º ano.

Quanto vai medir cada parte dessa corda? _____

Estúdio Félix Reiners/Arquivo da editora

5 Resolva este problema de 2 maneiras diferentes.
Rafael comprou 5 cadernos de mesmo preço e pagou R$ 36,00 por eles.

Quanto ele gastaria se tivesse comprado 4 cadernos? _____

6 Calcule o valor da expressão numérica e registre.

$$9,96 - 7,32 \div 4 = \underline{\hspace{2cm}}$$

Divisão por 10, 100 ou 1000

Observe as divisões que têm 10, 100 ou 1000 como divisor.

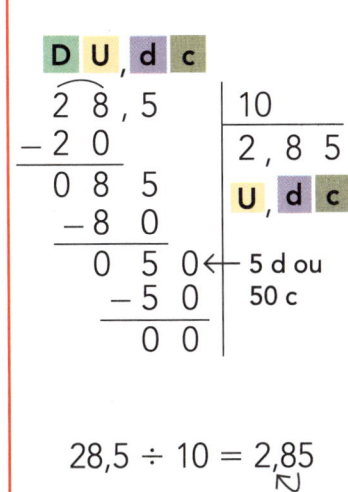

$$28,5 \div 10 = 2,85$$

$$45,1 \div 100 = 0,451$$

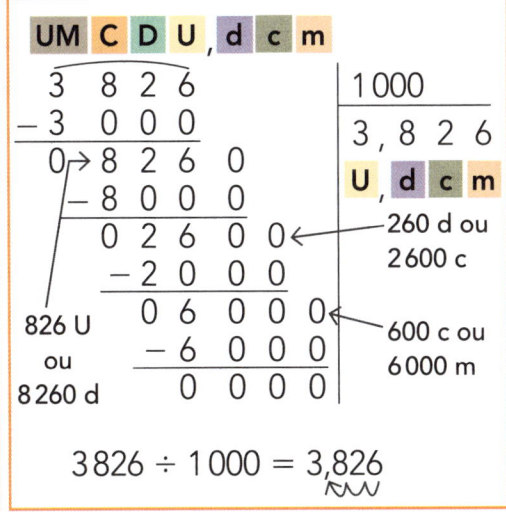

$$3826 \div 1000 = 3,826$$

$$94,16 \div 10 = 9,416$$

$$132,7 \div 100 = 1,327$$

$$26239 \div 1000 = 26,239$$

 **1** **ATIVIDADE ORAL EM GRUPO** Converse com os colegas sobre as divisões acima. Depois, complete a conclusão.

> Quando fazemos a divisão de um número por 10, 100 ou 1000, a vírgula desse número "anda" 1, 2 ou 3 casas decimais, respectivamente, para a _____.

2 Veja se a conclusão da atividade anterior se confirma em mais estes exemplos.

$23 \div 10 = 2,3$	$4,7 \div 10 = 0,47$	$3800 \div 10 = 380$
$23 \div 100 = 0,23$	$4,7 \div 100 = 0,047$	$12,5 \div 100 = 0,125$
$23 \div 1000 = 0,023$	$4,7 \div 1000 = 0,0047$	$9366 \div 1000 = 9,366$

Agora, complete estas divisões.

a) $36,45 \div 10 =$ _____

b) $81,4 \div 100 =$ _____

c) $9385 \div 1000 =$ _____

d) $9 \div 100 =$ _____

e) $27 \div 1000 =$ _____

f) $0,44 \div 10 =$ _____

g) $6,3 \div 10 =$ _____

h) $0,1 \div 100 =$ _____

i) $87,1 \div$ _____ $= 8,71$

j) $523 \div$ _____ $= 0,523$

3 Lúcia comprou 10 apontadores iguais por R$ 38,00. Quanto custou cada um? _____

Apontador.

4 Rubens vai gastar R$ 22,50 para colocar 10 L de combustível no carro dele. Quanto ele gastaria para colocar 18 L de combustível? _____

5 Leia e depois calcule.

Lembre-se: como 10% correspondem a $\frac{1}{10}$, para calcular 10% de um número basta dividi-lo por 10.

E como 1% corresponde a $\frac{1}{100}$, para calcular 1% de um número basta dividi-lo por 100.

a) 1% de 845 = _____

b) 10% de 900 = _____

c) 10% de R$ 42,50 = _____

d) 1% de R$ 370,00 = _____

e) 1% de 921 = _____

f) 10% de 6 583 = _____

6 **PROBLEMAS** As imagens não estão representadas em proporção.

a) Em uma cidade com 32 600 habitantes há 1% de analfabetos. Qual é o número de analfabetos nessa cidade?

_____

b) O salário mensal de Marisa era de R$ 1 800,00 quando ela teve 10% de aumento. Qual é o salário atual de Marisa?

_____

7 Responda depressinha!

Qual é o valor de 3% de 400? _____

Decimais nas calculadoras

Atenção:
Nas calculadoras a vírgula é substituída por um ponto.

Por exemplo, 12,7 é digitado assim: 12.7

1 Tecle ON na calculadora para começar. Siga estes passos, resolva e registre as operações.

a) digite | tecle | digite | tecle

$23 \longrightarrow \times \longrightarrow 12.49 \longrightarrow = \longrightarrow 23 \times 12,49 =$ _____

b) digite | tecle | digite | tecle

$9.231 \longrightarrow \div \longrightarrow 17 \longrightarrow = \longrightarrow$ _____ $\div$ _____ $=$ _____

c) $125 - 16,471 =$ _____

d) $18 \div 45 =$ _____

e) R\$ 847,60 + R\$ 6 349,50 = _____

f) $58 \times 0,017 =$ _____

As imagens não estão representadas em proporção.

Calculadora.

2 Em algumas situações, precisamos multiplicar ou dividir um decimal por outro. Vamos usar a calculadora para resolver esta situação.

O preço de 3,5 metros de fita é R\$ 2,45. Qual é o preço de 4,8 metros? Siga os passos e registre.

- Descubra o preço de 1 metro pela divisão: $2,45 \div 3,5 =$ _____

- Agora, descubra o preço de 4,8 metros pela multiplicação:

  $4,8 \times$ _____ $=$ _____

3 Uma empresa transportou 23,475 toneladas de carga em janeiro e 23,61 toneladas em fevereiro.
Use uma calculadora e responda.

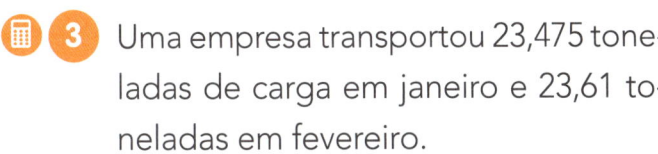

Caminhão de transporte de carga.

a) Quantas toneladas foram transportadas nesses 2 meses?

_____

b) Em qual desses meses ela transportou mais carga?

Quantas toneladas a mais do que no outro mês? _____

Unidade 9

Relacionando fração, decimal e porcentagem

1 **ATIVIDADE ORAL EM GRUPO** A professora da turma de Marli pediu aos alunos que desenhassem uma circunferência e pintassem a metade do círculo determinado por ela.

Depois ela pediu que representassem a parte pintada. Veja como Marli, Arnaldo e Sílvio fizeram.

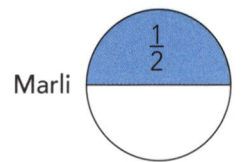
Marli

Arnaldo

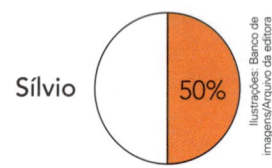
Sílvio

Ilustrações: Banco de imagens/Arquivo da editora

Converse com os colegas. Depois, responda e justifique: os 3 alunos representaram corretamente? _____

2 Na atividade anterior você viu que uma mesma parte da figura foi representada de formas diferentes (fração, decimal e porcentagem), todas corretas. Veja mais exemplos e, depois, complete a tabela com outras equivalências.

- Decimal para fração: $0,8 = \dfrac{8}{10} = \dfrac{4}{5}$

- Decimal para porcentagem: $0,7 = 0,70 = \dfrac{70}{100} = 70\%$

- Fração para decimal: $\dfrac{3}{5} = 3 \div 5 = 0,6$

$$\begin{array}{r|l} 3,0 & 5 \\ -\ 3\,0 & 0,6 \\ \hline 0 & \end{array}$$

- Fração para porcentagem: $\dfrac{11^{\times 4}}{25_{\times 4}} = \dfrac{44}{100} = 44\%$

- Porcentagem para fração: $45\% = \dfrac{45}{100} = \dfrac{9}{20}$

- Porcentagem para decimal: $28\% = \dfrac{28}{100} = 0,28$

Equivalências entre fração, decimal e porcentagem

Fração	$\dfrac{17}{100}$	$\dfrac{9}{10}$			$\dfrac{3}{100}$	
Decimal	0,17		0,35			
Porcentagem	17%			60%		150%

Tabela elaborada para fins didáticos.

3 Em uma turma com 40 alunos, 70% são meninos. Quantos meninos há nessa turma?

Veja como podemos resolver essa situação de 2 maneiras diferentes, calcule e complete. Depois, escreva a resposta.

Usando fração.

$$70\% = \frac{70}{100} = \frac{7}{10}$$
↓
$$\frac{7}{10} \text{ de } 40 = \underline{\hspace{2cm}}$$

ou

Usando decimal.

$$70\% = 0{,}70 = 0{,}7$$
↓
$$0{,}7 \text{ de } 40 = 0{,}7 \times 40 = \underline{\hspace{2cm}}$$

Resposta: _____

4 Calcule e complete.

a) Usando fração:

35% de 160 = _____

b) Usando decimal:

12% de R$ 75,00 = _____

5 Resolva usando fração e também usando decimal.

Em uma eleição, votaram 12 000 eleitores e 6% dos votos foram anulados. Quantos votos foram anulados? _____

Estúdio Félix Reiners/Arquivo da editora

6 Carlos já leu 120 páginas de um livro que tem 200 páginas. Indique o que ele já leu em relação ao total de páginas, usando uma fração irredutível, um decimal e uma porcentagem. _____

Tecendo saberes

Expectativa de vida no Brasil

Você sabe o que é expectativa? Muitas vezes, ela está associada à possibilidade de que alguma coisa venha a acontecer. Por exemplo, se o tempo escurecer e houver o aumento das nuvens no céu, há a expectativa de que chova em breve. Podemos ver, nesse caso, que tal evento (chover) ainda não está confirmado, mas está relacionado com algumas evidências, como a cor do céu e a presença de nuvens.

A **expectativa de vida**, também conhecida por "esperança de vida", é um dado estatístico que calcula, em anos, o tempo médio de vida de um grupo de pessoas. No Brasil, quem define a expectativa de vida dos brasileiros é o Instituto Brasileiro de Geografia e Estatística (IBGE).

1 Observe os gráficos que apresentam a expectativa de vida dos brasileiros (homens e mulheres) aos 65 anos.

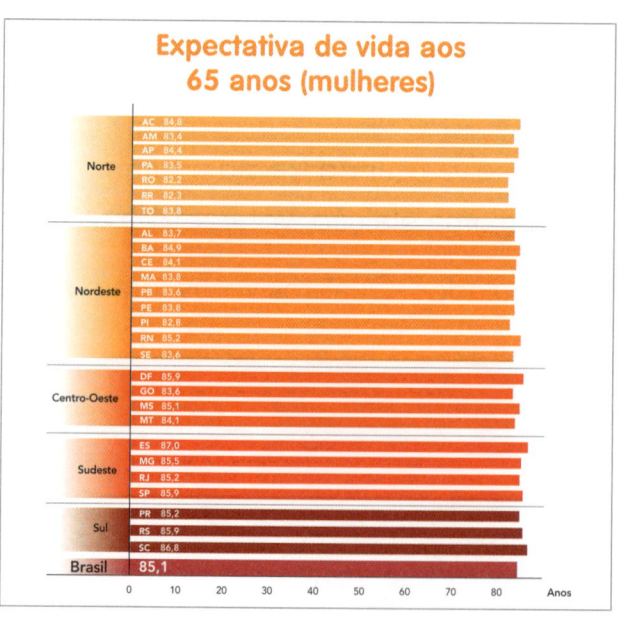

Fonte de dados: IBGE. Tábua completa de mortalidade para o Brasil – 2017. Disponível em: <ftp://ftp.ibge.gov.br/Tabuas_Completas_de_Mortalidade/Tabuas_Completas_de_Mortalidade_2017/tabua_de_mortalidade_2017_analise.pdf>.

a) De acordo com o gráfico, qual a expectativa de vida dos homens e das mulheres no estado em que você vive?

b) Em qual estado brasileiro há a menor expectativa de vida para os homens? E para as mulheres?

c) Em qual estado brasileiro há a maior expectativa de vida para os homens? E para as mulheres?

d) Em sua opinião, por que a expectativa de vida é diferente nas regiões brasileiras? Compartilhe suas hipóteses com os colegas e o professor.

e) Como você acha que a média brasileira de expectativa de vida foi obtida? Reúna-se com um colega e, utilizando uma calculadora, confiram esse resultado. Em seguida, compartilhem as estratégias utilizadas.

2 Leia a informação abaixo.

Número de denúncias de violência contra idosos aumentou 13% em 2018

Levantamento feito pelo Ministério da Mulher, da Família e dos Direitos Humanos revelou que, [em 2018], o Disque 100 registrou um aumento de 13% no número de denúncias sobre violência contra idosos, em relação ao ano anterior.

Fonte: Agência Brasil. Disponível em: <http://agenciabrasil.ebc.com.br/direitos-humanos/noticia/2019-06/numero-de%20denuncias-de-violencia-contra-idosos-aumentou-13-em-2018>. Acesso em: 13 fev. 2020.

a) Infelizmente, muitos idosos são vítimas de violência, como falta de cuidados essenciais, humilhação, hostilização e xingamentos, destruição de seus bens e até violência física. Em sua opinião, como podemos diminuir essa estatística? Converse com seus colegas e professor.

b) Você conhece os materiais abaixo?

▶ Cartilha dos Direitos Humanos das pessoas idosas.

▶ Estatuto do idoso.

Como vimos, é preciso respeitar e cuidar dos idosos. Reúna-se a seus colegas e professor e elaborem cartazes para conscientizar a população local para o grave problema da violência contra o idoso. Aproveite para informar que as denúncias podem ser feitas no Disque Direitos Humanos.

Mudança de unidades de medida

A multiplicação e a divisão por 10, 100 e 1000 ajudam na mudança de algumas unidades de medida. Veja os exemplos.

$1\ m = 100\ cm$
— Para passar de **m** para **cm**, multiplicamos por 100.
— Para passar de **cm** para **m**, dividimos por 100.

$3,7\ m = 370\ cm$
$(3,7 \times 100 = 370)$

$3,7\ cm = 0,037\ m$
$(3,7 \div 100 = 0,037)$

1 Complete.

a)
$1\ cm = \underline{\hspace{1cm}}\ mm$
$3,85\ cm = \underline{\hspace{1cm}}\ mm$
$1,4\ mm = \underline{\hspace{1cm}}\ cm$

c)
$1\ kg = \underline{\hspace{1cm}}\ g$
$0,45\ kg = \underline{\hspace{1cm}}\ g$
$270\ g = \underline{\hspace{1cm}}\ kg$

b)
$1\ km = \underline{\hspace{1cm}}\ m$
$7,2\ km = \underline{\hspace{1cm}}\ m$
$346\ m = \underline{\hspace{1cm}}\ km$

d)
$1\ L = \underline{\hspace{1cm}}\ mL$
$0,2\ L = \underline{\hspace{1cm}}\ mL$
$74\ mL = \underline{\hspace{1cm}}\ L$

2 Qual destes 2 caminhos é o mais curto para ir de **A** até **B**: o azul ou o verde? Calcule e responda. _____

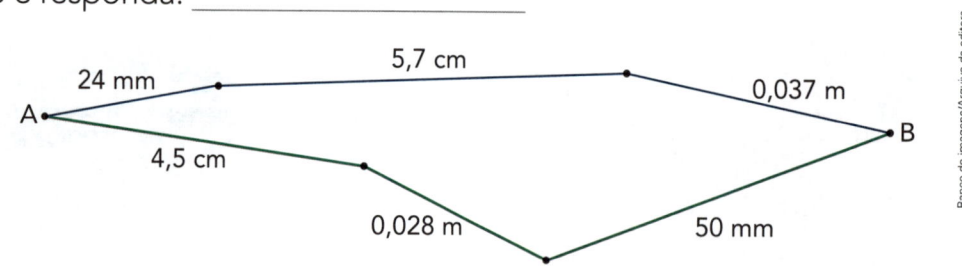

Banco de imagens/Arquivo da editora

3 Responda rapidamente!

a) Quantos minutos há em 1,5 h? _____

b) Quantos centímetros há em 1,5 m? _____

c) Quanto falta em 1 h 40 min para completar 3 h? _____

d) Quanto falta em R$ 1,40 para completar R$ 3,00? _____

Mais atividades e problemas

1 Quais destes números têm o mesmo valor? Pinte o quadrinho deles.

6,2   6,02   6,200   6,002   6,20

2 Efetue as operações.

a) 36,8 + 7,1 = _____

c) 3 × 2,128 = _____

b) 4,93 − 1,57 = _____

d) 37,5 ÷ 5 = _____

3 Compare os pares de números de cada item.

a) 0,6 _____ $\dfrac{3}{4}$ **b)** $5\dfrac{1}{5}$ _____ 5,75   **c)** $20\dfrac{3}{4}$ _____ 20,6   **d)** 3,5 _____ $3\dfrac{1}{2}$

4 COMPRAS NA PAPELARIA.

a) Use os valores das etiquetas para indicar o preço mais adequado de cada material escolar.

R$ 2,30   R$ 50,30   R$ 7,50

_____ _____

b) Agora, complete a informação que falta em cada item e, depois, resolva os problemas.

- Mara comprou _____ borrachas. Quanto ela gastou? _____ .

- Pedro gastou _____ na compra de cadernos. Quantos cadernos ele comprou? _____ .

- Beto comprou _____ cadernos e _____ borrachas e pagou com _____ Quanto ele recebeu de troco? _____ .

5 Em cada item, compare os números, responda à questão e registre a comparação.

a) Regina tomou 0,25 L de suco.

Antônio tomou $\dfrac{1}{4}$ L de suco.

Quem tomou mais suco?

_____

Comparação: 0,25 _____

b) Antônio desenhou um segmento de reta $\overline{AB}$ que mede 0,9 cm e um segmento de reta $\overline{RS}$ que mede $\dfrac{4}{5}$ cm.

Qual desses segmentos de reta é maior? _____

Comparação: _____ > _____

c) Patrícia recortou uma região retangular com área de 0,15 m^2 e uma região triangular com área de $\dfrac{1}{5}$ m^2.

Qual das 2 regiões planas tem área menor? _____

Comparação: _____ < _____

6 Observe os exemplos.

0,7 km = 700 m   0,7 m = 70 cm   0,7 cm = 7 mm

0,700 × 1 000   0,70 × 100   0,70 × 10

Agora, complete as informações.

a) Um caminhão pesa 7,3 toneladas, ou seja, _____ quilogramas.

b) Gastar 850 centavos é o mesmo que gastar R$ _____.

c) O comprimento da lousa mede 3,4 m ou _____ cm.

d) Se o tubo de cola pesa 40 g, então esse "peso" pode ser registrado como _____ kg ou _____ kg.

e) 0,3 milênio é o mesmo que _____ anos e 0,3 século é o mesmo que _____ anos.

7 Jairo tem 1,68 m de medida de altura e Sérgio tem 1,7 m de medida de altura. Complete:

_____ tem _____ m ou _____ cm a mais do que _____.

8 Para cada item, calcule e anote o "peso" que a última balança deve registrar. No item **c**, todas as latas têm o mesmo "peso". Em **d**, todos os copos têm o mesmo "peso".

As imagens não estão representadas em proporção.

a)

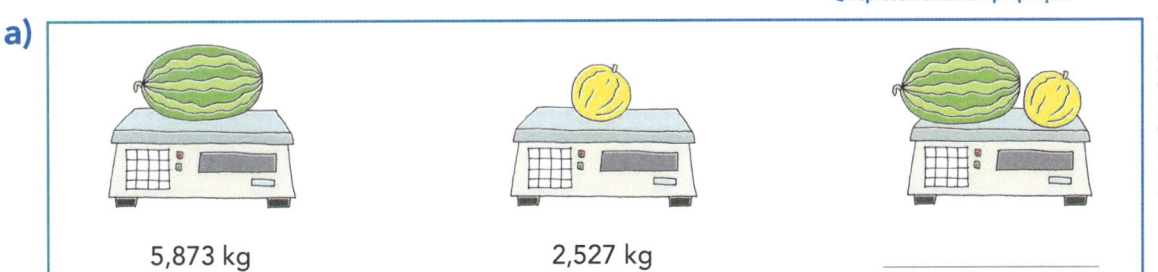

5,873 kg   2,527 kg   _____

b)

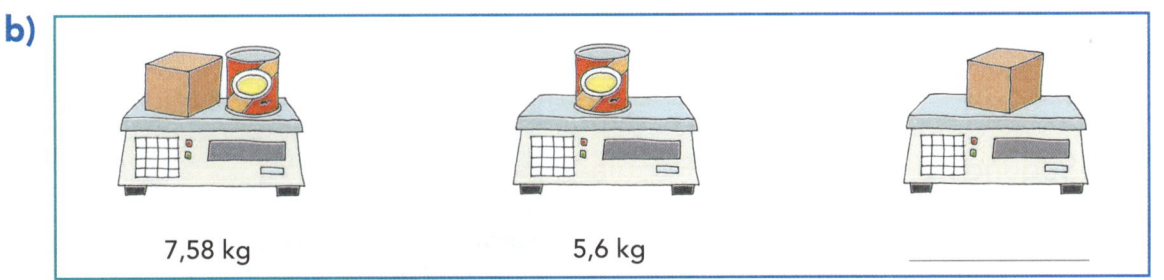

7,58 kg   5,6 kg   _____

c)

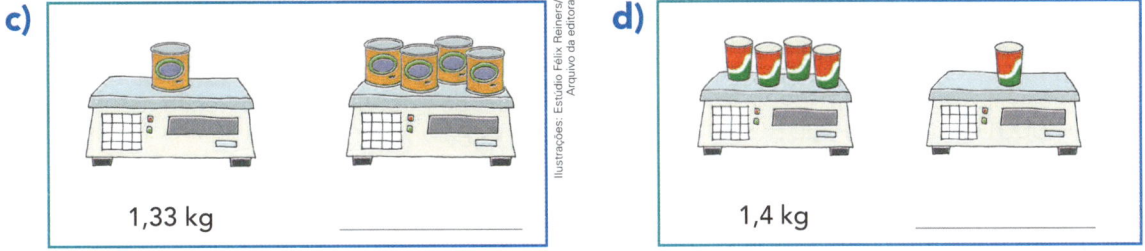

1,33 kg   _____

d)

1,4 kg   _____

9 Uma bicicleta custa R$ 160,00 a prazo. No pagamento à vista há um desconto de 6%. Qual é o preço à vista dessa bicicleta? _____

10 No campeonato de futebol da escola, o Bom de Bola F. C. teve 12 vitórias, 5 empates e 3 derrotas. Represente o número de vitórias, de empates e de derrotas em relação ao total de jogos usando fração irredutível, decimal e porcentagem.

◀ As imagens não estão representadas em proporção.

	Vitórias	Empates	Derrotas
Com fração:	_____ do total	_____	_____
Com número decimal:	_____ do total	_____	_____
Com porcentagem:	_____ do total	_____	_____

11 Segundo a Estimativa da População do IBGE, em 2019 a população do Recife (PE) era de mais de 1,6 milhão de habitantes. Esse número corresponde a 1 006 000, 1 600 000 ou 100 006? _____

Praia de Boa Viagem, em Recife, Pernambuco. Foto de 2018.

12 **CÁLCULO MENTAL E CALCULADORA**

Em determinado dia do ano, a temperatura em uma cidade do Paraná era de 18,3 °C às 7 horas. Das 7 até as 12 horas, a temperatura subiu 8,7 °C. Das 12 até as 22 horas abaixou 9,4 °C.

Calcule mentalmente e complete com a temperatura em cada horário. Depois, confira com uma calculadora.

7 h	12 h	22 h
↓	↓	↓
_____	_____	_____

Brincando também aprendo

Jogo dos decimais

Cada dupla deve ficar com 2 roletas (uma para cada integrante).

Para iniciar, os integrantes de uma dupla devem girar o clipe cada um em sua roleta, com o auxílio de um lápis, e calcular mentalmente o valor indicado na casa atingida. Se os 2 valores obtidos pela dupla forem iguais, então a dupla marca 1 ponto.

Em seguida, a outra dupla faz o mesmo.

Alternadamente, as duplas vão jogando. A dupla que fizer 3 pontos primeiro é a vencedora da partida.

Material

(para cada dupla)
- 2 clipes
- 2 lápis

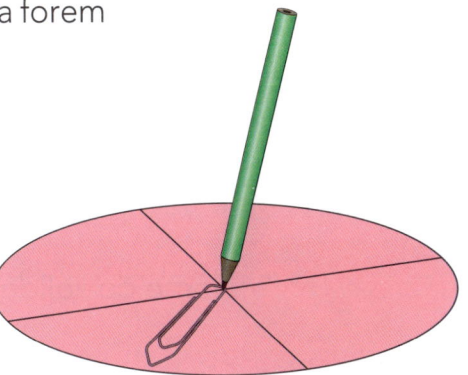

a)

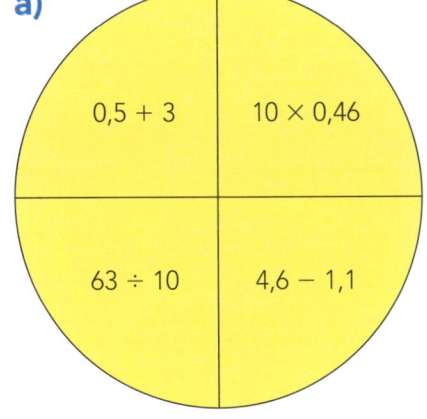

| 0,5 + 3 | 10 × 0,46 |
| 63 ÷ 10 | 4,6 − 1,1 |

c)

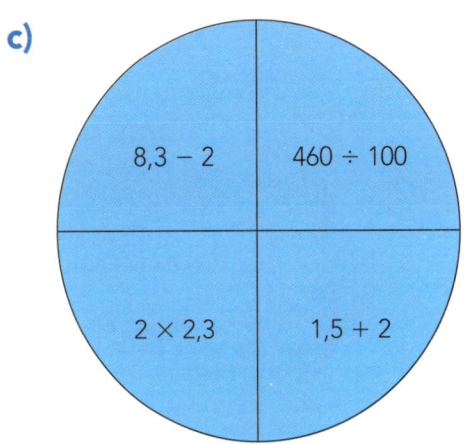

| 8,3 − 2 | 460 ÷ 100 |
| 2 × 2,3 | 1,5 + 2 |

b)

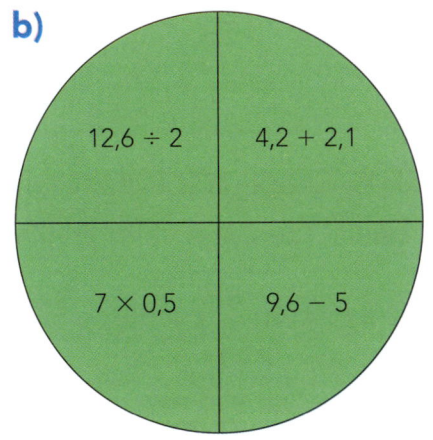

| 12,6 ÷ 2 | 4,2 + 2,1 |
| 7 × 0,5 | 9,6 − 5 |

d)

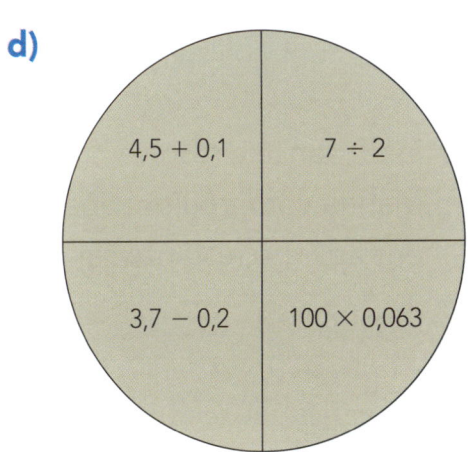

| 4,5 + 0,1 | 7 ÷ 2 |
| 3,7 − 0,2 | 100 × 0,063 |

Ilustrações: Banco de imagens/Arquivo da editora

Vamos ver de novo?

1 Complete cada item com +, −, × ou ÷ para que o resultado fique correto.

a) 63 _____ 10 = 6,3

b) 63 _____ 10 = 53

c) 63 _____ 10 = 630

d) 63 _____ 10 = 73

e) 3,7 _____ 1,7 = 2

f) 1 _____ 2 = 0,5

g) 30 _____ 30 = 900

h) 3 _____ 1,5 = 4,5

i) 1,5 _____ 3 = 0,5

j) 3 _____ 7 = $\dfrac{3}{7}$

k) 2 _____ 0,3 = 1,7

l) 3 _____ $\dfrac{1}{5}$ = $\dfrac{3}{5}$

2 Teste seu vocabulário em geometria e complete.

Ilustrações: Banco de imagens/Arquivo da editora

a)

Nome do sólido geométrico: _____.

Ele tem 6 _____.

b)

_____ de 5 lados.

O nome dele é: _____.

c)

Região poligonal de _____ lados e _____ vértices.

O nome dela é _____.

d)

Esta figura é um _____.

De acordo com a medida da abertura, ele se chama _____.

3 Leia, pense e resolva.

Marina comprou um aparelho de som por R$ 600,00. Ela deu 20% do total de entrada e o restante vai pagar em 3 prestações iguais. Qual é o valor de cada prestação? _____

4 Renato começou o ano com R$ 400,00. Em janeiro ele gastou R$ 56,00 e, nos meses seguintes, gastou sempre R$ 12,00 a mais do que no mês anterior. Em que mês o dinheiro dele acabou? _____

5 Observe os sólidos geométricos e responda.

A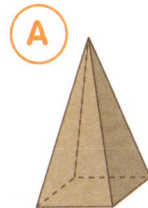
B
C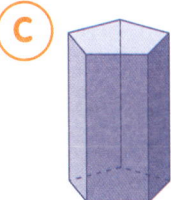
D

Ilustrações: Banco de imagens/ Arquivo da editora

a) Qual desses sólidos geométricos não é poliedro? _____

b) Qual é poliedro mas não é prisma? _____

c) Qual é poliedro e não tem face triangular? _____

6 Uma planilha eletrônica é um programa de computador utilizado para realizar cálculos.

Em algumas planilhas é possível inserir 2 valores, por exemplo, um dividendo e um divisor, e o programa calcula e fornece o resto e o quociente da divisão. Nesta imagem vemos uma planilha eletrônica em que é feito esse procedimento. Na linha 2, por exemplo, o usuário digitou 603 como dividendo e 24 como divisor, obtendo resto 3.

Complete com o que falta em cada linha.

◇	A	B	C	D
1	DIVIDENDO	DIVISOR	RESTO	QUOCIENTE
2	603	24	3	
3	520	16		
4	513	61		
5		51	1	42

Banco de imagens/Arquivo da editora

7 Complete cada frase com uma das seguintes expressões:

| não há | há apenas um(a) | há mais de um(a) |

Quando completar com **há apenas um(a)**, registre qual é, e, quando completar com **há mais de um(a)**, dê 2 exemplos.

a) _____ número par entre 16 e 20.

b) _____ triângulo com 2 ângulos retos.

c) _____ fração que vale mais do que 1 unidade.

d) _____ número natural de 3 algarismos no qual o algarismo das centenas e o algarismo das unidades são iguais.

e) _____ circunferência na qual o comprimento do diâmetro mede o triplo do comprimento do raio.

f) _____ número que dividido por 5 dá quociente 12 e resto 3.

g) _____ número natural maior do que 1 milhão.

8 Qual unidade de medida é melhor para indicar o "peso" deste animal e destes objetos: a **tonelada**, o **quilograma** ou o **grama**?

As imagens não estão representadas em proporção.

a)

Rinoceronte.

b)

Copo.

c)

Fogão.

d)

Borracha.

_____   _____   _____   _____

9 Observe as imagens e responda.

a) Das 7 h às 7 h 25 min, o ponteiro dos minutos deu um giro de quantos graus? _____

b) O carrinho teve um deslocamento de aproximadamente quantos centímetros? Faça uma estimativa e, depois, confira com o auxílio de uma régua. _____

O que estudamos

Relembramos que os decimais são outra forma de representação de números já conhecidos.

- $8 = 8,0$
- $\frac{1}{2} = 0,5$
- $3\frac{7}{100} = 3,07$

Fizemos comparações envolvendo decimais.

- $1 > 0,7$
- $4,52 < 4,7$
  $\uparrow$
  $4,70$
- $1,6 = 1,60 = 1,600$
- $0,3 > 0,295$
  $\uparrow$
  $0,300$

Efetuamos operações envolvendo decimais.

- $3,6 + 2,1 = 5,7$
- $3 \times 1,25 = 3,75$
- $4 - 0,2 = 3,8$
- $4,268 \div 2 = 2,134$

Trabalhamos com décimos, centésimos e milésimos em unidades de medida conhecidas, usando decimais.

- $1\ mm = 0,1\ cm$
- $1\ cm = 0,01\ m$
- $1\ m = 0,001\ km$

Vimos como trabalhar com decimais nas calculadoras.

$$3,45 \rightarrow \boxed{3}\ \boxed{\cdot}\ \boxed{4}\ \boxed{5}$$

Relacionamos fração, decimal e porcentagem.

$$\frac{7}{10} = 0,7 \qquad 70\% = \frac{70}{100} = 0,70 = 0,7$$

Resolvemos problemas envolvendo decimais.
Rosana gastou R$ 12,25 em frutas e R$ 8,50 em legumes. Quanto ela gastou no total? R$ 20,75

$$\begin{array}{r} {\scriptstyle 1}\\ 12,25 \\ +\ 8,50 \\ \hline 20,75 \end{array}$$

- Quando você não acerta uma atividade, procura observar o que não acertou para poder aprender e melhorar?

- Você tem pedido dicas para o professor sobre como pode melhorar nos estudos e nas atitudes em sala de aula? Aceite sugestões!

10 Grandezas e medidas

- O que você vê nesta cena?
- Quais anúncios aparecem retratados nesta cena?
- Há locais como este perto da escola onde você estuda?

Para iniciar

Nas compras e nas vendas no comércio, o preço das mercadorias está relacionado às características e às medidas delas. Algumas são vendidas por quilogramas, outras por litro, etc.

Nesta Unidade vamos retomar e ampliar nossos conhecimentos sobre os vários tipos de grandeza e suas medidas.

- Analise a cena das páginas de abertura desta Unidade. Converse com os colegas e respondam às questões a seguir.

Em quais anúncios aparece uma medida de massa? Qual unidade de medida está sendo usada?

Em qual anúncio aparece uma medida de intervalo de tempo?

Se o terreno anunciado tem a forma retangular e a largura dele mede 10 metros, então qual é a medida do comprimento dele?

Ilustrações: Estúdio Félix Reiners/Arquivo da editora

- Converse com os colegas sobre mais estas questões.

    a) Faça estimativas e responda.

    > Quantos metros mede a altura da sala de aula?

    > Quantos quilogramas pesa sua mochila quando está com o material escolar?

    > Quantos minutos você leva para chegar à escola em um dia de aula?

    > Quantos mililitros de água cabem em uma garrafinha de plástico?

    b) Quais unidades de medida são geralmente usadas em cada caso?

    > Para citar a medida da distância entre 2 cidades.

    > Para citar a medida da altura de uma pessoa.

    > Para citar a medida da espessura de um livro.

Medida de comprimento

As imagens não estão representadas em proporção.

1 Um eletricista instalou 3 fios ligando 2 postes. Para saber quantos metros de fio gastaria, ele calculou inicialmente a medida da distância entre os postes. Esse é um exemplo de situação na qual se usa **medida de comprimento**.

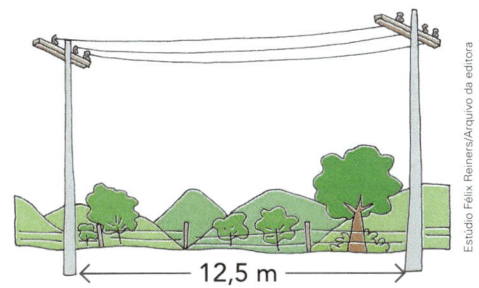

12,5 m

Estúdio Félix Reiners/Arquivo da editora

Calcule e responda: No mínimo, quantos metros de fio o eletricista gastou? _____

2 Use sua caneta como unidade de medida e meça o comprimento de algum objeto da sala de aula. Registre a medida e depois relate aos colegas como você fez a medição.

3 **ATIVIDADE ORAL EM GRUPO** Na atividade 1 foi usada uma unidade padronizada para medir o comprimento: **metro (m)**. Na atividade 2, ao medir com a caneta, usamos uma unidade não padronizada de comprimento.
Converse com os colegas sobre a diferença entre uma unidade padronizada e uma unidade não padronizada de medida.
No geral, qual delas é mais vantajosa de usar? Por quê?

4 **ATIVIDADE ORAL EM GRUPO** Veja o que Joaquim e Rosana estão falando.

Ilustrações: Estúdio Félix Reiners/ Arquivo da editora

> A unidade padronizada fundamental para medir comprimento é o **metro (m)**, que você já conhece.

> Para medir distâncias grandes, por exemplo, a distância entre 2 cidades, usamos o **quilômetro (km)**, que você também já conhece.

Agora, converse com os colegas e depois complete.

a) 1 km = _____ m ou 1 m = _____ km

b) Um comprimento na sala de aula que meça cerca de 1 m:

_____

c) Uma distância na cidade que meça cerca de 1 km:

_____

5 Veja.

Para medir comprimentos pequenos, geralmente usamos as unidades padronizadas **centímetro (cm)** e **milímetro (mm)**, que você já conhece. Há também o **decímetro (dm)**, que é menos usado.

◀ As imagens não estão representadas em proporção.

O centímetro (cm)	**O milímetro (mm)**	**O decímetro (dm)**
é a centésima parte do metro.	é a milésima parte do metro.	é a décima parte do metro.
$1\text{ cm} = \dfrac{1}{100}\text{ m} = 0,01\text{ m}$	$1\text{ mm} = \dfrac{1}{1000}\text{ m} = 0,001\text{ m}$	$1\text{ dm} = \dfrac{1}{10}\text{ m} = 0,1\text{ m}$

Agora, complete de acordo com as informações acima ou olhando em uma régua ou fita métrica.

a) 1 m = _____ cm

d) 1 cm = _____ mm

g) 1,4 cm = _____ mm

b) 1 m = _____ mm

e) 1 dm = _____ cm

h) 0,35 m = _____ mm

c) 1 m = _____ dm

f) 0,5 m = _____ cm

i) 20 cm = _____ dm

6 Pinte o quadrinho com a medida mais adequada para a grandeza de cada item.

a) Comprimento de um ônibus: 10 cm | 10 m | 10 mm

b) Comprimento de uma caneta: 15 cm | 15 m | 15 km

c) Comprimento de um inseto: 3 cm | 3 m | 3 km

d) Distância entre a Terra e a Lua: 384 000 m | 384 000 dm | 384 000 km

e) Largura da porta da sala de aula: 90 m | 90 cm | 90 dm

f) Espessura de uma moeda: 3 cm | 2 mm | 2 m

7 A medida do raio da Terra é de aproximadamente 6 378 km.

Fonte de consulta: IBGE. **Atlas geográfico escolar**. 8. ed. Rio de Janeiro: IBGE, 2018.

 **a) ATIVIDADE ORAL EM GRUPO (TODA A TURMA)**
Você sabe o que é o raio da Terra? E o diâmetro? Converse com os colegas.

b) Qual é a medida aproximada do diâmetro da Terra? _____

Imagem do planeta Terra.

8 ESTIMATIVAS

a) Estime a medida das dimensões deste livro de Matemática em centímetros. Depois, meça com uma régua e compare suas estimativas com as medidas reais.

Estimativas

Do comprimento: _____

Da largura: _____

Medidas reais

Do comprimento: _____

Da largura: _____

b) Estime a medida de comprimento de seu palmo, em centímetros. Depois, meça-o com uma régua, registre essa medida e calcule a diferença entre a estimativa e a medida real.

Estimativa: _____

Diferença: _____

Medida real: _____

9 Meça o comprimento destes segmentos de reta e depois escreva a medida de comprimento deles, nas unidades de medida propostas.

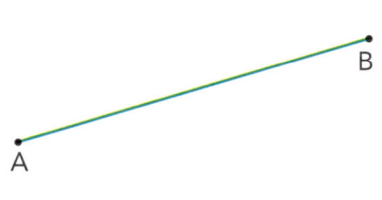

Ilustrações: Banco de imagens/Arquivo da editora

a) $\overline{AB}$ em cm. _____

b) $\overline{AB}$ em mm. _____

c) $\overline{CD}$ em cm. _____

d) $\overline{CD}$ em m. _____

e) $\overline{EF}$ em mm. _____

f) $\overline{EF}$ em cm. _____

10 Alfredo mediu o comprimento e a largura de um canteiro retangular para cercá-lo com tijolos. Veja a imagem e responda.

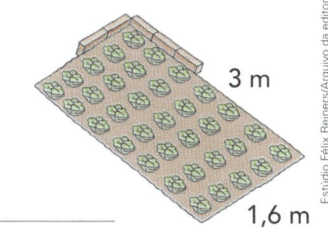

Estúdio Félix Reiners/Arquivo da editora

3 m

1,6 m

a) Qual é a medida de todo o contorno do canteiro? _____

b) Que nome é dado à grandeza associada a essa medida? _____

c) Se cada tijolo tem 40 cm de medida de comprimento, então quantos tijolos serão usados, aproximadamente, na volta toda? _____

d) Quantos pés de alface estão plantados no canteiro?

_____

Medida de área

A ideia de área

1 Observe ao lado os ladrilhos que Luan colocou no piso da cozinha dele.

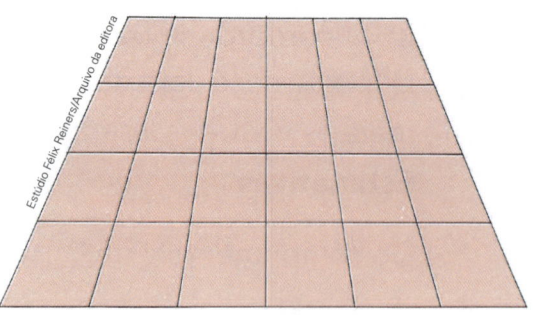

a) Quantos ladrilhos há nele?

_____

b) Considerando a área de 1 ladrilho como unidade, a **área** do piso mede quantas unidades? _____

Explorar e descobrir

- Copie a região verde várias vezes em uma folha de papel sulfite. Pinte-as, recorte-as e cubra a região amarela com essas regiões. Depois, registre as divisões na região amarela.

- Qual é a medida da área da região amarela considerando a área da região verde como unidade? _____

---

2 Observe estas regiões planas (o tamanho e a cor delas).

  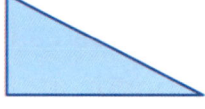 

Calcule e registre a medida da área:

a) da região verde usando a região amarela como unidade. _____

b) da região marrom usando a região amarela como unidade. _____

c) da região marrom usando a região verde como unidade. _____

d) da região verde usando a região azul como unidade. _____

3 CALCULADORA

Leandro comprou lajotas bege e verdes para revestir o piso de 2 cômodos da casa dele. Observe as imagens a seguir e descubra quanto ele gastou na compra das lajotas. Se necessário, use uma calculadora.

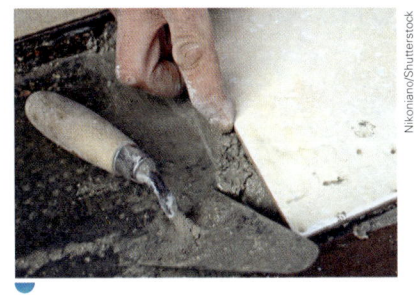

Pessoa instalando lajota.

R$ 1,80   R$ 1,50

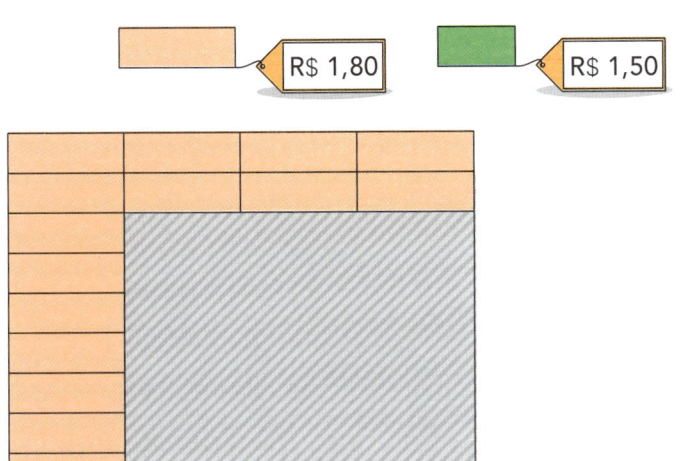

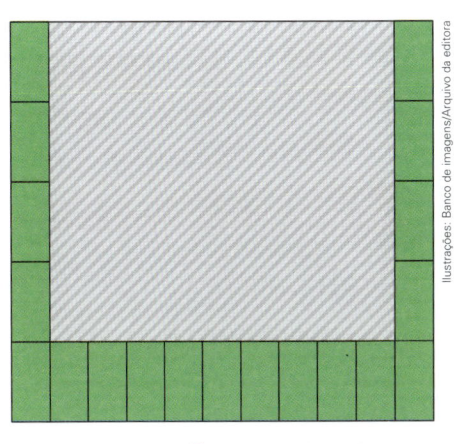

As imagens não estão representadas em proporção.

Explorar e descobrir

Observe as 2 regiões planas abaixo.

Desenhe em uma folha de papel sulfite 4 peças iguais à região plana laranja. Pinte, recorte e cole essas peças sobre a região plana verde. Depois, complete a afirmação do quadro.

A área da região verde mede o _____ da área da região laranja.

Unidades padronizadas de medida de área

1 Você se lembra do significado de **1 centímetro quadrado (1 cm²)**?

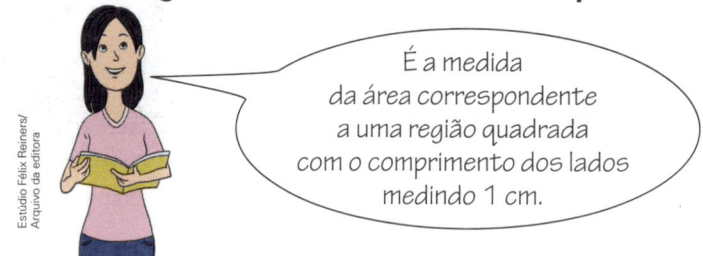

É a medida da área correspondente a uma região quadrada com o comprimento dos lados medindo 1 cm.

Entre as regiões abaixo, quais têm medida de área de 1 cm²? _____

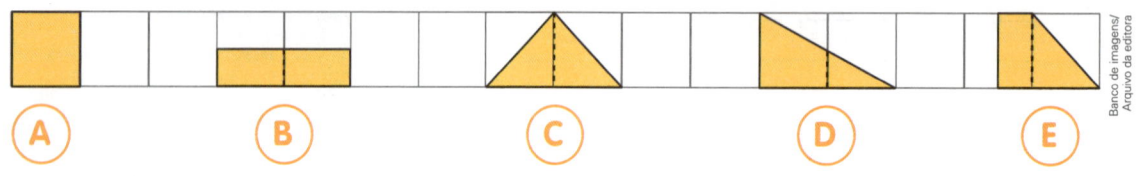

A   B   C   D   E

2 Desenhe e pinte as regiões planas indicadas.

a) Uma região plana com medida de área de 2 cm².

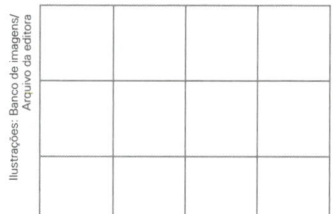

b) Duas regiões planas diferentes, ambas com medida de área de 0,5 cm².

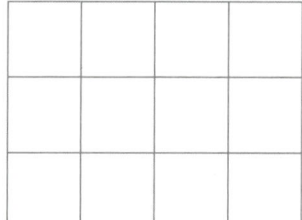

c) Uma região plana com medida de área de 3,5 cm².

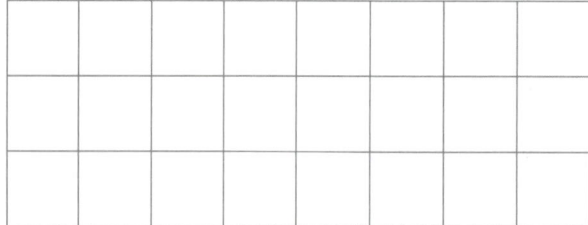

3 Observe a figura abaixo e indique a medida da área de cada região.

a) Da região marrom. _____

b) Da região verde. _____

c) Da região laranja. _____

d) Da figura toda. _____

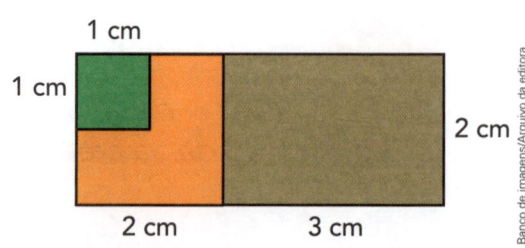

Explorar e descobrir

As figuras 1, 2 e 3 abaixo estão desenhadas em papel quadriculado que têm quadrinhos com lados de 1 cm.

a) Observe as figuras e registre, em cada uma, a medida do perímetro (P), em cm, e a medida da área (A), em cm².

Figura 1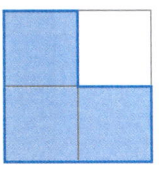

Figura 2

Figura 3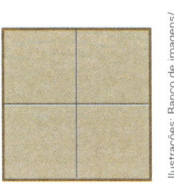

Ilustrações: Banco de imagens/Arquivo da editora

P = _____ cm

P = _____

P = _____

A = _____ cm²

A = _____

A = _____

b) Considere os valores obtidos no item **a** e complete as afirmações escrevendo **iguais** ou **diferentes**.

As figuras **1** e **2** têm medidas de perímetro _____ e medidas de área _____.

As figuras **2** e **3** têm medidas de perímetro _____ e medidas de área _____ .

c) Classifique cada afirmação em verdadeira (V) ou falsa (F).

☐ Regiões com a mesma medida de perímetro têm sempre a mesma medida de área.

☐ Regiões com a mesma medida de perímetro têm sempre medidas de área diferentes.

☐ Regiões com a mesma medida de perímetro podem ter ou não a mesma medida de área.

4 **DESAFIO**

Mário desenhou um quadrado cujas medidas de comprimento dos lados são de 1 cm. Depois ele dividiu a região quadrada determinada por ele em 4 partes iguais e pintou uma delas.

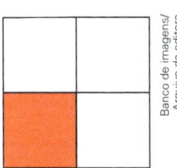

Banco de imagens/Arquivo da editora

Escreva a medida da área da parte pintada, em cm², usando fração e decimal.

_____

5 Calcule a medida da área, em cm², desta região plana. _____

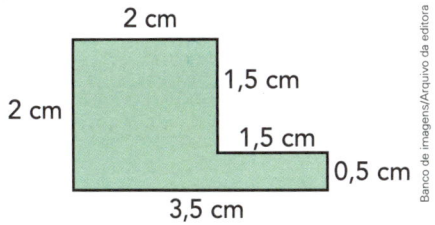

Banco de imagens/Arquivo da editora

2 cm

1,5 cm

2 cm

1,5 cm

0,5 cm

3,5 cm

6 Esta malha quadriculada tem quadradinhos com comprimento dos lados medindo 1 centímetro.

a) Determine a medida do perímetro (em cm) e a medida da área (em cm²) de cada região plana e registre na tabela.

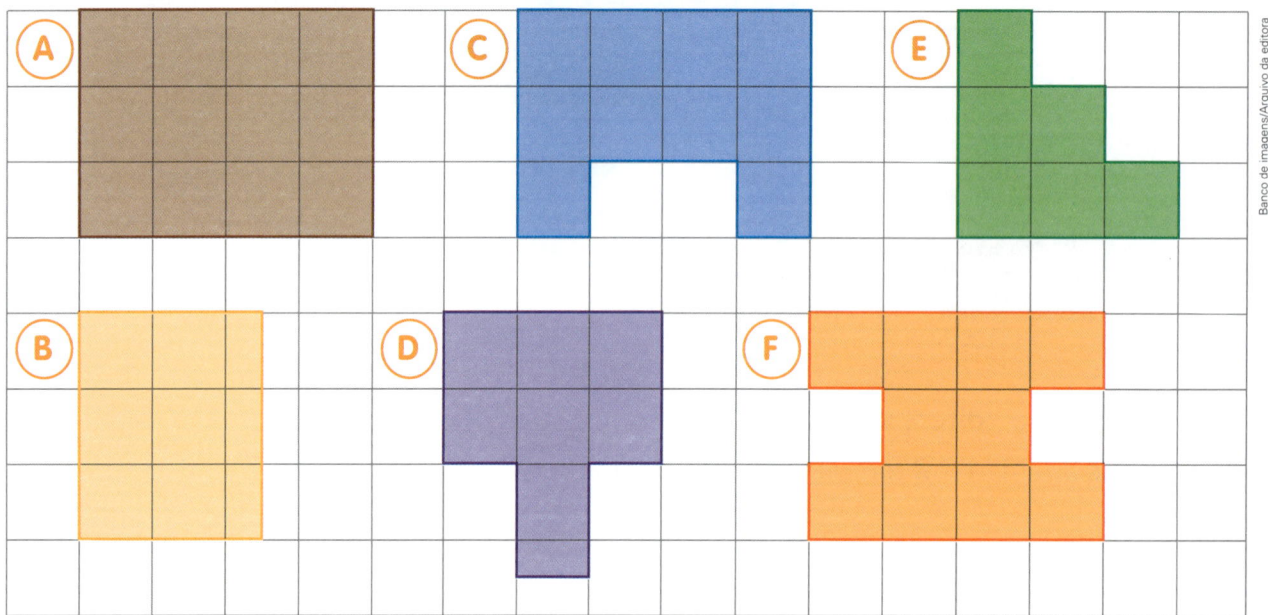

Medidas das regiões planas

Região plana	A	B	C	D	E	F
Medida do perímetro (em cm)						
Medida da área (em cm²)						

Tabela elaborada para fins didáticos.

b) Quais dessas regiões planas têm a mesma medida de área?

_____

_____

c) Essas regiões planas também têm a mesma medida de perímetro?

_____

_____

Explorar e descobrir

- Use folhas de jornal, fita métrica, tesoura com pontas arredondadas e fita adesiva e construa o modelo de uma região quadrada com área medindo 1 m².

- **ATIVIDADE EM GRUPO** Forme uma equipe com mais 3 colegas e use os modelos construídos para descobrir a medida da área de um local da escola combinado com o professor. Registre o local e a medida obtida. _____

- **ATIVIDADE EM GRUPO** Ainda usando os modelos, construam no chão da quadra uma região retangular que tenha área medindo 8 metros quadrados.

- **ESTIMATIVA**

  a) Quantos alunos em pé você estima que cabem sobre o modelo de metro quadrado que você construiu? _____

  b) Verifique concretamente se suas estimativas foram boas. _____

7 **ATIVIDADE ORAL** O que é representação usando escala? Onde ela é usada?

8 Destaque a malha quadriculada da página 27 do **Ápis divertido**. Faça nela um desenho representando a região retangular que você construiu no chão da quadra, no **Explorar e descobrir**, na seguinte escala: para cada medida de comprimento de 1 metro real coloque 1 centímetro no desenho.

9 Considere que cabem 5 pessoas por metro quadrado.

  a) Calcule e responda: Quantas pessoas cabem em um elevador cujo piso é uma região quadrada com o comprimento dos lados medindo 2 m?

  _____

  b) Faça um desenho para ilustrar essa situação usando a mesma escala da atividade anterior.

Estúdio Félix Reiners/Arquivo da editora

10 **ATIVIDADE ORAL EM GRUPO** Descreva para os colegas uma região conhecida de sua cidade cuja medida de área seja de aproximadamente 1 quilômetro quadrado (1 km²).

11 As medidas aproximadas das áreas dos estados da região Sul do Brasil são: 95 738 km², 281 738 km², 199 308 km².
Observe no mapa o tamanho dos estados. Depois, complete a tabela com o nome e a medida de área correspondente a cada um.

Adaptado de: IBGE.
Atlas geográfico escolar.
8. ed. Rio de Janeiro: IBGE, 2018.

Região Sul

Estado			
Medida de área (em km2)			

Tabela elaborada para fins didáticos.

12 **CALCULADORA**

Use calculadora e responda.
A área do estado do Amazonas mede, aproximadamente, 1 559 160 km².
A medida da área do estado do Pará corresponde a aproximadamente $\frac{4}{5}$ da medida da área do estado do Amazonas.

Brasil: Amazonas e Pará

Adaptado de: IBGE. **Atlas geográfico escolar**.
8. ed. Rio de Janeiro: IBGE, 2018.

a) Qual é a medida da área aproximada do Pará?

_____

b) A distância de 4 cm nesse mapa corresponde a quantos quilômetros na realidade? (Veja a escala do mapa.) _____

c) Uma distância de 931 km na realidade corresponde a quantos centímetros nesse mapa? _____

Medida da área de uma região retangular

1 Observe esta região retangular amarela, cuja largura mede 1,5 cm e cujo comprimento mede 3,5 cm.

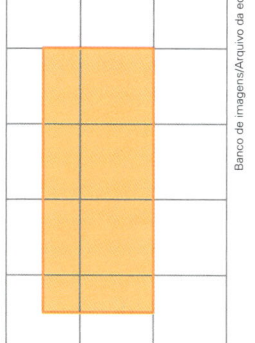

a) Escreva a medida da área dessa região retangular.

_____

b) Com uma calculadora, multiplique as medidas da largura e do comprimento e registre: 3,5 × 1,5 = _____

Explorar e descobrir

Será que em todas as regiões retangulares acontece o mesmo que vimos na atividade 1?

Preencha a tabela considerando as regiões retangulares desenhadas na malha quadriculada abaixo, formada por quadradinhos com lado de 1 cm.

Use uma calculadora quando necessário.

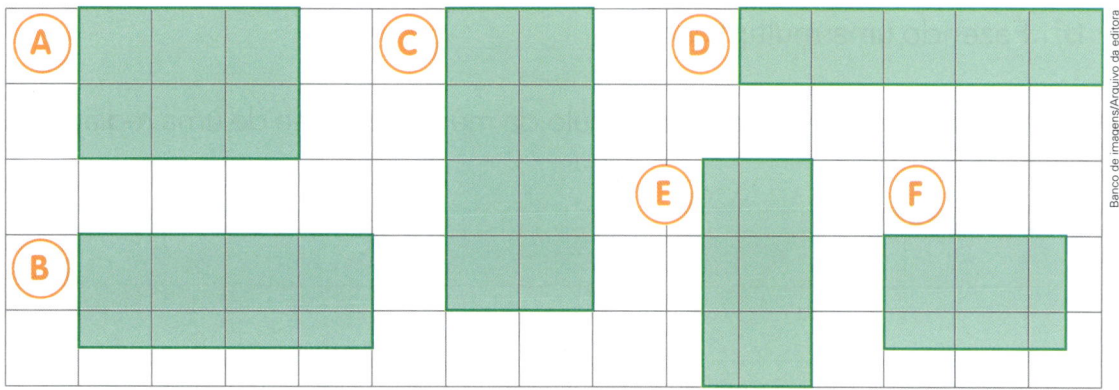

Medidas de algumas regiões retangulares

Região retangular	Medida do comprimento	Medida da largura	Medida da área	Multiplicação
A				___ × ___ = ___
B				
C				
D				
E				
F				

Tabela elaborada para fins didáticos.

2 Escreva uma conclusão sobre o cálculo da medida da área de uma região retangular.

_____

_____

_____

3 **MEDIDA DA ÁREA DE UMA REGIÃO QUADRADA**

Você viu que o quadrado é um caso particular de retângulo. No quadrado, o comprimento e a largura têm medidas iguais.

Calcule a medida da área desta região quadrada de 2 maneiras diferentes.

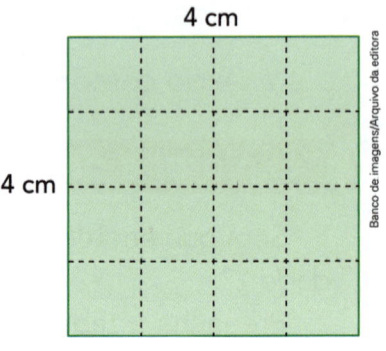

a) Contando as regiões quadradas com medida de

área de 1 cm². _____

b) Fazendo uma multiplicação. _____

4 Escreva uma conclusão sobre o cálculo da medida da área de uma região quadrada.

_____

_____

_____

5 Carolina está reformando a casa dela.

Observe a planta de 2 salas, calcule e responda.

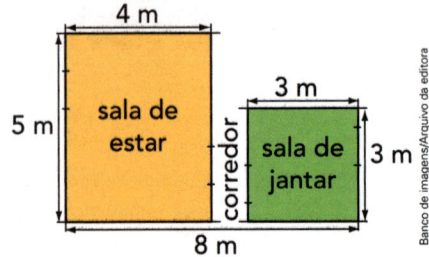

a) Quantos metros quadrados de carpete são necessários para cobrir o piso

das 2 salas? _____

b) Quantos metros de madeira são necessários para o rodapé nas 2 salas,

considerando as portas com largura medindo 1 metro? _____

6 CALCULADORA

Diná mora em um quarteirão quadrado com área medindo 8 100 m². Use uma calculadora e responda.

a) Quanto mede o comprimento de cada lado do quarteirão? (Dica: Pense em um número que multiplicado por ele mesmo resulta 8 100.) _____

b) Diná costuma dar 3 voltas por dia nesse quarteirão. Quantos metros ela anda por dia nessa caminhada? _____

c) E por semana? _____

Explorar e descobrir

Vamos compor uma região quadrada?

- Destaque a malha quadriculada da página 29 do **Ápis divertido**. Nessa malha, construa e pinte 3 regiões retangulares: uma de 3 cm por 2 cm, uma de 4 cm por 3 cm e uma de 6 cm por 3 cm.

- Recorte as 3 regiões retangulares e cole-as no espaço ao lado, de modo que formem uma região quadrada.

- Qual é a medida da área da região quadrada formada? Calcule de 2 maneiras diferentes. _____

7 FAÇA DO SEU JEITO!

a) Isto você já viu. Complete: 1 cm = _____ mm e 1 m = _____ cm.

b) Agora, faça desenhos, descubra e complete. Depois, veja como os colegas fizeram.

1 cm² = _____ mm² e 1 m² = _____ cm²

Medida da área da região determinada por um triângulo retângulo

 **1** **ATIVIDADE ORAL EM GRUPO** Você lembra o que é um triângulo retângulo?

Explorar e descobrir

Sabendo calcular a medida da área de uma região retangular, fica fácil calcular a medida da área de uma região triangular cujo contorno é um triângulo retângulo. Vamos explorar e descobrir! Faça o que se pede e registre as respostas.

- Destaque a malha quadriculada da página 31 do **Ápis divertido**. Construa nela uma região retangular com comprimento de 4 cm e largura de 3 cm. Recorte-a.

- Qual é a medida da área dessa região retangular? _____

- Trace com uma régua um segmento de reta como o verde na figura ao lado. Corte a região retangular nesse segmento de reta.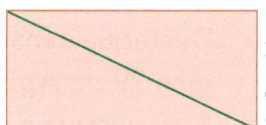

- Que regiões planas foram obtidas na etapa anterior? Elas são iguais?

_____

- Qual é a medida da área de cada uma dessas regiões planas? Justifique sua resolução.

_____

- Complete: Podemos dizer que a medida da área da região triangular é a _____ da medida da área da região retangular ou que a medida da área da região retan-

gular é _____ da medida da área da região triangular.

2 Calcule a medida da área das figuras em cada item.

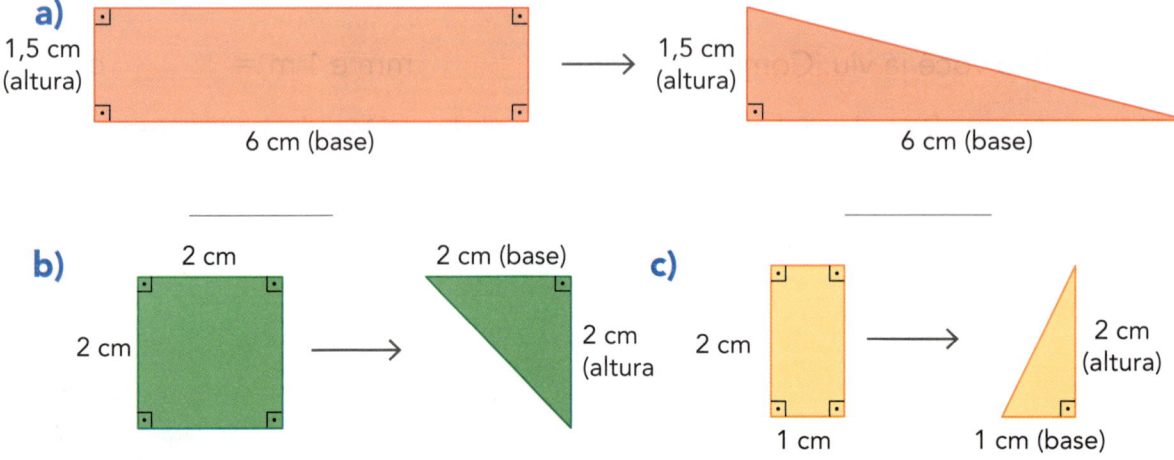

a) 1,5 cm (altura) — 6 cm (base) → 1,5 cm (altura) — 6 cm (base)

_____   _____

b) 2 cm — 2 cm → 2 cm (base) — 2 cm (altura)

c) 2 cm — 1 cm → 2 cm (altura) — 1 cm (base)

_____   _____

3 Imagine que cada região triangular abaixo seja a metade de uma região retangular. Considere as medidas indicadas e calcule a medida de área de cada região triangular.

a)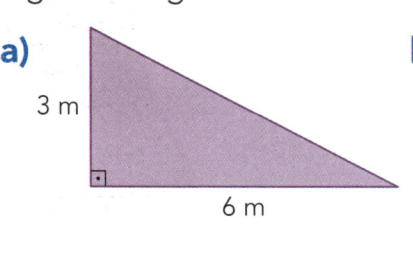

b)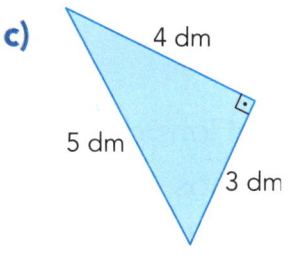

c)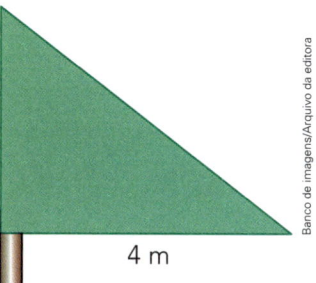

_____   _____   _____

4 A turma de Marcos quer fazer uma grande bandeira triangular com tecido, como a da figura ao lado. A base da bandeira terá 4 metros e a altura terá 3 metros.

a) Quantos metros quadrados de tecido terá a bandeira?

_____

b) Sabendo que o metro quadrado do tecido que eles querem usar custa R$ 4,00, quanto eles vão gastar no mínimo? _____

As imagens não estão representadas em proporção.

5 DESAFIO

ATIVIDADE EM DUPLA As regiões triangulares ABC abaixo não têm como contorno um triângulo retângulo. Analisem as figuras e descubram suas medidas de área.

Medida de área determinada por △ADC: _____

Medida de área determinada por △ADB: _____

Medida de área determinada por △ABC: _____

a)

_____

b)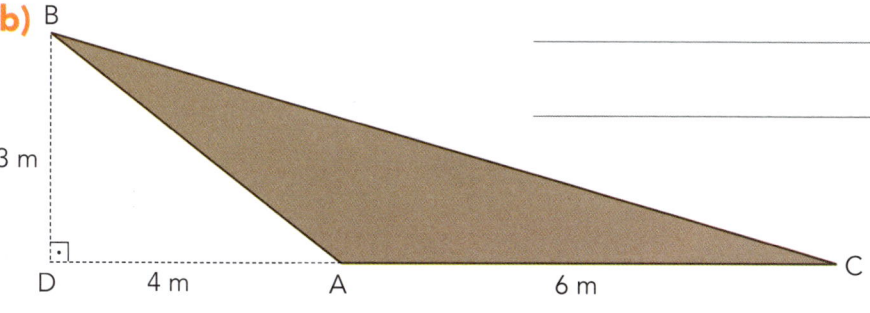

_____

_____

Medida de volume

A ideia de volume

A caixa que Vítor arrumou ficou cheia quando ele colocou nela as 28 peças do jogo de dominó, como vemos nesta foto. Considerando o volume de 1 peça como unidade, podemos dizer nesse caso que a **medida do volume** da caixa é 28 unidades.

Caixa com peças de dominó.

Explorar e descobrir

ATIVIDADE EM DUPLA Reúna-se com um colega, usem as peças do material dourado e montem os blocos retangulares desenhados abaixo. Depois, cada um registra as medidas de volume, considerando o volume de 1 cubinho como unidade de medida.

Unidade.

a) Bloco retangular com 4 barrinhas.

Medida do volume: _____ unidades.

b) Bloco retangular com 3 placas.

Medida do volume: _____ unidades.

● Imagine um cubo cujo comprimento das arestas mede 1 cm. A medida do volume desse cubo é de **1 centímetro cúbico (1 cm³)**.

Observe ao lado o sólido geométrico verde e a medida do volume dele.

Agora, calcule a medida do volume dos seguintes sólidos geométricos, em cm³.

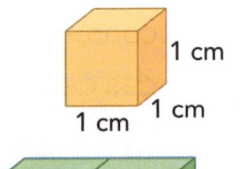

1 cm   1 cm   1 cm   1 cm

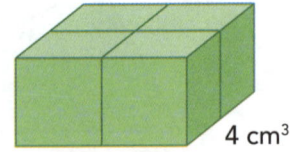

4 cm³

a)

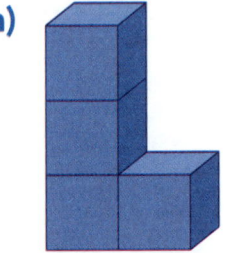

_____

b)

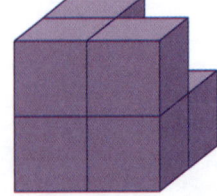

_____

c)

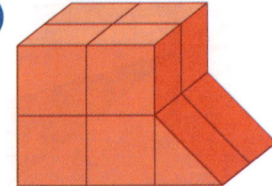

_____

Medida do volume do cubo e do paralelepípedo

1 Vamos considerar o centímetro cúbico (cm³) como unidade de medida de volume.

Observe que podemos descobrir a medida do volume do cubo e do paralelepípedo abaixo de 2 modos: contando os cubinhos ou pela multiplicação. Complete.

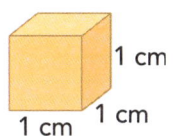
1 cm
1 cm
1 cm

a) Cubo.

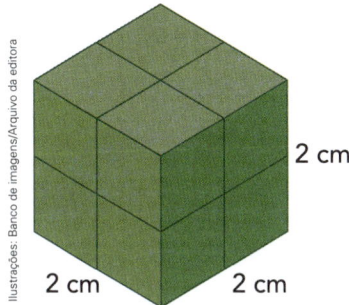

2 cm
2 cm
2 cm

Contando os cubinhos: _____ cm³

Usando a multiplicação:

$2 \times 2 \times 2 =$ _____, ou seja, _____ cm³

b) Paralelepípedo.

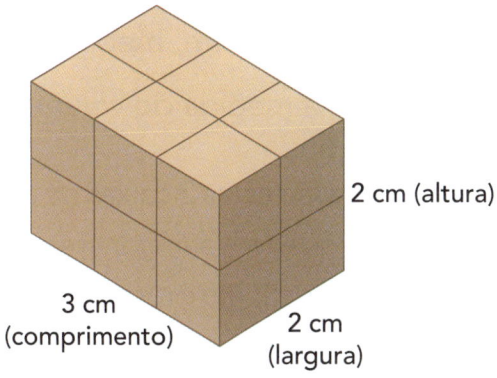

2 cm (altura)
3 cm (comprimento)
2 cm (largura)

Contando os cubinhos: _____ cm³

Usando a multiplicação:

$3 \times 2 \times 2 =$ _____, ou seja, _____ cm³

2 **ATIVIDADE ORAL EM GRUPO** Converse com os colegas sobre o que aconteceu na atividade anterior.

Depois, cada um escreve a medida do volume dos blocos abaixo, em centímetros cúbicos, e verifica se aconteceu o mesmo que na atividade anterior.

a)

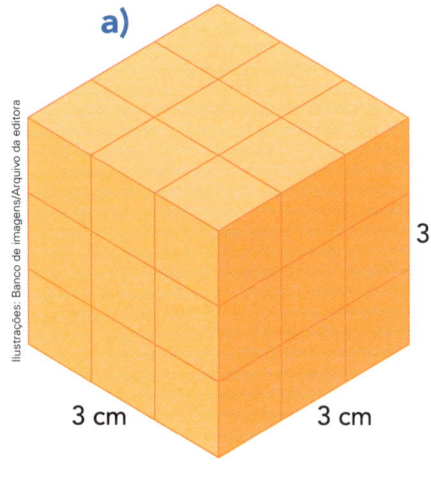

3 cm
3 cm
3 cm

b)

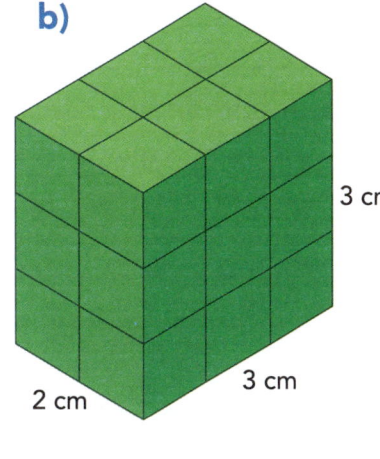

3 cm
2 cm
3 cm

c)

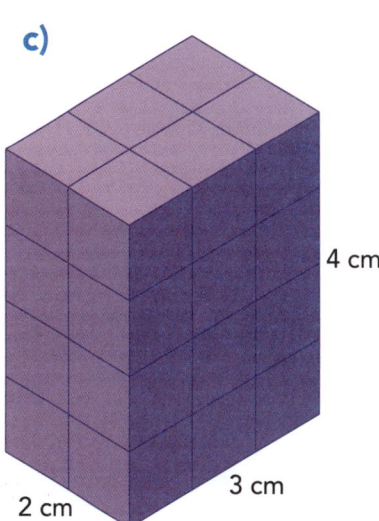

4 cm
3 cm
2 cm

3 Escreva uma conclusão sobre como calcular a medida do volume de um paralelepípedo conhecendo a medida de comprimento das dimensões dele.

_____

_____

_____

4 Abel tem um aquário com a forma de paralelepípedo com medida de comprimento de 34 cm, medida de largura de 20 cm e medida de altura de 25 cm.

Qual é a medida do volume desse aquário? _____

5 Regina viu estas 2 caixas na loja e vai comprar a que tem a maior medida de volume para colocar um presente. Assinale o quadrinho da caixa que Regina vai comprar.

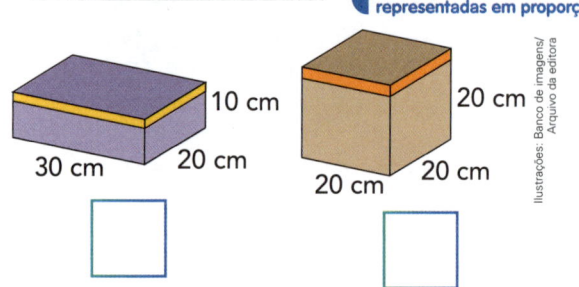

As imagens não estão representadas em proporção.

10 cm
30 cm 20 cm
20 cm
20 cm 20 cm

6 Calcule e complete.

Em um cubo que tem medida de volume de 1 000 cm³, o comprimento de cada aresta mede _____ e a área de cada face mede _____.

7 **ATIVIDADE ORAL EM GRUPO** Considerando o que viram sobre 1 centímetro cúbico (1 cm³), conversem com os colegas sobre o significado de **1 metro cúbico (1 m³)**.

As imagens não estão representadas em proporção.

8 Arnaldo faz transporte de areia para ser usada nas construções da cidade onde ele mora. Ele usa um caminhão e cobra R$ 8,00 por metro cúbico transportado na cidade. Observe a imagem e responda: Quanto Arnaldo vai receber pelo transporte da areia que está no caminhão? _____

5 m
1 m
3 m

9 **DESAFIO**

Um reservatório tem a forma de um cubo e o comprimento de cada aresta mede 1 m.

Calcule a medida do volume desse reservatório, em m³ e em cm³.

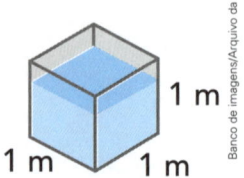

1 m
1 m 1 m

_____

Medida de massa ("peso")

As imagens não estão representadas em proporção.

Unidades padronizadas de medida de massa

1 Para determinar a medida da massa ou o "peso" de um corpo usamos balanças, como as das fotos. A unidade fundamental para medir a massa, ou seja, calcular o "peso", é o **quilograma (kg)**, ou simplesmente **quilo**.

Balanças.

Escreva 3 produtos que costumam ser vendidos em pacotes de 1 quilograma (1 kg).

_____

2 Outra unidade padronizada também muito usada em medida de massa é o **grama (g)**, que é a milésima parte do quilograma.

Complete.

1 kg = _____ g

Usando fração ⟶ 1 g = _____ kg

Usando decimal ⟶ 1 g = _____ kg

3 Pense em um saco de açúcar de 1 quilograma.
Imagine agora 1 000 desses sacos.
A medida da massa ("peso") de todos juntos é **1 000 quilogramas** ou **1 tonelada (t)**. Complete.

1 t = _____ kg ou 1 kg = _____ t

4 Complete cada frase com a unidade de medida de massa mais adequada. Use as unidades de medida citadas nesta página.

a) João comprou 100 _____ de queijo.

b) O rinoceronte pesa 2 _____.

c) Ana comprou 5 _____ de arroz.

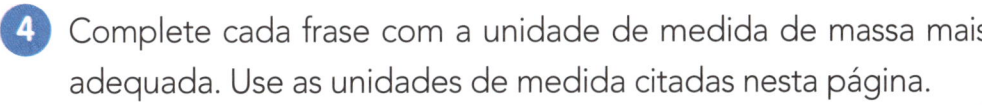

Rinoceronte.

5 Um caminhão de carga vazio pesa 5,6 toneladas. Nele foi colocada uma carga de 9 500 quilogramas.

a) Qual é o "peso" do caminhão e da carga juntos, em quilogramas? ________

b) E em toneladas? ________________

6 Pedro foi ao açougue e comprou meio quilo de carne. Assinale os quadrinhos com as formas corretas de indicar esse "peso".

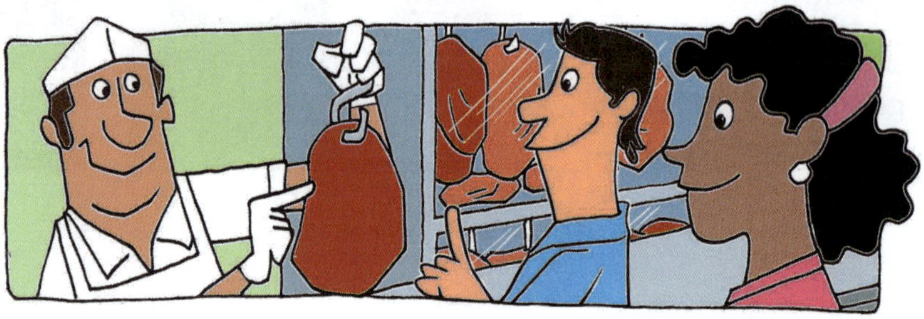
Estúdio Félix Reiners/Arquivo da editora

☐ $\frac{1}{2}$ kg ☐ 500 g ☐ 0,005 kg

☐ 0,5 kg ☐ 0,500 kg ☐ $\frac{1}{5}$ kg

7 Esta balança de 2 pratos está equilibrada, e todas as latas têm o mesmo "peso".

Calcule e responda: Qual é o "peso" de 4 dessas latas? ________________

As imagens não estão representadas em proporção.

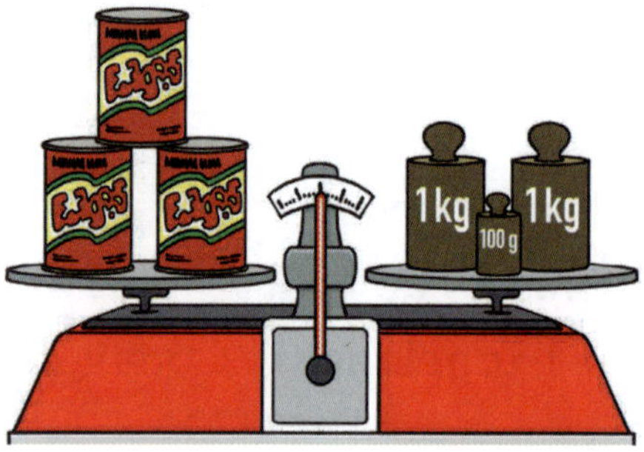

Estúdio Félix Reiners/Arquivo da editora

8 Escreva 2 frases: a primeira usando **5,2 quilogramas** e a segunda usando **5,2 toneladas**.

1ª frase: ____

____

2ª frase: ____

____

9 O proprietário de uma fazenda vai ensacar 42 toneladas de soja em sacas como a da foto ao lado.

a) Quantas sacas ele obterá? _____

b) Se um caminhão transportar 200 sacas por vez, então em quantas viagens ele transportará toda essa soja? _____

c) Sabendo que o caminhão vazio pesa 2,5 toneladas, quanto pesará o caminhão carregado? _____

Saca de soja de 60 kg.

10 Escreva quanto falta em cada caso.

a) Em 600 kg para completar 1 tonelada. _____

b) Em 750 g para se ter 1 kg. _____

c) Em 2,8 kg para chegar a 3 kg. _____

d) Em 2 590 kg para se obter 4 toneladas. _____

e) Em 350 g para completar meio quilograma. _____

11 Aurora quer preparar bolinhos de carne. Na receita está escrito que com $\frac{1}{2}$ kg de carne é possível fazer 40 bolinhos.
Como ela só tem 300 g de carne, quantos bolinhos ela pode fazer? _____

12 **DESAFIO**

Um homem pesando 80 kg e os 2 filhos dele, cada um com 40 kg, querem atravessar um rio em um bote. O bote só suporta 80 kg. Como eles devem agir para fazer a travessia?

_____

_____

Tecendo saberes

Quer saber quantas vezes você respira, quantas vezes seu coração bate? Então venha descobrir!

O MEU BATE MUITO MAIS!

Ilustrações: Estúdio Félix Reiners/Arquivo da editora

Sistema Respiratório: Oxigene-se
Você respira, logo existe. Inalar e expirar o ar é a função do organismo mais essencial à vida.

[...] o sistema respiratório trabalha, 24 horas por dia, para manter em ação as 60 trilhões de células do seu corpo. Não importa o tipo de atividade – correr, dormir, escovar os dentes ou, até mesmo, escalar uma montanha. Ela só é possível graças a essa usina que repete a mesma tarefa – inalar e expirar uma dose de meio litro de ar – aproximadamente 20 000 vezes por dia. Todos os dias do ano, todos os anos da vida, [...] você inspira e expira, a cada minuto, 6,5 litros de ar, o suficiente para encher uma bola de basquete.

SUPERINTERESSANTE. Disponível em: <https://super.abril.com.br/saude/sistema-respiratorio-oxigene-se/>. Acesso em: 17 fev. 2020.

1 CALCULADORA

Complete as frases abaixo. Use uma calculadora quando necessário.

a) Os movimentos de encher e esvaziar os pulmões são movimentos

_____.

b) Quando _____, o ar entra no nosso corpo; ele sai quando

_____.

c) Em 1 dia, o movimento de encher e esvaziar os pulmões se repete _____

vezes! Então, em 1 ano, esse movimento se repete _____ vezes.

d) Uma bola de basquete precisa de _____ litros de ar para ficar cheia. Em

1 dia você respira mais ou menos _____ litros de ar e, em 1 ano, _____

litros de ar. Então, a quantidade de ar que você respira em 1 ano é suficiente

para encher _____ bolas de basquete.

2 Agora leia um pouco sobre o funcionamento de nosso coração.

Em ritmo normal, toda vez que o coração bate, uma determinada quantidade de sangue é bombeada para todas as regiões do corpo. Porém, durante o esforço físico, o órgão precisa bater mais vezes por minuto porque o organismo necessita de mais oxigênio para seguir funcionando bem – é o sangue bombeado pelo coração que leva o oxigênio para todas as células do corpo. Em média, o coração de uma criança saudável bate entre 80 e 90 vezes por minuto. Em atividades agitadas, esse número sobe para até 118 vezes por minuto.

Estúdio Félix Reiners/Arquivo da editora

RECREIO. Disponível em: <http://recreio.uol.com.br/noticias/corpo-humano/10-funcoes-do-nosso-corpo-que-nao-controlamos.phtml>. Acesso em: 17 fev. 2020.

a) Você já tinha percebido que há alterações nos seus batimentos cardíacos ao longo do dia? Por que isso acontece?

_____

_____

b) Por que o coração parece bater mais forte quando corremos?

_____

_____

c) Por que praticar atividades físicas é um hábito saudável?

_____

_____

d) Qual é a maior diferença entre a quantidade de batimentos cardíacos de uma criança em repouso e durante uma corrida?

_____

e) Durante uma atividade agitada, o coração de uma criança saudável bate até _____ vezes em 1 minuto. Então, em 1 hora de atividade agitada o coração dela bate até _____ vezes.

f) Você pratica algum esporte? Qual? _____

Medida de capacidade

A medida de capacidade serve para indicar, por exemplo, quanto de suco cabe em uma jarra, quanto de água cabe em um reservatório, quanto de colírio cabe em um frasco, etc.

Para isso, às vezes usamos unidades não padronizadas de medida, como a capacidade de um copo ou de uma xícara.

O **litro (L)** e o **mililitro (mL)** são as unidades padronizadas de medida de capacidade mais usadas.

Veja alguns exemplos em que essas unidades são usadas.

◀ As imagens não estão representadas em proporção.

Amaciante.
1 litro.

Azeite.
500 mililitros.

Suco.
370 mililitros.

Água.
2 litros.

1 **ATIVIDADE ORAL EM GRUPO** Você conhece algum produto que é vendido em embalagem de 1 litro (1 L)? Converse com os colegas.

2 O mililitro (mL) é a milésima parte do litro. Complete.

a) 1 L = _____ mL

Usando fração ⟶ 1 mL = _____ L

Usando decimal ⟶ 1 mL = _____ L

b) Com 3 latinhas de 350 mL obtemos _____ do que 1 litro.

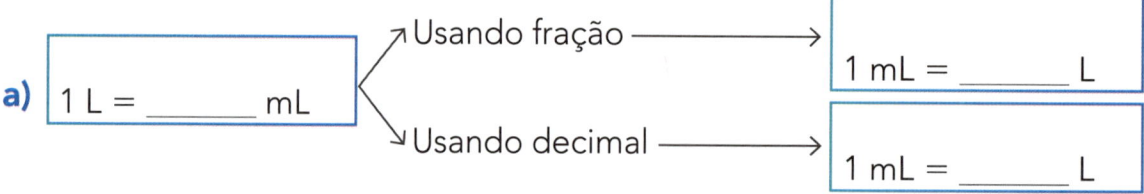

Latinha de 350 mL.

c) Com uma jarra com 1 litro de suco, Marcela consegue encher 8 copos iguais, com medida de capacidade de _____ mL.

3 **CALCULADORA**

Para colocar 10 L de gasolina no carro, Laércio gastou R$ 29,50. No mesmo posto, Maurício colocou 16 L de gasolina no carro e pagou com 1 nota de R$ 50,00. Use uma calculadora e responda:

Quanto Maurício recebeu de troco? _____

Medida de volume e medida de capacidade

Saiba mais

Uma embalagem cúbica com o comprimento das arestas medindo 10 cm tem medida de capacidade de 1 litro. Como 10 cm = 1 dm, a medida de volume de 1 dm³ corresponde à medida de capacidade de 1 litro.

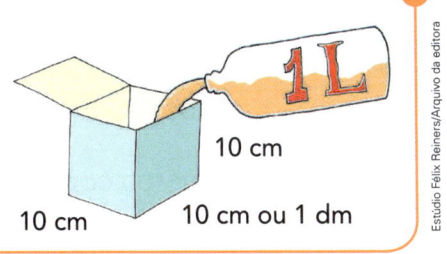

10 cm

10 cm   10 cm ou 1 dm

◖ As imagens não estão representadas em proporção.

1 Leia, pense e resolva.

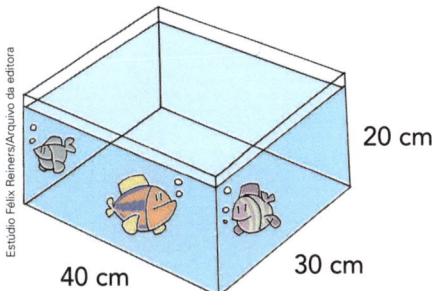

20 cm

40 cm   30 cm

a) Descubra a medida do volume da caixa citada no **Saiba mais**, em cm³. _____

b) Quantos litros de água são necessários para encher o aquário ao lado? _____

2 Uma fábrica produz vasilhas de diferentes formas. Complete as informações da tabela que um funcionário elaborou.

Vasilhas produzidas na fábrica

Forma da vasilha	Medida do comprimento das dimensões	Medida do volume	Medida da capacidade
Paralelepípedo	20 cm, 30 cm e 10 cm		
Paralelepípedo	45 cm, 20 cm e 20 cm		
Cubo			8 L
Cubo		27 000 cm³	

Tabela elaborada para fins didáticos.

3 Na casa de Marcos foi instalada uma caixa-d'água cúbica com o comprimento das arestas medindo 1 m. Quantos litros de água cabem nessa caixa-d'água? _____

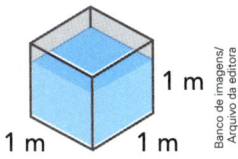

1 m

1 m   1 m

Unidade 10

4 Complete de acordo com o que você viu na página anterior.

1 L ↔ _____ dm³   1 L ↔ _____ cm³   1 m³ ↔ _____ L

5 Calcule e responda.

a) Quantos litros de água cabem em um reserva-

tório cúbico com 5 m de arestas? _____

b) Quantos litros de água são necessários para encher uma piscina com a
forma de bloco retangular e as dimen-

sões dadas nesta figura?_____

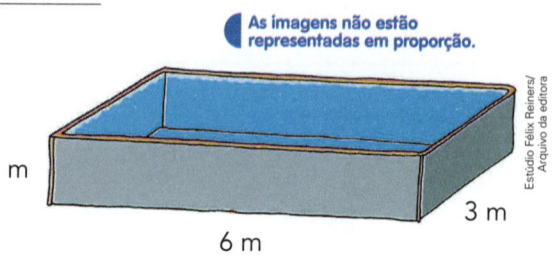

As imagens não estão representadas em proporção.

1 m

6 m

3 m

Estúdio Félix Reiners/Arquivo da editora

6 Uma fábrica envasa 7 000 litros de água de coco por
dia, em latinhas com 350 mililitros de água de coco.
Quantas latinhas são envasadas por dia nessa fábrica?

_____

7 Em uma embalagem cabem 250 mililitros de detergente.
Para a limpeza de um prédio foram usadas 6 embalagens.

Quantos litros de detergente foram usados? _____

8 Em um balde cabem 12 litros de água. Foram gastos
$\frac{3}{4}$ dessa água e o restante foi colocado em garrafas
de 750 mililitros.
Quantas garrafas foram usadas? _____

9 Uma vasilha em forma de paralelepípedo tem as dimensões
indicadas nesta figura. O nível da água está a 5 cm da base.

A água ocupa $\frac{3}{4}$, $\frac{5}{8}$ ou $\frac{1}{2}$ da capacidade da vasilha?

_____

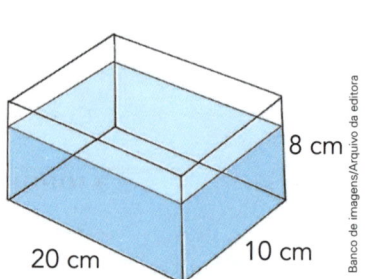

8 cm

20 cm

10 cm

Banco de imagens/Arquivo da editora

Medida de temperatura

Você já estudou a grandeza temperatura.

Vamos retomá-la com algumas atividades.

1 Assinale os quadrinhos das afirmações que envolvem temperatura.

O poste é mais alto do que a árvore.

O café está mais quente do que o suco.

Fez mais frio de manhã do que à tarde.

Cabe mais água na jarra do que no copo.

2 Qual dos instrumentos abaixo é usado para medir temperatura? _____

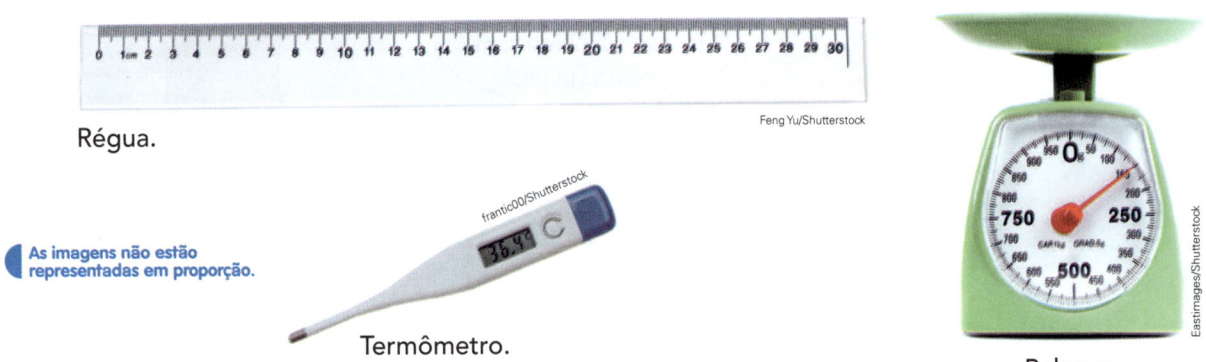

Régua.

Feng Yu/Shutterstock

As imagens não estão representadas em proporção.

Termômetro.

Balança.

3 Complete as afirmações referentes a medida de temperatura.

a) No Brasil, a unidade usada para medir temperatura é o _____,

cujo símbolo é _____.

b) Em um dia de muito calor, a medida da temperatura é aproximadamente

_____ °C.

c) Se a medida da temperatura era 15,3 °C e subiu 2,2 °C, então passou para

_____.

d) Em um dia, a medida da temperatura mínima em uma cidade foi 10 °C e a

máxima foi 24,5 °C. A diferença entre essas medidas é _____.

Mais atividades e problemas

1 A distância da casa de Rafael à escola é 1,5 quilômetro.

Ele caminha com seu pai e sua mãe $\frac{1}{3}$ dessa distância e percorre o restante do caminho apenas com o pai.

Quantos metros ele caminha apenas com o pai? _____

Explorar e descobrir

Para justificar a afirmação de Gabriel, recorte as peças que compõem a região quadrada da página 25 do **Ápis divertido**. Em seguida, cole-as sobre a região plana marrom.

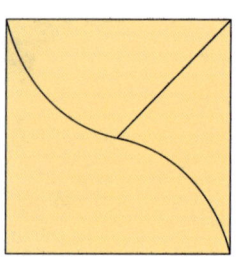

Estas 2 regiões planas têm área com medidas iguais.

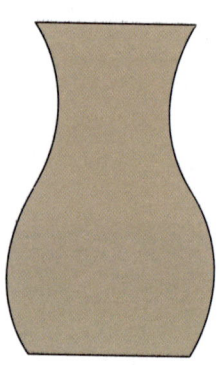

Estúdio Félix Reiners/Arquivo da editora

Ilustrações: Banco de imagens/Arquivo da editora

2 Várias peças maciças de decoração foram construídas com o mesmo material. Complete esta tabela, que relaciona medida do volume, medida da massa e preço das peças.

Peças de decoração

Peça	Medida do volume	Medida da massa ("peso")	Preço
A	8 cm³	10 g	R$ 14,00
B	24 cm³		
C		15 g	
D			R$ 7,00

Tabela elaborada para fins didáticos.

3 Calcule e responda: Qual é a medida do intervalo de tempo das 22 h 58 min 40 s de um dia até as 2 h 20 min do dia seguinte? _____

4 Lucinha montou com papelão esta caixa sem tampa e vedou as arestas com fita adesiva, como nesta imagem. Finalmente, ela encheu a caixa com areia.

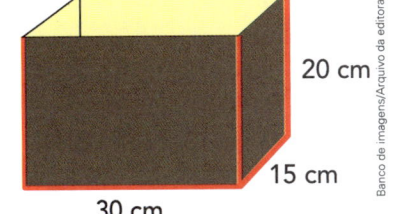

20 cm
15 cm
30 cm

a) Quantos cm² de papelão ela usou? _____

b) Quantos cm de fita adesiva ela usou? _____

c) Quantos cm³ de areia ela usou? _____

d) Qual é a medida da capacidade dessa caixa, em litros? _____

5 **DESAFIO**

Observe os pesinhos que Gilberto tem.

As imagens não estão representadas em proporção.

500 gr 500 gr 1 kg 1 kg 2 kg 2 kg 3 kg

Dê 2 soluções para o seguinte problema: equilibrar os 2 pratos colocando 3 pesinhos em cada prato.

1ª solução: _____

2ª solução: _____

Unidade 10

6 No verão, o consumo de água é maior. Por isso, em uma cidade foi feita a campanha indicada no cartaz ao lado. Supondo que a cidade tenha cerca de 120 000 habitantes e uma residência corresponda a 5 habitantes, responda.

> Em janeiro, vamos economizar 3 litros de água diariamente por residência.

a) Quantas residências tem essa cidade? _____

b) Se todos aderissem à campanha, então qual seria a economia diária? E no mês todo?

_____

c) ATIVIDADE EM GRUPO A economia no consumo de água é fundamental para evitar a escassez desse precioso recurso natural no futuro.
Faça um levantamento com os colegas de pelo menos 3 situações do dia a dia em que podemos economizar água.

_____

7 Em cada item use 2 números e 2 unidades de medida de forma adequada para completar as frases.

- **Medidas de comprimento**

m	km	cm	350	1,50	20

a) Alfredo mede _____ de altura.

b) A medida de comprimento da fita que Ana usou para embrulhar um presente é _____.

- **Medidas de massa**

kg	t	g	7	$\frac{1}{2}$	100

a) Raul comprou _____ de carne.

b) Denise comprou _____ de queijo.

- **Medidas de capacidade**

copo	L	mL	10 000	350	1,5

a) Em uma latinha cabem _____ de refrigerante.

b) Rodrigo tomou _____ de suco.

8 Douglas copiou alguns dos itens da receita do bolo que fez com o pai dele.

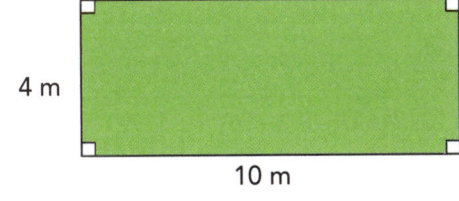

$\frac{1}{4}$ L de leite.

$\frac{1}{2}$ kg de açúcar.

$\frac{1}{2}$ dúzia de ovos.

Asse durante $\frac{3}{4}$ de hora.

Reescreva a quantidade correspondente a cada item usando um número natural, de acordo com a unidade de medida indicada.

_____ mL de leite.

_____ g de açúcar.

_____ ovos.

Asse durante_____ minutos.

9 Jéssica aumentou a região que a horta ocupava na chácara dela.
Veja a representação da região que a horta ocupava e de como ficou após o aumento, com as respectivas medidas.

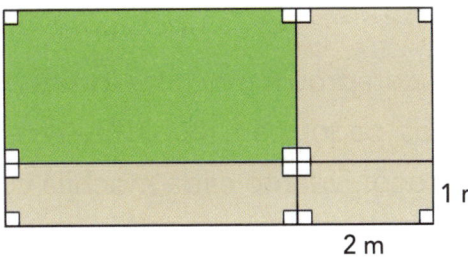

Complete de acordo com o indicado nas figuras.

a) A medida do comprimento da região original era de _____ m, a medida da largura, _____ m, e a medida da área, _____ m².

b) Agora, o comprimento da região mede _____, a largura, _____, e a área, _____.

c) Assim, a medida do comprimento dessa região aumentou _____, a medida da largura, _____, e a medida da área, _____.

Vamos ver de novo?

1 ESTATÍSTICA

Neste gráfico vemos o número de vitórias (**V**), de empates (**E**) e de derrotas (**D**) do time de Lúcio em um campeonato de futebol.

Resultados do time de Lúcio

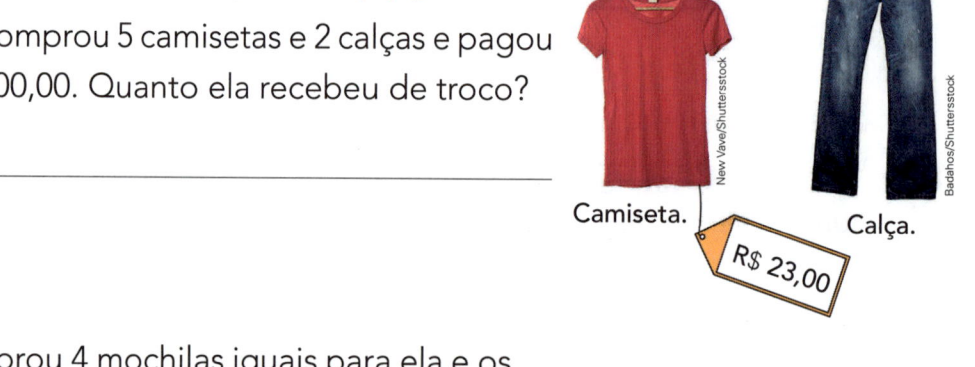

Gráfico elaborado para fins didáticos.

a) Quantas partidas o time de Lúcio disputou? _____

b) Quantos pontos o time de Lúcio conseguiu, considerando 3 pontos em cada vitória, 1 ponto em cada empate e 0 ponto em cada derrota? _____

2 PROBLEMAS

 As imagens não estão representadas em proporção.

a) Marcela comprou 5 camisetas e 2 calças e pagou com R$ 200,00. Quanto ela recebeu de troco?

_____

R$ 35,00

Camiseta.

Calça.

R$ 23,00

b) Rute comprou 4 mochilas iguais para ela e os irmãos, pagou com R$ 70,00 e recebeu R$ 6,00 de troco. Quanto cada mochila custou?

_____

3 Como cada número está sendo usado: contagem, posição, medida ou código?

a) Felipe tem 34 livros de passatempo. _____

b) O "peso" desta melancia é 1,56 kg. _____

c) A reunião será às 14:15. _____

d) Rodovia BR-101. _____

e) Caio foi o 1º aluno a chegar na sala de aula. _____

Melancia.

4 Observe o cardápio ao lado.

Há várias possibilidades de escolha de uma refeição selecionando 1 item de cada grupo. A determinação de todas as possibilidades pode ser feita usando um esquema conhecido por **árvore de possibilidades**.

a) Complete.

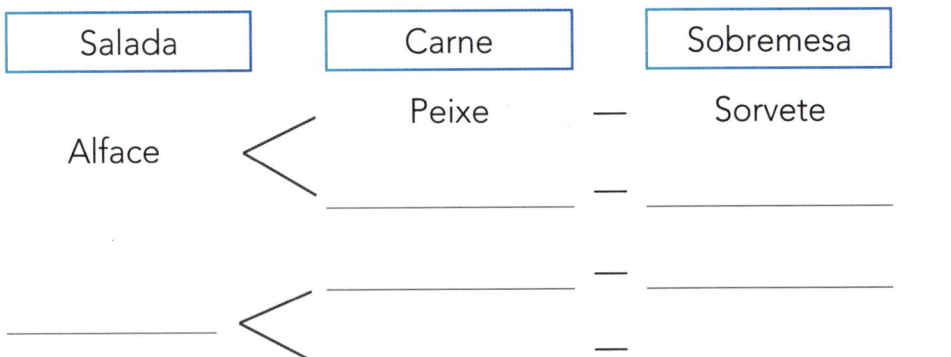

Salada	Carne	Sobremesa	Refeição
	Peixe —	Sorvete	**A, P, S**

Alface

b) Quantas foram as possibilidades? _____

c) Se fossem 3 opções de salada, 3 de carne e 2 de sobremesa, então quantas seriam as possiblidades? _____

5 Complete os traços com números e os quadradinhos com os sinais = ou ≠.

a) $3 + 4$ ☐ $5 + 2$

_____ _____

$3 + 4 + 6$ ☐ $5 + 2 + 6$

_____ _____

b) $63 - 13$ ☐ 5×10

_____ _____

$2 \times (63 - 13)$ ☐ $2 \times (5 \times 10)$

_____ _____

c) $30 \div 5$ ☐ $4 + 2$

_____ _____

$(30 \div 5) - 1$ ☐ $(4 + 2) - 1$

_____ _____

d) $10 - 6$ ☐ $9 - 5$

_____ _____

$(10 - 6) \div 2$ ☐ $(9 - 5) \div 2$

_____ _____

6 **ATIVIDADE ORAL EM GRUPO** Observe as igualdades da atividade anterior e responda: O que acontece em uma igualdade quando efetuamos, nos 2 "lados", a mesma operação com os mesmos números?

7 A professora de Juliano lançou 2 desafios para a turma. Leia os desafios e resolva conforme solicitado.

> 1º) Escrever os 5 primeiros números da sequência dos múltiplos de 18, efetuando apenas adições ou efetuando apenas multiplicações.

Juliano resolveu fazer apenas adições. | Aqui você faz efetuando só multiplicações.

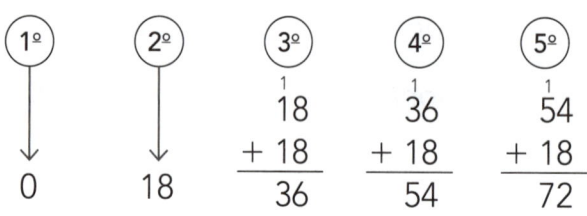

1º	2º	3º	4º	5º
↓	↓	$\overset{1}{18}$	$\overset{1}{36}$	$\overset{1}{54}$
		$+ 18$	$+ 18$	$+ 18$
0	18	36	54	72

Agora, complete. M(18): _____, _____, _____, _____, _____, ...

> 2º) Determinar os 5 primeiros números da sequência dos múltiplos de 25.

Resolva também pelos 2 processos e registre os múltiplos.

M(25): _____

8 Uma carreta transporta no máximo 45 toneladas em cada viagem.
Descreva como deve ser distribuída toda essa carga para que seja transportada pela carreta em 2 viagens.

_____

_____

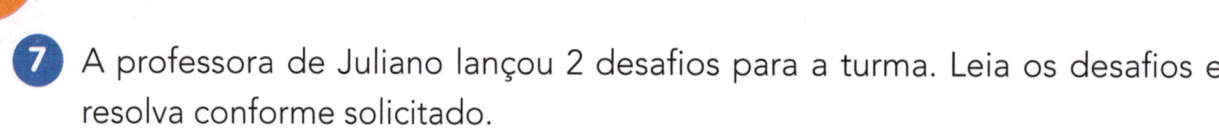

20 420 kg   4 100 kg   9 300 kg   12 500 kg   37 000 kg

Estúdio Félix Reiners/
Arquivo da editora

Use uma calculadora, descubra o preço e responda.

a) O preço de 5 lápis é R$ 3,60. Qual é o preço de 9 lápis? _____

b) O preço de 7,5 metros de tecido é R$ 27,75. Qual é o preço de 9,4 metros?

_____

10 O peixe congelado que compramos, embalado em caixinhas ou saquinhos, percorre um longo caminho até ser consumido.

Ilustrações: Estúdio Félix Reiners/ Arquivo da editora

a) **ATIVIDADE ORAL EM GRUPO (TODA A TURMA)** Analise a sequência de cenas e converse com os colegas sobre ela. Juntos, descrevam o que está ocorrendo em cada cena.

b) O pescador Lúcio vendeu o quilograma de peixe à indústria por R$ 4,00; a indústria vendeu ao supermercado por R$ 6,00; e o supermercado vendeu ao consumidor por R$ 7,50. Complete a tabela.

Custo do peixe: do pescador até o consumidor

	Preço pago pelo quilograma de peixe	Preço de venda	Lucro obtido em reais	Porcentagem do lucro
Indústria				
Supermercado				

Tabela elaborada para fins didáticos.

c) Responda depressinha!

Qual é o valor arrecadado pelo supermercado na venda de 100 kg de peixe?

_____

d) **ATIVIDADE ORAL EM GRUPO** Troque ideias com os colegas e faça um levantamento de pelo menos 4 profissões envolvidas no processo que se inicia na pescaria e termina no consumo de peixes.

e) **ATIVIDADE ORAL EM GRUPO** Você acha que os preços e os lucros são justos em todas as etapas da sequência de produção e comércio das mercadorias que consumimos, como alimentos, roupas, livros, etc.?

O que estudamos

Retomamos grandezas já estudadas, aprendemos sobre a grandeza volume e trabalhamos com as principais unidades padronizadas de medida para as grandezas.

- Medida de comprimento: m, cm, mm, km e dm.
- Medida de área: m², cm² e km².
- Medida de volume: m³ e cm³.
- Medida de massa: g, kg e t.
- Medida de capacidade: L e mL.
- Medida de temperatura: °C.

Conhecemos processos práticos para o cálculo da medida da área de algumas regiões planas e para o cálculo da medida do volume de alguns sólidos geométricos.

Região retangular.

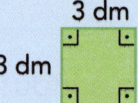

5 m
2 m

Medida da área: 10 m²
5 × 2 = 10

Região quadrada.

3 dm
3 dm

Medida da área: 9 dm²
3 × 3 = 9

Região triangular determinada por um triângulo retângulo.

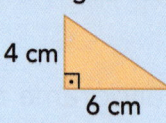

4 cm
6 cm

Medida da área: 12 cm²
4 × 6 = 24
24 ÷ 2 = 12

Paralelepípedo.

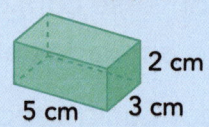

2 cm
5 cm   3 cm

Medida do volume: 30 cm³
5 × 2 × 3 = 30

Cubo.

3 m
3 m
3 m

Medida do volume: 27 m³
3 × 3 × 3 = 27

Constatamos importantes relações entre medidas de volume e medidas de capacidade.

1 L ⟷ 1 dm³   1 L ⟷ 1 000 cm³
1 cm³ ⟷ 1 mL   1 m³ ⟷ 1 000 L

Trabalhamos com a ideia de perímetro: comprimento de um contorno.

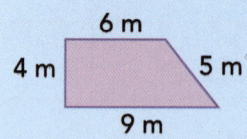

6 m
4 m   5 m
9 m

Esta região plana tem perímetro medindo 24 m.
6 + 4 + 9 + 5 = 24

Resolvemos problemas envolvendo grandezas e medidas.

Quantos litros de água cabem em um reservatório cúbico com arestas de medida de comprimento de 2 m? 8 000 L

2 × 2 × 2 = 8   Medida do volume: 8 m³

×8 (1 m³ ⟶ 1 000 L) ×8
8 m³ ⟶ 8 000 L

- Você tem se preocupado em manter o "peso" adequado de sua mochila?

- Você costuma beber água para se hidratar? E pratica algum tipo de atividade física? Corpo e mente saudáveis ajudam no aprendizado!

Mensagem de fim de ano

- Decifre o código e registre.

6×10	$6 + 6$	6×1	$6 - 1$	$6 \div 6$	$6 \div 10$	$6 + 6 + 6$
R	O	E	A	B	T	P

——— ——— ——— ——— ——— ——— ———

$66 \div 6$	6×16	$6 + 1$	$6 - 6$	6×6	$6 \times \frac{1}{3}$	$6 \times 0,6$	6×9
F	L	S	N	6º	D	Z	I

——— ——— ——— ——— ——— ——— ——— ———

- Agora, descubra as 2 mensagens e escreva-as.

a) | 1 | 12 | 5 | | 7 | 12 | 60 | 0,6 | 6 |

—— —— ——   —— —— —— —— ——

| 0 | 12 | | 36 | | 5 | 0 | 12 | !

—— ——   ——   —— —— ——

b) | 11 | 6 | 96 | 54 | 3,6 |

—— —— —— —— ——

| 0 | 5 | 0,6 | 5 | 96 |

—— —— —— —— ——

Estúdio Félix Reiners/Arquivo da editora

| 18 | 5 | 60 | 5 | | 0,6 | 12 | 2 | 12 | 7 | !

—— —— —— ——   —— —— —— —— ——

Você terminou o livro!

- Do que você gostou mais? Em que parte teve mais dificuldade?
  Mostre o que pensa. Você já sabe: pode fazer colagens, desenhos ou escrever alguma coisa. Faça do seu jeito!

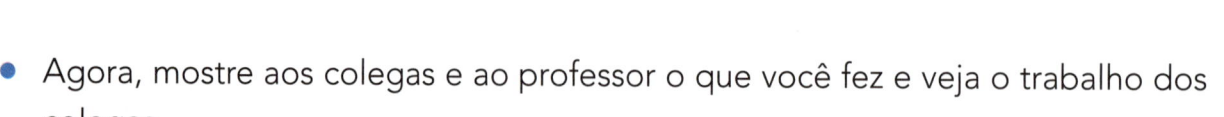

Estúdio Félix Reiners/Arquivo da editora

- Agora, mostre aos colegas e ao professor o que você fez e veja o trabalho dos colegas.
  As opiniões foram muito diferentes?

No livro do 6º ano, você vai rever muitas coisas que estudou aqui e aprender uma porção de novidades.
  Boa sorte!

O autor

Glossário

Altura （página 294）

As imagens não estão representadas em proporção.

Nome dado a certa dimensão em algumas figuras geométricas, em alguns objetos e em alguns seres vivos.

altura
largura
comprimento

altura
base

altura

altura

altura

altura

Ilustrações: Banco de imagens/Arquivo da editora

Africa Studio/Shutterstock

Eric Isselee/Shutterstock

tatniz/Shutterstock

Olaf Simon/Shutterstock

Ângulo （página 247）

(ver semirreta)

Figura formada por 2 semirretas de mesma origem.

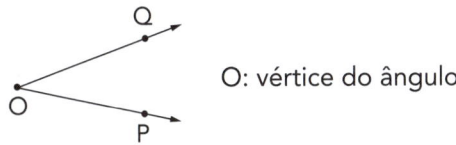

O: vértice do ângulo

Ângulo reto （página 249）

Ângulo como o do canto da folha do livro. Sua abertura mede 90° (noventa graus).

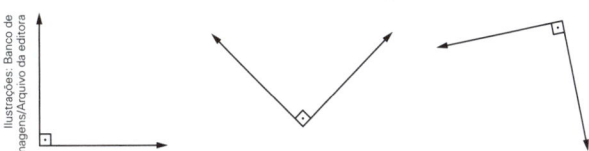

Ilustrações: Banco de imagens/Arquivo da editora

Área （página 24）

A face de um dado, uma folha de papel, o piso de uma sala, o território de um país, etc. lembram superfícies, que podem ser associadas a uma grandeza chamada área.

A medida da área do território brasileiro é de 8 515 767 quilômetros quadrados, aproximadamente.

Arredondamento （página 30）

Aproximação de um número para um valor mais fácil de trabalhar.

2 000 é um arredondamento de 1 997.

480 é um arredondamento de 478.

Árvore de possibilidades （página 361）

Disposição de elementos que facilita encontrar todas as possibilidades de combiná-los e o número total de combinações.

Considere que há 2 tipos de copo: grande e pequeno, e 3 opções de frutas: morango, laranja e acerola.

Quantas e quais são as possibilidades de tomar um suco de um sabor?

Veja a árvore de possibilidades.

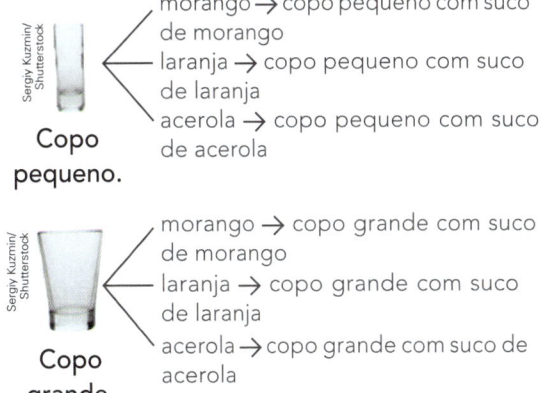

morango → copo pequeno com suco de morango
laranja → copo pequeno com suco de laranja
acerola → copo pequeno com suco de acerola

Copo pequeno.

morango → copo grande com suco de morango
laranja → copo grande com suco de laranja
acerola → copo grande com suco de acerola

Copo grande.

Sergiy Kuzmin/Shutterstock

2 possibilidades para o tipo de copo.	3 possibilidades para a fruta.	Total de possibilidades para escolher um suco de um sabor: 2 × 3 = 6 ou 3 × 2 = 6

Base de uma figura （página 46）

Nome dado a certa parte em algumas figuras geométricas.

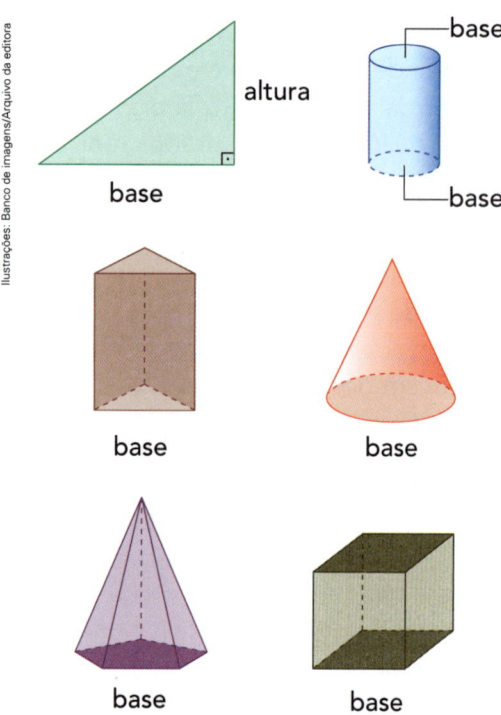

Bloco retangular ou paralelepípedo （página 43）

(ver **sólido geométrico**)

Cálculo mental （página 82）

Cálculo que fazemos sem escrever nem usar instrumento. Depois podemos registrar o resultado. É chamado "cálculo de cabeça".

Capacidade （página 175）

Tipo de grandeza que pode ser medida por litro (L), mililitro (mL), etc.
Se em uma vasilha cabem 10 litros de água, então dizemos que essa é a medida da capacidade da vasilha.

Centésimo （página 185）

Cada uma das 100 partes iguais em que foi dividida a unidade ou o inteiro.

unidade ou inteiro

Representação fracionária: $\frac{1}{100}$

Representação decimal: 0,01

1 centésimo da unidade

Na numeração ordinal, centésimo indica a posição número cem e é representado assim: 100º.

Centímetro （página 61）

Unidade de medida de comprimento que corresponde a 1 centésimo do metro. Indicamos por cm.

$$1\ m = 100\ cm \qquad 1\ cm = \frac{1}{100}\ ou\ 0,01\ m$$

A●————————————●B $\overline{AB}$ mede 2 cm.

Centímetro cúbico （página 344）

Unidade de medida de volume.
Indicamos por cm³.
Corresponde à medida do volume de um cubo de 1 cm de aresta.

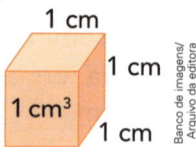

Centímetro quadrado （página 334）

Unidade de medida de área.
Indicamos por cm².
Corresponde à medida de área de uma região quadrada de 1 cm de lado.

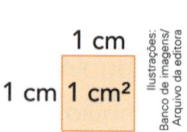

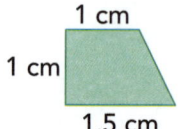

A área dessa região plana mede 1,5 cm² (um e meio centímetro quadrado).

Cilindro (página 43)

(ver **sólido geométrico**)

Círculo ou região circular (página 53)

(ver **circunferência** e **região plana**)

Região plana limitada por uma circunferência.

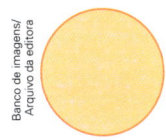

Circunferência (página 42)

Linha fechada em um plano formada por todos os pontos que estão à mesma distância de um ponto desse plano, chamado centro.

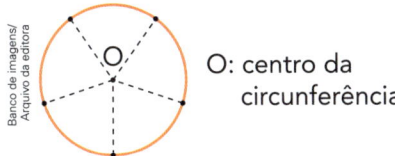

O: centro da circunferência

O centro não pertence à circunferência.

Classe de um número (página 22)

Para facilitar a leitura de um número, separamos os algarismos da direita para a esquerda, de 3 em 3. Cada grupo é uma classe do número.

Veja o número 1 345 789.

3ª classe ou classe dos milhões			2ª classe ou classe dos milhares			1ª classe ou classe das unidades simples		
		1	3	4	5	7	8	9
1 000 000			345 000			789		

Leitura: um milhão, trezentos e quarenta e cinco mil, setecentos e oitenta e nove.

Compasso (página 272)

Instrumento usado para traçar circunferências.

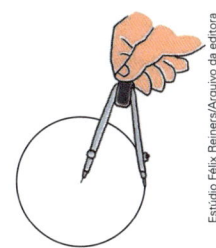

Comprimento (página 61)

Tipo de grandeza.

Nome dado a certa dimensão em algumas figuras geométricas, em alguns objetos e em alguns seres vivos.

A medida do comprimento desta foto do lápis é 5 cm.

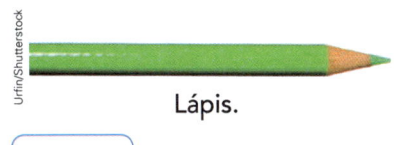

Lápis.

Cone (página 43)

(ver **sólido geométrico**)

Contorno (página 57)

Observe uma região plana e o contorno dela.

Região plana.   Contorno.

Corpos redondos (página 44)

Sólidos geométricos que possuem pelo menos uma parte curva, arredondada, não plana, que permite que eles possam rolar.

Esfera.

Cilindro.

Cone.

Cubo (página 20)

(ver **sólido geométrico**)

Decimal [página 282]

As imagens não estão representadas em proporção.

Nome que damos a um número quando ele aparece representado com vírgula (forma decimal). É muito usado em medidas.

Preço: R$ 18,50

1,53 m

1,4 kg

O decimal 0,1 corresponde a $\frac{1}{10}$, o decimal 0,01 corresponde a $\frac{1}{100}$ e o decimal 0,001 corresponde a $\frac{1}{1\,000}$.

Decímetro [página 330]

Unidade de medida de comprimento. Indicamos por dm.
1 decímetro é a décima parte de 1 metro.
1 decímetro equivale a 10 centímetros.

Décimo [página 185]

Cada uma das 10 partes iguais em que foi dividida a unidade ou o inteiro.

unidade ou inteiro

1 décimo da unidade

Representação fracionária: $\frac{1}{10}$

Representação decimal: 0,1

Na numeração ordinal, décimo indica a posição número dez e é representado assim: 10º.

Denominador de uma fração [página 183]

Indica em quantas partes iguais o inteiro (ou a unidade) foi dividido.

Parte vermelha:
$\frac{2}{5}$ ← numerador
← denominador

Diâmetro [página 16]

O maior segmento de reta que une 2 pontos da circunferência, do círculo ou da esfera. Ele passa sempre pelo centro dessas figuras geométricas.

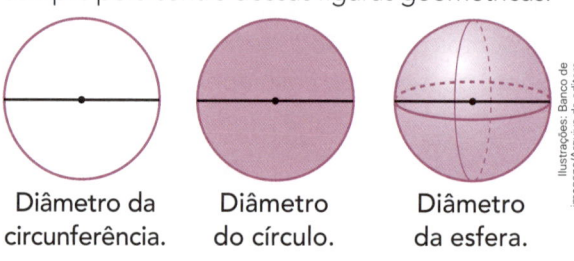

Diâmetro da circunferência. | Diâmetro do círculo. | Diâmetro da esfera.

Divisor de um número natural [página 136]

O número natural 3 é divisor do número natural 15, pois a divisão de 15 por 3 é exata, ou seja, deixa resto zero.

$$\begin{array}{r|l} 15 & 3 \\ -15 & 5 \\ \hline 0 & \end{array}$$

3 é divisor de 15 ou 3 divide 15.

Dizemos também que 15 é divisível por 3 ou que 15 é múltiplo de 3.
Os divisores de 15 são: 1, 3, 5 e 15.

Divisor em uma divisão [página 123]

O segundo termo de uma divisão.

1º termo | 2º termo | 3º termo
$$\overline{1\,500} \div \overline{30} = \overline{50}$$

dividendo   divisor

$$\begin{array}{r|l} 1\,500 & 30 \\ -150 & 50 \\ \hline 0000 & \end{array}$$

resto   quociente

Eixo de simetria [página 54]

(ver **simetria**)

Esfera (página 17)

(ver **sólido geométrico**)

Esquadro (página 269)

(ver **triângulo retângulo**)

Instrumento de desenho que tem a forma de um triângulo retângulo.

Há 2 tipos de esquadro.

Estatística (página 165)

Parte da Matemática que estuda coleta de informações, tabelas e gráficos e as respectivas interpretações.

Estimativa (página 24)

Cálculo aproximado.

Faça uma estimativa de quantos garfos há em sua casa. Depois, conte-os para conferir se sua estimativa foi boa ou não.

Figura simétrica (página 54)

(ver **simetria**)

Figura que apresenta simetria.

São figuras simétricas em relação ao eixo de simetria:

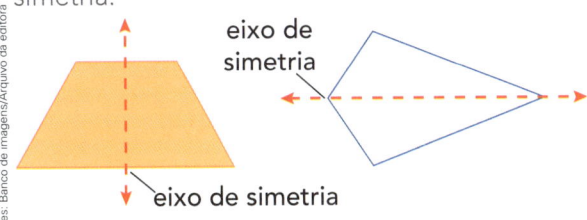

eixo de simetria

eixo de simetria

Não são figuras simétricas:

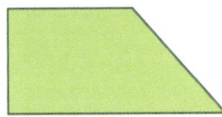 

Fração (página 183)

Forma de representar uma ou mais partes iguais em que foi dividido um inteiro (unidade).

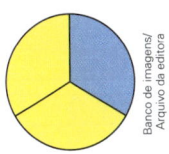

- Parte pintada de amarelo: $\dfrac{2}{3}$ do inteiro.

$$\dfrac{2 \leftarrow \text{numerador}}{3 \leftarrow \text{denominador}}$$

Parte não pintada de amarelo: $\dfrac{1}{3}$ do inteiro.

- Se um grupo é formado por 2 meninos e 3 meninas, então podemos dizer que os meninos representam $\dfrac{2}{5}$ do grupo (2 em 5).

- $\dfrac{3}{7}$ de R\$ 35,00 = R\$ 15,00, pois

$35 \div 7 = 5$ e $3 \times 5 = 15$.

- Se 1 bolo é repartido em 6 partes iguais, então cada parte vale $\dfrac{1}{6}$, pois $1 \div 6 = \dfrac{1}{6}$.

Fração aparente (página 189)

Fração que corresponde a um número exato de unidades.

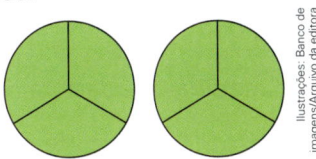

$\dfrac{6}{3}$ é uma fração aparente, pois corresponde a 2 unidades ($6 \div 3 = 2$).

Fração irredutível (página 199)

Fração que não admite simplificação.

Simplificamos a fração $\dfrac{12}{20}$ e chegamos à fração irredutível $\dfrac{3}{5}$, que já não pode ser simplificada.

$$\dfrac{12}{20}{\scriptstyle\div 2} = \dfrac{6}{10}{\scriptstyle\div 2} = \dfrac{3}{5}$$

Outros exemplos de frações irredutíveis: $\dfrac{1}{4}$, $\dfrac{2}{9}$, $\dfrac{3}{8}$, $\dfrac{7}{10}$ e $\dfrac{5}{6}$.

Frações equivalentes (página 195)

São frações que representam a mesma parte de um inteiro ou unidade.

As frações $\frac{1}{2}$ e $\frac{2}{4}$ são equivalentes.

Quando multiplicamos ou dividimos o numerador e o denominador de uma fração por um mesmo número diferente de 0 (zero), obtemos uma fração equivalente à primeira.

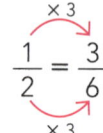 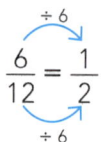

$$\frac{1}{2} = \frac{3}{6} \qquad \frac{6}{12} = \frac{1}{2}$$

Geometria (página 63)

Parte da Matemática que estuda as figuras (região quadrada, triângulo, esfera, reta, ângulo, semirreta, circunferência, etc.).

Grau (página 167)

Unidade de medida de abertura de ângulos.

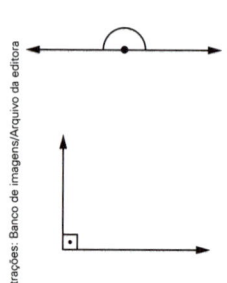

Ângulo de meia-volta: a abertura mede 180 graus (180°).

Ângulo reto: a abertura mede 90 graus (90°).

Ângulo agudo: a abertura mede menos do que 90°.

Ângulo obtuso: a abertura mede mais do que 90° e menos do que 180°.

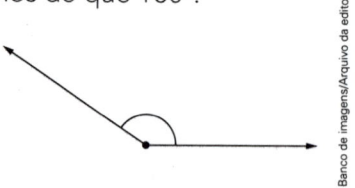

Grau Celsius (página 285)

Unidade de medida de temperatura criada pelo cientista Anders Celsius.

Indicamos por °C.

A temperatura corporal de Renato é de 36 °C. Está, portanto, sem febre.

Largura (página 138)

Nome dado a certa dimensão em algumas figuras geométricas, em alguns objetos e em alguns seres vivos.

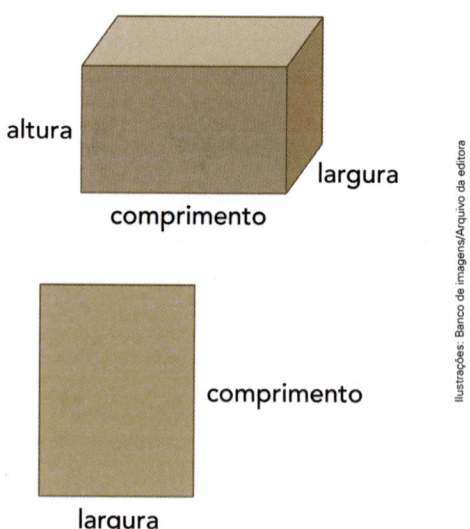

Lucro (página 90)

Ganho em uma situação de compra e venda.

Um comerciante comprou um objeto por R$ 20,00 e o vendeu por R$ 22,00. Ele teve um lucro de R$ 2,00.

$$22 - 20 = 2$$

Massa página 221

Tipo de grandeza que pode ser medida em grama (g), quilograma (kg), tonelada (t), etc. Para medir objetos muito leves, usamos o miligrama (mg).

1 kg = 1000 g

1 t = 1000 kg

1 g = 1 000 mg

Há elefantes adultos cuja massa mede aproximadamente 5 000 kg, o que equivale a 5 toneladas.

Máximo divisor comum página 161

(ver **divisor de um número natural**)

O máximo divisor comum de 12 e 30 é o maior dos divisores comuns de 12 e 30.

Divisores de 12: 1, 2, 3, 4, 6, 12.

Divisores de 30: 1, 2, 3, 5, 6, 10, 15, 30.

Divisores comuns de 12 e 30: 1, 2, 3 e 6.

O máximo divisor comum de 12 e 30 é 6.

Indicamos assim: mdc(12, 30) = 6.

Média página 170

A média dos números 6 e 8 é 7, pois:

$$\underbrace{6 + 8}_{2 \text{ parcelas}} = 14 \quad \text{e} \quad 14 \div 2 = 7$$

Se, em 3 partidas, um time marcou 4 gols, 1 gol e 1 gol, então a média de gols por partida é 2, pois;

$$\underbrace{4 + 1 + 1}_{3 \text{ parcelas}} = 6 \quad \text{e} \quad 6 \div 3 = 2$$

Medida página 16

Medimos várias grandezas: comprimento, superfície, massa, intervalo de tempo, temperatura, capacidade, abertura de ângulo, etc.

Cada medida é expressa por um número e por uma unidade de medida.

A distância entre as cidades paulistas de Rio Claro e Piracicaba é 38 km. Nesse caso, o número é o 38, e a unidade de medida de comprimento é o quilômetro (km).

Milésimo página 185

Uma das 1 000 partes iguais em que foi dividida a unidade ou o inteiro.

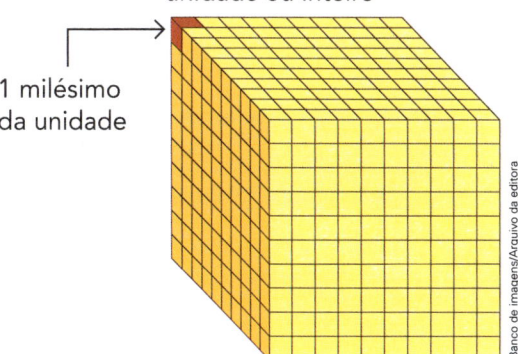

unidade ou inteiro

1 milésimo da unidade

Representação fracionária: $\dfrac{1}{1000}$

Representação decimal: 0,001.

Veja o milésimo em algumas medidas.

1 m = 0,001 km   1 mL = 0,001 L

1 g = 0,001 kg   1 ano = 0,001 milênio

Na numeração ordinal, milésimo indica a posição número mil e é representado assim: 1 000º.

No dia 19/11/1969, Pelé marcou o 1 000º gol da carreira dele.

Mínimo múltiplo comum página 161

(ver **múltiplo de um número natural**)

O mínimo múltiplo comum de 6 e 4 é o menor dos múltiplos comuns de 6 e 4, diferente de zero.

Múltiplos de 6: 0, 6, 12, 18, 24, …

Múltiplos de 4: 0, 4, 8, 12, 16, 20, 24, …

Múltiplos comuns de 6 e 4: 0, 12, 24, …

O mínimo múltiplo comum de 6 e 4 é 12.

Indicamos assim: mmc(6, 4) = 12.

Múltiplo de um número natural página 121

O número natural 15 é múltiplo de 3, pois a divisão de 15 por 3 é exata (resto 0).

17 não é um múltiplo de 3, pois a divisão de 17 por 3 tem resto 2.

Os múltiplos de 3 são: 0, 3, 6, 9, 12, 15, …

Numerador de uma fração (página 183)

Indica quantas das partes iguais do inteiro ou da unidade foram consideradas.

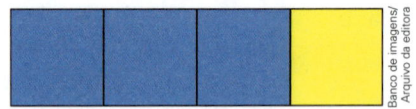

A região retangular foi dividida em 4 partes iguais (denominador). Foram pintadas 3 partes de azul (numerador).

$$\dfrac{3}{4} \begin{array}{l} \leftarrow \text{numerador} \\ \leftarrow \text{denominador} \end{array}$$

Número (página 14)

Ideia matemática que pode expressar quantidade, medida, ordem ou código.

A turma tem 32 alunos.
O menino "pesa" 33,5 kg.
Felipe é o 3º da fila.
O CEP é 13500-170.

Número misto (página 191)

Número formado por um número natural e uma fração.

Considerando o círculo como unidade, a parte pintada de laranja corresponde ao número misto $1\dfrac{3}{4}$.

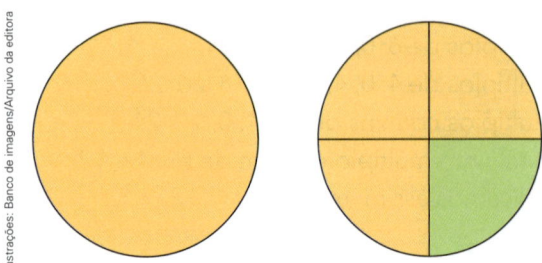

A leitura de $1\dfrac{3}{4}$ é: um inteiro e três quartos.

Como 1 inteiro corresponde a $\dfrac{4}{4}$, podemos escrever:

$$1\dfrac{3}{4} = 1 + \dfrac{3}{4} = \dfrac{4}{4} + \dfrac{3}{4} = \dfrac{7}{4}$$

Número natural (página 15)

Número usado para representar inteiros.
Pode ser usado para indicar contagem, medida, posição (ou ordem) ou código.

0, 1, 2, 3, 4, 5, 6, ... é a sequência dos números naturais.

Na sequência dos números naturais, temos as seguintes relações:

- O sucessor de 18 é o 19 $(18 + 1 = 19)$.
- 29 é o antecessor de 30 $(30 - 1 = 29)$.
- Todo número natural tem sucessor.
- O 0 (zero) não tem antecessor.

Octaedro (página 49)

Poliedro que tem 8 faces.
(*octa* = oito; *edro* = face)

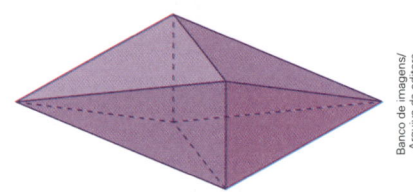

Octógono (página 265)

Polígono de 8 lados.
(*octo* = oito; *gono* = ângulo)

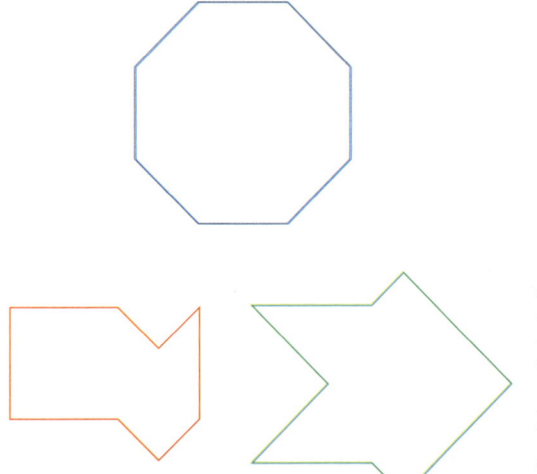

Operação página 82

Associa dois números a um terceiro número.

> Operação de adição:
> 300 + 400 = 700

> Operação de subtração:
> 900 − 100 = 800

> Operação de multiplicação:
> 5 × 300 = 1 500

> Operação de divisão:
> 600 ÷ 3 = 200

Operações inversas página 94

- A adição e a subtração são operações inversas entre si.

200 + 300 = 500   500 − 300 = 200
300 + 200 = 500   500 − 200 = 300

- A multiplicação e a divisão também são operações inversas entre si.

5 × 20 = 100   100 ÷ 20 = 5
20 × 5 = 100   100 ÷ 5 = 20

Ordem de um número página 16

Cada algarismo ocupa uma posição ou uma ordem na representação de um número.

O número 15 328 tem 5 ordens, contadas da direita para a esquerda.

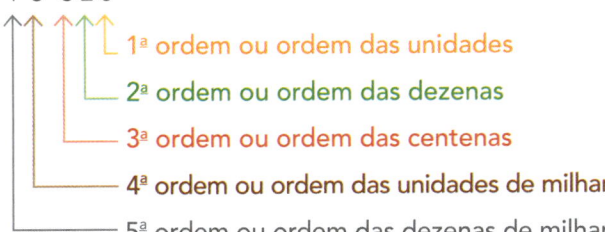

1 5 3 2 8

- 1ª ordem ou ordem das unidades
- 2ª ordem ou ordem das dezenas
- 3ª ordem ou ordem das centenas
- 4ª ordem ou ordem das unidades de milhar
- 5ª ordem ou ordem das dezenas de milhar

Nesse número, o algarismo 5 é da ordem das unidades de milhar. Por isso, o valor posicional dele é 5 000.

Perímetro página 72

O comprimento de um contorno.

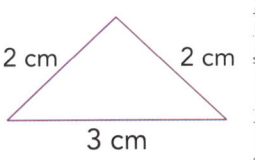

2 cm   2 cm

3 cm

A medida do perímetro deste quadrado é 8 palitos.

A medida do perímetro deste triângulo é 7 cm.
2 cm + 3 cm + 2 cm

Pirâmide página 43

(ver **sólido geométrico**)

Poliedro página 44

Sólido geométrico que possui apenas faces planas. Por isso, ele não rola.

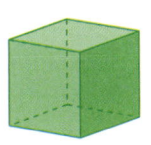
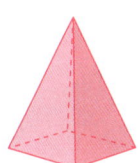

Polígono página 62

Linha fechada formada apenas por segmentos de reta de um mesmo plano, que não se cruzam.

São polígonos:

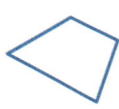
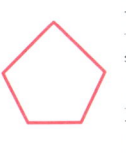

Não são polígonos:

Os polígonos recebem nomes de acordo com o número de lados.
Os polígonos de 5 lados são os pentágonos.

Polígono regular (página 265)

Polígono que tem todos os lados com medidas iguais e também todos os ângulos com medidas iguais.

São polígonos regulares:

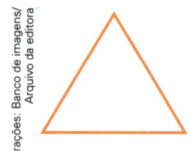  

Porcentagem (página 221)

Parte de um inteiro (ou total) considerado como cem por cento (100%).

- Observe as partes pintadas em cada figura.

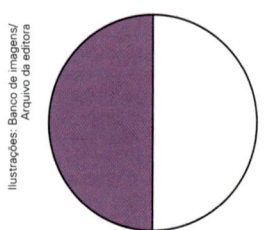 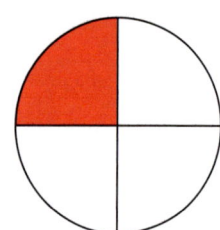

50% ou $\frac{1}{2}$ da figura.   25% ou $\frac{1}{4}$ da figura.

- 10% de R$ 50,00 é igual a R$ 5,00, pois

  $10\% = \frac{10}{100}$, $50 \div 100 = 0,5$ e

  $10 \times 0,5 = 5$.

- 40% de 280 = 112, pois $40\% = \frac{40}{100}$,

  $280 \div 100 = 2,8$ e $40 \times 2,8 = 112$.

Possibilidade (página 37)

Cada fato que pode ocorrer em uma situação.

Quando lançamos uma moeda, sair cara é uma possibilidade. Sair coroa é a outra possibilidade.

São 6 as possibilidades de resultado quando lançamos um dado: ficar para cima a face 1, ou a 2, ou a 3, ou a 4, ou a 5, ou a 6.

Prejuízo (página 90)

Perda em uma situação de compra e venda.

Um comerciante comprou um objeto por R$ 30,00 e o vendeu por R$ 27,00. Ele teve um prejuízo de R$ 3,00.

$$30 - 27 = 3$$

Princípio de posição decimal (página 19)

A posição de cada algarismo em um número é o que determina o valor posicional dele.

1 1 1

1 unidade

1 dezena ou 10 unidades

1 centena ou 10 dezenas ou 100 unidades

Prisma (página 43)

(ver **sólido geométrico**)

Probabilidade (página 232)

Medida da chance de algo ocorrer.

Em um saquinho há 4 bolas: 3 vermelhas e 1 verde.

Ao retirar 1 bola ao acaso (sem olhar), a probabilidade de sair uma vermelha é 3 em 4 ou $\frac{3}{4}$ ou 75%.

Proporcionalidade (página 111)

Ideia relacionada à multiplicação.

$2 \times$ ⌢ 4 lápis custam R$ 9,00.
8 lápis custam R$ 18,00. ⌣ $\times 2$

8 é o dobro de 4.

R$ 18,00 é o dobro de R$ 9,00.

Propriedade [página 56]

Característica de uma operação, de uma figura geométrica, etc.

A adição satisfaz a seguinte propriedade: a mudança na ordem das parcelas não altera a soma.

$$20 + 40 = 60 \quad e \quad 40 + 20 = 60$$

A subtração não tem essa propriedade. Uma propriedade dos retângulos é que eles têm os lados paralelos com mesma medida de comprimento.

Quadrado [página 57]

(ver **quadrilátero**)

Quadrilátero que tem 4 ângulos retos e 4 lados de medidas iguais.

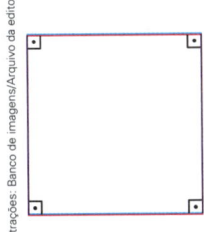
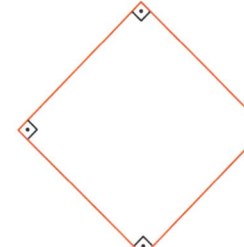

O quadrado é um exemplo de polígono regular.

Quadrilátero [página 68]

Polígono de 4 lados.

(*quadri* = quatro)

Veja alguns quadriláteros.

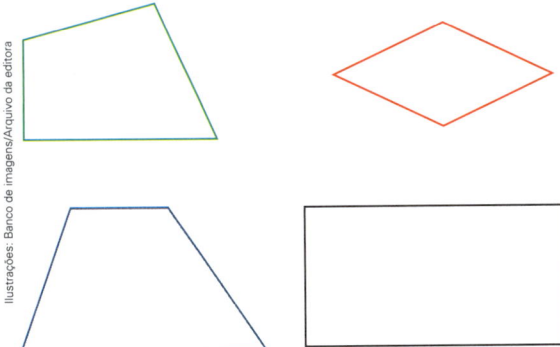

Raciocínio combinatório [página 145]

Raciocínio que envolve combinações de possibilidades.

Escrever todos os números de 3 algarismos com os algarismos 2, 7 e 9, sem repeti-los em um mesmo número: 279, 297, 729, 792, 927 e 972. São 6 as possibilidades.

Raio da circunferência [página 273]

Segmento de reta que liga o centro da circunferência a um ponto qualquer dela.

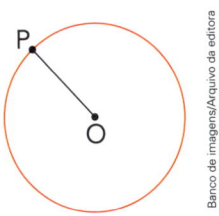

O: centro da circunferência

$\overline{OP}$: raio da circunferência

Em uma circunferência todos os raios têm a mesma medida de comprimento. Essa medida é a metade da medida do diâmetro.

Raio da esfera [página 330]

Segmento de reta que liga o centro da esfera a um ponto qualquer da superfície dela.

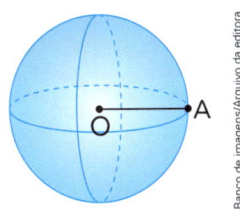

O: centro da esfera

$\overline{OA}$: raio da esfera

Em uma esfera, todos os raios têm a mesma medida de comprimento. Essa medida é a metade da medida do diâmetro.

Região plana (página 52)

Figura geométrica que obtemos quando desmontamos a "casca" de alguns sólidos geométricos.

A folha de caderno, as placas de trânsito, o fundo de uma panela e cada face de um dado, por exemplo, dão ideia de regiões planas. Veja o nome de algumas delas.

Região retangular.

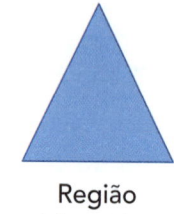
Região triangular.

Região pentagonal.

Região circular (ou círculo).

Relação de Euler (página 49)

Relação entre o número de vértices (**V**), o número de faces (**F**) e o número de arestas (**A**) em alguns poliedros; por exemplo, os prismas e as pirâmides.

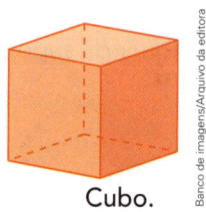
Cubo.

Número de vértices: $V = 8$

Número de faces: $F = 6$

Número de arestas: $A = 12$

Relação de Euler:
$$8 + 6 = 12 + 2$$
$$V + F = A + 2$$

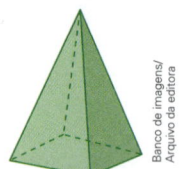
Pirâmide de base quadrada.

$V = 5; F = 5; A = 8$

$$5 + 5 = 8 + 2$$
$$V + F = A + 2$$

Reta (página 64)

Veja a representação de uma reta.

As setas indicam que a reta se prolonga indefinidamente nos dois sentidos.

A reta não tem começo nem fim.

2 retas podem ser paralelas ou concorrentes.

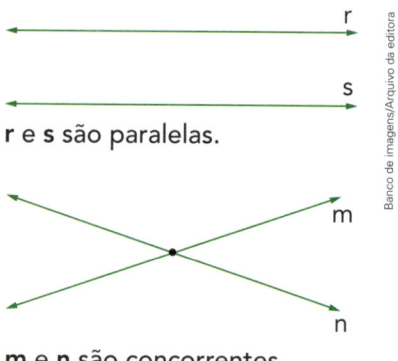

r e **s** são paralelas.

m e **n** são concorrentes.

Retângulo (página 198)

(ver **quadrilátero**)

Quadrilátero que possui 4 ângulos retos.

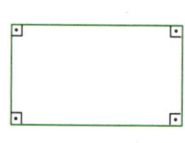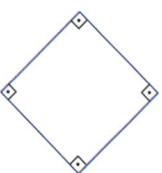

O quadrado é um exemplo de retângulo.

Retas concorrentes página 67

São retas que se cruzam, que têm apenas 1 ponto comum.

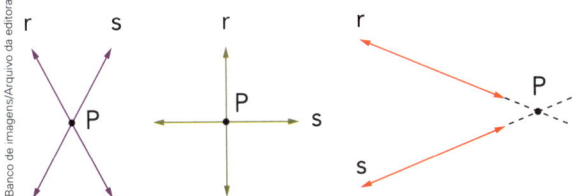

Em cada caso as retas **r** e **s** são concorrentes. Elas se cruzam no ponto **P**.

Retas paralelas página 67

São retas que "caminham" na mesma direção e, portanto, não se cruzam.

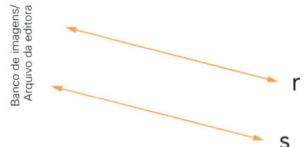

As retas **r** e **s** são paralelas.

Retas perpendiculares página 260

(ver **ângulo reto**)

São retas que se cruzam formando ângulos retos.

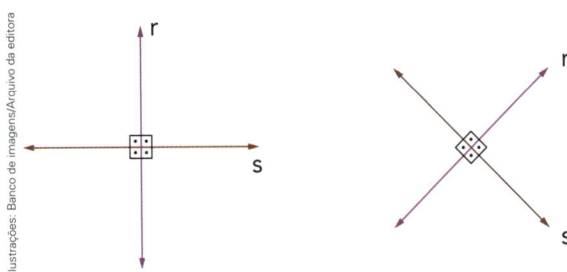

As retas **r** e **s** são perpendiculares em cada uma das figuras acima.

As retas **t** e **u** abaixo se cruzam, mas não são perpendiculares.

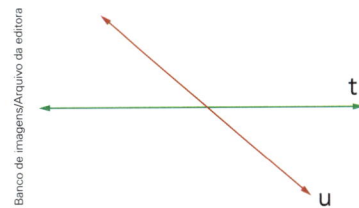

Segmento de reta página 60

Figura que indica o caminho mais curto entre 2 pontos.

Representação: $\overline{AB}$ ou $\overline{BA}$.

Semirreta página 64

Uma parte da reta que contém um ponto inicial (origem) e se prolonga, indefinidamente, em um único sentido.

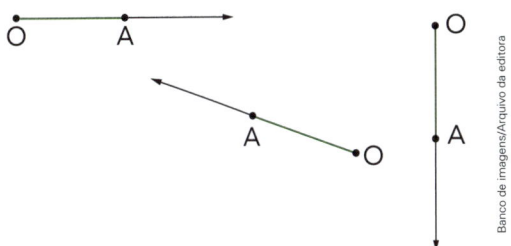

Representação: $\overrightarrow{OA}$
Ponto **O**: origem de $\overrightarrow{OA}$

Simetria página 54

Veja algumas figuras geométricas planas que apresentam simetria e os eixos de simetria delas.

eixo de simetria

eixo de simetria

eixo de simetria

Dobrando uma figura plana simétrica pelo eixo de simetria dela, as 2 partes coincidem.

Há casos em que temos a simétrica de uma figura em relação a um eixo, como no reflexo em um espelho.

Ilustrações: Banco de imagens/ Arquivo da editora

Simplificação de fração (página 198)

Processo pelo qual, a partir de uma fração, obtemos outra equivalente a ela, porém mais simples.

Fazendo a simplificação de $\frac{9}{15}$, obtemos $\frac{3}{5}$.

$$\frac{9}{15} \begin{smallmatrix} \div 3 \\ \div 3 \end{smallmatrix} = \frac{3}{5}$$

Sistema de numeração (página 12)

Conjunto de símbolos e regras que permite representar os números.

Veja o número treze representado em diferentes sistemas de numeração.

Egípcio.

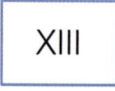

Maia.

XIII

Romano.

13

Indo-arábico.

Ilustrações: Banco de imagens/Arquivo da editora

Sistema de numeração decimal (página 12)

É o sistema de numeração que usamos. Ele tem 10 símbolos (algarismos): 0, 1, 2, 3, 4, 5, 6, 7, 8 e 9.

Agrupamos de 10 em 10 para contar. A posição de cada algarismo no número é importante.

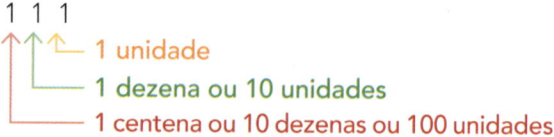

1 1 1

↑ 1 unidade
↑ 1 dezena ou 10 unidades
↑ 1 centena ou 10 dezenas ou 100 unidades

Sólido geométrico (página 43)

O dado, a bola, a caixa de sapatos, o calendário de mesa, o chapéu de palhaço e a lata de leite em pó são objetos que dão ideia de sólidos geométricos.

Veja o nome de alguns sólidos geométricos.

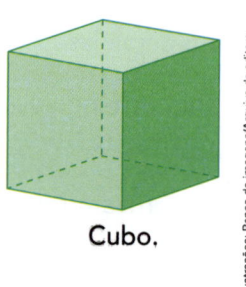

Cubo.

Ilustrações: Banco de imagens/Arquivo da editora

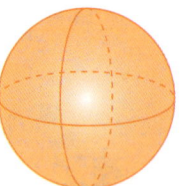

Esfera.

Cilindro.

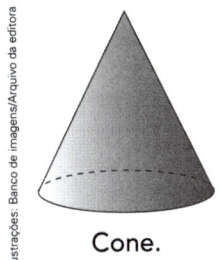

Cone.

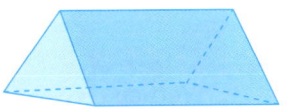

Prisma de base
triangular.

Prisma de base
triangular.

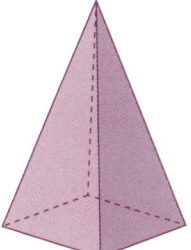

Pirâmide de
base quadrada.

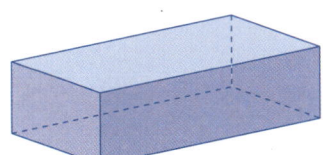

Paralelepípedo
ou bloco
retangular.

Sólido planificado (página 50)

Região plana que se obtém desmontando a
"casca" de um sólido geométrico.

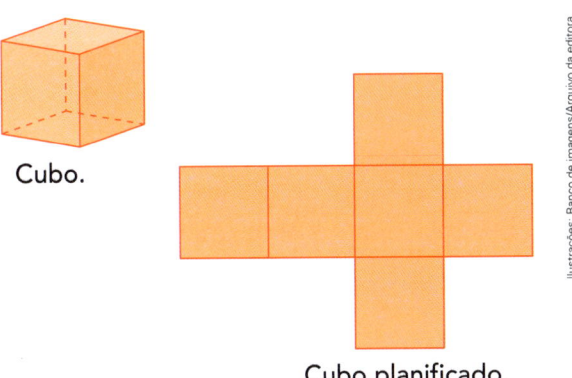

Cubo.

Cubo planificado.

Superfície (página 72)

(ver **área**)

Termômetro (página 285)

Aparelho usado para medir temperatura.

As imagens não estão
representadas em proporção.

O termômetro está marcando 36 graus Celsius
(36 °C).

Transferidor (página 257)

Instrumento usado para medir a abertura de
um ângulo.

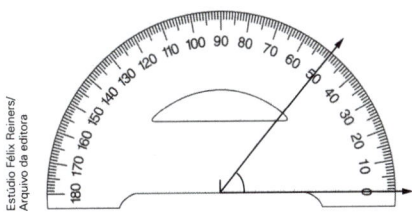

A medida de abertura do ângulo indicado na
figura é 50 graus (50°).

Triângulo página 186

Polígono de 3 lados.

(*tri* = três)

Veja alguns triângulos.

Triângulo retângulo página 269

(ver **ângulo reto**)

Triângulo que tem um dos ângulos reto.

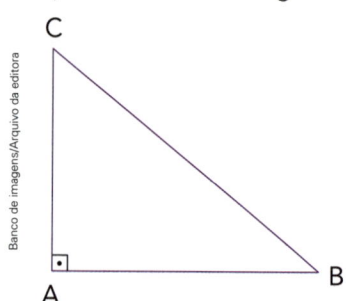

Valor posicional de um algarismo página 22

Valor que o algarismo assume dependendo da posição dele no número.

1 213

O valor posicional do algarismo 1 é 1 000.

Vértice página 45

Nome que se dá a determinado ponto em algumas figuras.

Veja o ponto **A** nestas figuras.

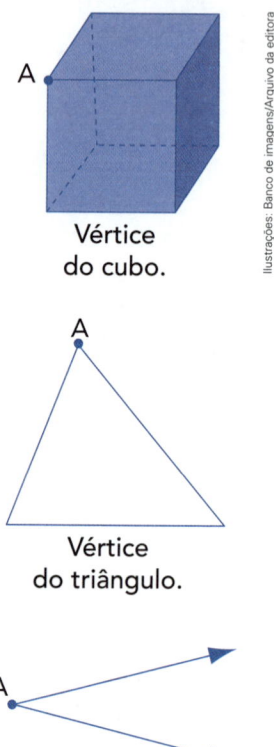

Vértice do cubo.

Vértice do triângulo.

Vértice do ângulo.

Volume página 344

Tipo de grandeza.

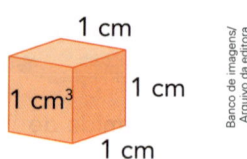

A medida do volume deste cubo é 1 centímetro cúbico (1 cm³).

Bibliografia

Você sabe o que é uma **bibliografia**?

É a lista de livros, de artigos e até das leis que o autor consultou para elaborar o livro.

ALFONSO, Bernardo. *Numeración y cálculo*. 3. ed. Madrid: Síntesis, 2000.

ALVES, Eva Maria Siqueira. *A ludicidade e o ensino de Matemática: uma prática possível*. Campinas: Papirus, 2001.

AMARAL, Ana; CASTILHO, Sônia Fiuza da Rocha. *Metodologia da Matemática: aprendizagem nas séries iniciais*. 4. ed. Belo Horizonte: Vigília, 1990. v. 1, 2 e 3.

BORIN, Júlia. *Jogos e resolução de problemas: uma estratégia para as aulas de Matemática*. São Paulo: CAEM-USP, 2007. v. 6.

BRASIL, Luiz Alberto S. *Aplicações da teoria de Piaget ao ensino da Matemática*. Rio de Janeiro: Forense Universitária, 1977.

BRASIL. Ministério da Educação. *Base Nacional Comum Curricular*. Brasília, 2017.

_____. Ministério da Educação. Secretaria de Educação Básica. João Bosco Pitombeira Fernandes de Carvalho (Org.). *Matemática*: **Ensino Fundamental**. Brasília: 2010. v. 17. (Coleção Explorando o ensino).

_____. Ministério da Educação. Secretaria de Educação Básica. Secretaria de Educação Continuada, Alfabetização, Diversidade e Inclusão. Conselho Nacional de Educação. *Diretrizes Curriculares Nacionais Gerais da Educação Básica*. Brasília, 2013.

_____. Ministério da Educação. Secretaria de Educação Fundamental. *Parâmetros Curriculares Nacionais:* **Matemática**. Brasília, 1997.

BRIGHT, George W. et al. *Principles and Standards for School Mathematics:* **Navigations Series**. 3. ed. Reston: NCTM, 2007.

BRIZUELA, Bárbara M. *Desenvolvimento matemático na criança: explorando notações*. Porto Alegre: Artmed, 2006.

BUORO, Anamelia Bueno. *Olhos que pintam: a leitura da imagem e o ensino da arte*. São Paulo: Cortez, 2003.

CARVALHO, João Bosco Pitombeira de. As propostas curriculares de Matemática. In: BARRETO, Elba Siqueira de Sá (Org.). *Os currículos do Ensino Fundamental para as escolas brasileiras*. São Paulo: Autores Associados/Fundação Carlos Chagas, 1998.

CERQUETTI-ABERKANE, Françoise; BERDONNEAU, Catherine. *O ensino da Matemática na Educação Infantil*. Trad. de Eunice Gruman. Porto Alegre: Artmed, 1997.

COLL, César; TEBEROSKY, Ana. *Aprendendo Matemática*. São Paulo: Ática, 2000.

D'AMBROSIO, Ubiratan. *Educação Matemática: da teoria à prática*. 2. e 3. ed. Campinas: Papirus, 2013.

D'AMORE, Bruno. *Epistemologia e didática da Matemática*. São Paulo: Escrituras, 2005. (Coleção Ensaios Transversais).

DANTE, Luiz Roberto. *Formulação e resolução de problemas de Matemática: teoria e prática*. São Paulo: Ática, 2010.

DORNELES, Beatriz V. *Escrita e número: relações iniciais*. Porto Alegre: Artmed, 1998.

DUHALDE, María Elena; CUBERES, María T. G. *Encontros iniciais com a Matemática: contribuições à Educação Infantil*. Porto Alegre: Artmed, 1997.

FAZENDA, Ivani Catarina Arantes. *Didática e interdisciplinaridade*. 17. ed. Campinas: Papirus, 2013.

FERREIRA, Mariana Kawall Leal. (Org.). *Ideias matemáticas de povos culturalmente distintos*. São Paulo: Global/Fapesp, 2002.

FONSECA, Maria da Conceição Ferreira Reis (Org.). *Letramento no Brasil: habilidades matemáticas*. São Paulo: Global/Ação Educativa/Instituto Paulo Montenegro, 2004.

GAZZETTA, Marineusa (Coord.); D'AMBROSIO, Ubiratan et al. *Iniciação à Matemática*. Campinas: Ed. da Unicamp, 1986. v. 1, 2 e 3.

GEOMETRIA EXPERIMENTAL. Campinas: Premen-MEC-Imecc-Unicamp, 1972.

HUETE, J. A. Fernandéz; BRAVO, J. C. Sánchez. *O ensino da Matemática: fundamentos teóricos e bases psicopedagógicas*. Porto Alegre: Artmed, 2017.

IFRAH, Georges. *História universal dos algarismos: a inteligência dos homens contada pelos números e pelo cálculo*. Trad. de Alberto Munhoz e Ana Beatriz Katinsky. 2. ed. Rio de Janeiro: Nova Fronteira, 2000. v. 1 e 2.

KAMII, Constance. *A criança e o número*. Trad. de Regina A. de Assis. 39. ed. Campinas: Papirus, 2013.

_____. *Aritmética: novas perspectivas – implicações da teoria de Piaget*. 6. ed. Campinas: Papirus, 1995.

_____. *Reinventando a aritmética*. 19. ed. Campinas: Papirus, 2004.

_____; DEVRIES, Rheta. *Jogos em grupo na Educação Infantil*. Porto Alegre: Artmed, 2009.

_____; JOSEPH, Linda Leslie. *Crianças pequenas continuam reinventando a aritmética: implicações da teoria de Piaget*. 2. ed. Porto Alegre: Artmed, 2005.

KNIJNIK, Gelsa et al. **Aprendendo e ensinando Matemática com o geoplano**. Ijuí: Ed. da Unijuí, 2004.

LINS, Romulo Campos; GIMENEZ, Joaquim. **Perspectivas em aritmética e álgebra para o século XXI**. 7. ed. Campinas: Papirus, 2006.

LIZARZABURU, Afonso; SOTO, Gustavo (Coord.). **Pluriculturalidade e aprendizagem da Matemática na América Latina: experiências e desafios**. Porto Alegre: Artmed, 2005.

LOPES, Maria Laura (Coord.). **Tratamento da informação: explorando dados estatísticos e noções de probabilidade a partir das séries iniciais**. Rio de Janeiro: Ed. da UFRJ/Projeto Fundão, 1997.

LUCKESI, Cipriano Carlos. **Avaliação da aprendizagem escolar**. 22. ed. São Paulo: Cortez, 2011.

MACHADO, Silvia Dias (Org.). **Aprendizagem em Matemática: registros de representação semiótica**. 8. ed. Campinas: Papirus, 2011.

MILIES, Francisco César Polcino; BUSSAB, José Hugo de Oliveira. **A geometria na Antiguidade clássica**. São Paulo: FTD, 1999.

MOYSÉS, Lucia. **Aplicações de Vygotsky à educação matemática**. 11. ed. Campinas: Papirus, 2013.

NUNES, Therezinha; BRYANT, Peter. **Crianças fazendo Matemática**. Porto Alegre: Artmed, 1997.

PACCOLA, Herval; BIANCHINI, Edwaldo. **Sistemas de numeração ao longo da História**. São Paulo: Moderna, 1997.

PANIZZA, Mabel (Org.). **Ensinar Matemática na Educação Infantil e séries iniciais**. 2. ed. Porto Alegre: Artmed, 2006.

PAPERT, Seymour. **A máquina das crianças: repensando a escola na era da informática**. Porto Alegre: Artmed, 2007.

PARRA, Cecília; SAIZ, Irma (Org.). **Didática da Matemática: reflexões psicopedagógicas**. Porto Alegre: Artmed, 2010.

PIAGET, Jean. **Fazer e compreender**. São Paulo: Melhoramentos, 1978.

PIRES, Célia Carolino. **Currículos de Matemática: da organização linear à ideia de rede**. São Paulo: FTD, 2000.

_____; CURI, Edda; CAMPOS, Tânia. **Espaço & forma: a construção de noções geométricas pelas crianças das quatro séries iniciais do Ensino Fundamental**. São Paulo: PROEM, 2016.

POZO, Juan Ignácio (Org.). **A solução de problemas: aprender a resolver, resolver para aprender**. Trad. de Beatriz Affonso Neves. Porto Alegre: Artmed, 1998.

SEITER, Charles. **Matemática para o dia a dia**. Rio de Janeiro: Campus, 1999.

SMOLE, Kátia Cristina Stocco. **A Matemática na Educação Infantil: a teoria das inteligências múltiplas na prática escolar**. Porto Alegre: Artmed, 2002.

_____; CÂNDIDO, Patrícia Terezinha. **Brincadeiras infantis nas aulas de Matemática: Matemática de 0 a 6**. Porto Alegre: Artmed, 2000.

_____; DINIZ, Maria Ignez (Org.). **Ler, escrever e resolver problemas: habilidades básicas para aprender Matemática**. Porto Alegre: Artmed, 2001.

_____ et al. **Era uma vez na Matemática: uma conexão com a literatura infantil**. São Paulo: CAEM-USP, 1993. v. 4.

TOLEDO, Marília; TOLEDO, Mauro. **Didática de Matemática: como dois e dois**. São Paulo: FTD, 1997.

ZUNINO, Delia Lerner. **A Matemática na escola: aqui e agora**. 2. ed. Porto Alegre: Artmed, 1995.